T. J. Franklin · G. A. Snow

Biochemie
antimikrobieller
Wirkstoffe

Übersetzt und bearbeitet
von W. Goebel

Mit 75 Abbildungen

Springer-Verlag
Berlin · Heidelberg · New York 1973

Dr. Werner Goebel
Institut für Mikrobiologie
und Molekularbiologie der
Universität Hohenheim
7 Stuttgart-Hohenheim
Kirchnerstraße 30

Titel der englischen Originalausgabe:
T. J. Franklin and G. A. Snow, Biochemistry of Antimicrobial Action, first published 1971. © Chapman and Hall Ltd., 11 New Fetter Lane, London EC 4, Great Britain

ISBN-13:978-3-540-06034-5   e-ISBN-13:978-3-642-65485-5
DOI: 10.1007/978-3-642-65485-5

Das Werk ist urheberrechtlich geschützt. Die dadurch begründeten Rechte, insbesondere die der Übersetzung, des Nachdruckes, der Entnahme von Abbildungen, der Funksendung, der Wiedergabe auf photomechanischem oder ähnlichem Wege und der Speicherung in Datenverarbeitungsanlagen bleiben, auch bei nur auszugsweiser Verwertung, vorbehalten.

Bei Vervielfältigungen für gewerbliche Zwecke ist gemäß § 54 UrhG eine Vergütung an den Verlag zu zahlen, deren Höhe mit dem Verlag zu vereinbaren ist.

© by Springer-Verlag Berlin · Heidelberg 1973

Library of Congress Catalog Card Number 72-90444

Die Wiedergabe von Gebrauchsnamen, Handelsnamen, Warenbezeichnungen usw. in diesem Werk berechtigt auch ohne besondere Kennzeichnung nicht zu der Annahme, daß solche Namen im Sinne der Warenzeichen- und Markenschutz-Gesetzgebung als frei zu betrachten wären und daher von jedermann benutzt werden dürften.

Herstellung: Beltz, Hemsbach

Heidelberger Taschenbücher Band 116

Heidelberger Taschenbücher Band 116

Vorwort zur englischen Ausgabe

Die vergangenen fünfzehn Jahre haben rasche Fortschritte bei der Untersuchung der Synthese, Struktur und Funktion von biologischen Makromolekülen gebracht. Wissenschaftler, die mit antimikrobiellen Wirkstoffen arbeiten, konnten daher aus diesen Kenntnissen heraus Aussagen über die Wirkungsweise machen, wie diese Substanzen Zellwachstum und Zellteilung von Mikroorganismen hemmen. Die Anwendung von antimikrobiellen Wirkstoffen als hoch spezifische Hemmstoffe hat wiederum bei der Untersuchung komplexer biochemischer Vorgänge große Dienste geleistet. Die Fachliteratur auf diesem Gebiet ist jedoch so umfangreich, daß hier versucht wird, die bedeutsamsten Untersuchungen der letzten Jahre in einem einführenden Buch zusammenzufassen. Dieses Buch baut auf Vorlesungen auf, die die Verfasser vor Studenten der Universitäten Liverpool und Manchester gehalten haben. Es ist daher als eine Art Einführung in die Biochemie der antimikrobiellen Wirkung für fortgeschrittene Studenten verschiedener Studiengänge gedacht. Wir hoffen, daß das Buch ebenso für bereits etablierte Wissenschaftler von Interesse ist, die jedoch mit diesem Forschungsgebiet noch nicht vertraut sind.

Das vorliegende Buch befaßt sich mit medizinisch wichtigen antimikrobiellen Verbindungen und mit einer Reihe von Wirkstoffen, die, obwohl sie medizinisch keine Verwendung finden, doch als Rüstzeug für die Forschung in der Biochemie unschätzbaren Wert haben. Es ist den Verfassern vor allem daran gelegen, das zur Verfügung stehende Informationsmaterial einfach und lesbar zu schildern, wobei die Betonung mehr auf anerkannten Fakten liegt als auf noch ungeklärten Streitfragen. Dennoch wurde so oft wie möglich auf die derzeitigen Wissenslücken in diesem Fachgebiet hingewiesen, die mehr Informationen erfordern. Auf die Angabe von Literaturquellen im Text wurde verzichtet; dafür ist am Ende jedes Kapitels als weiterführende Lektüre eine kurze Aufstellung über die wichtigsten Veröffentlichungen und Bücher zu finden.

In diesem Buch ist die Arbeit vieler Wissenschaftler enthalten. Wir danken insbesondere den Wissenschaftlern, die uns erlaubten, ihre originalen Schaubilder und Photographien abzubilden. Ebenso sind wir der pharmazeutischen Abteilung der Firma Imperial Chemical Industries Ltd. zu Dank verpflichtet, die uns die notwendigen Mittel zur Vorbereitung dieses Buches zur Verfügung gestellt hat.

Nicht näher definierte Abkürzungen für gängige biochemische Substanzen entsprechen den Abkürzungen, die im Biochemical Journal (1970) empfohlen werden.

Juni 1970

T. J. FRANKLIN
G. A. SNOW

Inhalt

Kapitel I. Die Entwicklung antimikrobieller Wirkstoffe in Vergangenheit, Gegenwart und Zukunft . 1

1. Gesellschaftliche und wirtschaftliche Bedeutung antimikrobieller Wirkstoffe 1

2. Die historische Entwicklung antimikrobieller Wirkstoffe und chemotherapeutischer Theorien im Überblick 3
   a) Die alten Heilmittel 3
   b) Antiseptika und Desinfektionsmittel . . 3
   c) Die Anfänge der Chemotherapie . . . 5
   d) Was die Chemotherapie Ehrlich verdankt 7
   e) Die Behandlung bakterieller Infektionen mit synthetischen Verbindungen . . . 11
   f) Die antibiotische Revolution 12

3. Gründe für die Untersuchung der Biochemie antimikrobieller Verbindungen 14

4. Erweiterung der biochemischen Kenntnisse von der antimikrobiellen Wirkung 15
   a) Pharmakologische Biochemie 15
   b) Die betroffenen biochemischen Systeme . 16
   c) Verfahren zur Untersuchung der Wirkungsweise antimikrobieller Verbindungen . . 17
   d) Die selektive Wirkung von antimikrobiellen Wirkstoffen 20
   e) Die molekulare Wechselwirkung zwischen dem antimikrobiellen Agens und dem Wirkungsort 21
   f) Die Biochemie der mikrobiellen Resistenz 22

5. Rahmen und Anordnung des Buches . . . 22

Weiterführende Literatur 23

Kapitel II. Die bakterielle Zellwand — ein verwundbarer Schutzschild 24

1. Die Funktionen der Zellwand 24
2. Die Struktur der Zellwand 25
   a) Die Zellwand Gram-positiver Bakterien . 25
   b) Die Zellwand Gram-negativer Bakterien . 27
3. Die Struktur und Biosynthese von Murein . 30
   a) Andere Mureine 38
4. Antibiotika mit Primärwirkung auf die Mureinbiosynthese 38
   a) Phosphonomycin 39
   b) Oxamycin (Cycloserin) 40
   c) Vancomycin und Ristocetin 41
   d) Penicilline und Cephalosporine 42
   e) Andere Antibiotika, die auf die Biosynthese der Zellwand einwirken 49

Weiterführende Literatur 50

Kapitel III. Antiseptika, Antibiotika und die Zellmembran 51

1. Antiseptika und Desinfektionsmittel . . . 51
   a) Phenole 54
   b) Kationische Antiseptika 55
   c) Polypeptid-Antibiotika 57
2. Die Polyen-Antibiotika 60
3. Antibiotika, die Komplexe mit Kalium bilden 63

Weiterführende Literatur 66

Kapitel IV. Hemmung der Genfunktion 1. Hemmstoffe der Nukleinsäuresynthese 68

1. Klassen von Nukleinsäuresynthese-Hemmstoffen 69
2. Hemmstoffe der Biosynthese von Nukleotidvorläufen 69

Inhalt

	a) Azaserin und 6-Diazo-5-Oxo-L-Norleucin (DON)	69
	b) Hadacidin	71
	c) Psicofuranin	73
	d) Mycophenolsäure	74
3.	Hemmstoffe der Nukleinsäuresynthese mit Wirkung auf der Polymerisationsebene	75
	a) Actinomycin D	76
	Die Struktur des Actinomycin D-DNS-Komplexes	78
	Interkaliert Actinomycin D?	81
	b) DNS-Interkalierung durch Acridine und Phenanthridine	82
	Hemmung der Nukleinsäuresynthese nach der Interkalierung	85
	Mutagene Wirkung des Acridins	85
	c) Quervernetzung der DNS-Stränge: Mitomycin und Porfiromycin	86
	d) Rifamycine	89
	e) a-Amanitin	92
	Die Wirkung von Rifampicin in Virusinfizierten Säugetierzellen	92
	f) Nalidixinsäure	93
Weiterführende Literatur		94

Kapitel V. Hemmung der Genfunktion 2. Beeinflussung der Translation der genetischen Information: Hemmstoffe der Proteinsynthese 95

1. Die Phasen der Proteinbiosynthese   96
   a) Start   96
   b) Ausbildung der Peptidbindung und Kettenverlängerung   98
   c) Abschluß und Freisetzung der Polypeptidketten   99

2. Puromycin   99

3. Hemmung der Bildung des Startkomplexes und der Transfer-RNS-Ribosom Wechselwirkung   102

     a) Streptomycin 102
        Spezifität und Wirkungsort von Streptomycin 104
     b) Andere Aminoglycosidantibiotika . . . 106
     c) Kasugamycin 108
     d) Tetracycline 109

4. Hemmstoffe, die auf die Peptidbindung und die Translokation wirken 112
     a) Chloramphenicol 112
     b) Erythromycin 113
     c) Lincomycin 115
     d) Fusidinsäure 115
     e) Cycloheximid 116

5. Folgen der Störung der Proteinbiosynthese . 117
     a) Auswirkungen auf prokaryotische Zellen . 117
        Nukleinsäuresynthese während der Hemmung der Proteinsynthese . . 118
        Auswirkungen der Hemmstoffe der Proteinbiosynthese auf den ribosomalen Zyklus 120
     b) Auswirkungen auf eukaryotische Zellen . 121
        Hemmstoffe der 70S-Ribosomen . . 121
        Hemmstoffe der 80S-Ribosomen . . 121

6. Colicine 122
     a) Wirkungsweise der Colicine 124

Weiterführende Literatur 126

Kapitel VI. Folsäure und die Geschichte der Sulfonamide: Antimikrobielle Agentien, die auf andere Weise wirken 127

1. Sulfonamide als Wirkstoffe gegen Bakterien . 127

2. Antagonisten der Dihydrofolsäure-Reduktase 132

3. Antimikrobielle Wirkstoffe, die die letzten Schritte der Atmungskette beeinträchtigen . 134
     a) Antimycin 134
     b) Oligomycin 136

4. Hemmung der Aufnahme von normalen Metaboliten 137
   a) Amprolium 138
   b) Avenaciolid 138
5. Die Sideromycine 138
6. Andere Wirkstoffe gegen Bakterien und gegen Pilze 140
   a) Novobiocin 140
   b) Die Nitrofuranderivate als antibakterielle Wirkstoffe 140
   c) Isonikotinsäurehydrazid (IHN) . . . 141
   d) Griseofulvin 141

Weiterführende Literatur 142

Kapitel VII. Das Problem der Resistenz gegen antimikrobielle Wirkstoffe 143

1. Die Genetik der Resistenz gegen antimikrobielle Agentien 144
2. Die Natur der genotypischen Veränderungen, die zu resistenten Varianten führen . . . 144
   a) Spontanmutationen 144
3. Die Verbreitung der Antibiotikaresistenz durch Übertragung von genetischer Information . 146
   a) Transformation 146
   b) Transduktion 147
   c) Konjugation und R-Faktoren 148
      Die chemische Natur der R-Faktoren 150
      Der Konjugationsprozeß 150
      Die klinische Bedeutung der R-Faktoren 152
4. Die biochemischen Mechanismen der Antibiotikaresistenz 153
   a) Zusammenfassung der möglichen Mechanismen 153
      1. Umwandlung eines wirksamen Hemmstoffs in ein unwirksames Derivat . . 153

Inaktivierung der β-Lactamantibiotika 153
Inaktivierung von Chloramphenicol
durch Acetylierung 157
Inaktivierung der Aminoglycosidantibiotika 159
2. Veränderung des Hemmstoff-sensitiven
Ortes 161
Streptomycin 161
Rifamycine 161
Sulfonamide 161
3. Verlust der Permeabilität der Zelle für einen Hemmstoff 162
4. Erhöhte Produktion eines Hemmstoff-sensitiven Enzyms 166
5. Gesteigerte Produktion eines Metaboliten, der dem Hemmstoff entgegenwirkt . . 167
6. Ausprägung eines alternativen Stoffwechselweges, der den gehemmten umgeht . . 168
7. Verminderter Bedarf an dem Produkt einer gehemmten Reaktion 168

5. Aspekte zur Bekämpfung des Resistenzproblems 169

Weiterführende Literatur 170

Stichwörterverzeichnis 171

Kapitel I. Die Entwicklung antimikrobieller Wirkstoffe in Vergangenheit, Gegenwart und Zukunft

1. Gesellschaftliche und wirtschaftliche Bedeutung antimikrobieller Wirkstoffe

In der Geschichte der Medizin haben wenige Entwicklungen einen so entscheidenden Einfluß auf das menschliche Leben und die Gesellschaft ausgeübt wie die erfolgreiche Bekämpfung von Infektionen, die durch Mikroorganismen übertragen werden. Die Auswirkung dieser Entdekkung machte sich auf vielerlei Arten bemerkbar. Die hochzivilisierten Länder werden heute nicht mehr von verheerenden Seuchen heimgesucht, die in früheren Zeiten die Bevölkerung dezimierten und Elend und Zerrüttung der Gesellschaft zur Folge hatten. Ein operativer Eingriff bedeutet nicht mehr länger ein verzweifeltes Hasardspiel mit einem Menschenleben. Eine Entbindung ist durch die Bezwingung des Kindbettfiebers wesentlich gefahrloser geworden. Starben früher tagtäglich Kinder und junge Menschen an Gehirnhautentzündung, Tuberkulose und Blutvergiftung, so ist dies in der heutigen Zeit selten der Fall. Alle diese Errungenschaften werden heute als etwas Selbstverständliches hingenommen, ohne zu beachten, daß sie unser Leben grundlegend verändert haben. Die Eindämmung der Infektionskrankheiten hat ihrerseits gesellschaftliche und medizinische Probleme geschaffen. Der Sieg über die Lungenentzündung, eine Krankheit, die früher oft als „der Freund des Alters" bezeichnet wurde, hat in unserer hochentwickelten Gesellschaft zur Erhöhung der Lebenserwartung beigetragen. Die Menschen leben länger, und die alten Menschen bilden einen immer größer werdenden Anteil unserer Bevölkerung.

Die Möglichkeit, Infektionskrankheiten weitgehend auszuschalten, hat unseren verhältnismäßig bescheidenen Erfolg bei der Bekämpfung von Degenerationskrankheiten um so deutlicher hervortreten lassen. Ein längeres Leben ist ein zweifelhafter Vorteil, wenn mit zunehmendem Alter die Kräfte nachlassen und sich das Gefühl einstellt, einer gleichgültigen Gesellschaft zur Last zu fallen. In den ärmeren und weniger entwickelten Ländern zeigt die Bekämpfung der Infektionskrankheiten gerade die ersten Erfolge. Im Prinzip könnten beinahe alle Krankheiten, unter denen viele Millionen Menschen leiden, wie z. B. die Tuberkulose, Malaria, Lepra und Bilharziose, ausgerottet oder wenigstens unter Kontrolle gebracht werden. Das einzige wirkliche Hindernis, das der Erreichung dieses Ziels im Wege steht, sind die Kosten. Die Tatsache, daß diese Krankheiten noch immer weit verbreitet sind, verdeutlicht die noch vorhandene Ungleichheit zwischen arm und reich. Dennoch wurden große Fortschritte erzielt. Der augenfälligste Erfolg ist ein plötzlicher Bevölkerungszuwachs. Bevölkerungsgruppen, bei denen sich früher wegen endemischer Krankheiten und periodisch auftretender Seuchen Sterblichkeits- und Geburtenziffer die Waage hielten, nehmen jetzt in besorgniserregendem Maße zu. Dieser Trend wird sich in dem Maße, wie die Behandlungsmethoden für Infektionskrankheiten verbessert werden, noch verstärken. Wollen diese Länder die ehemals hohe Mütter- und Säuglingssterblichkeit und die durch Infektionskrankheiten bedingte kurze Lebenserwartung in Zukunft nicht gegen die Folgen starker Überbevölkerung und Unterernährung eintauschen, dann muß die Geburtenkontrolle zu einem wichtigen Faktor werden.

Die bereits geschilderten beachtlichen Erfolge im Kampf gegen die Infektionskrankheiten sind dem Zusammentreffen mehrerer Faktoren zu verdanken. Den Anfang machten hauptsächlich ein verbessertes Gesundheitswesen und bessere Wohnungen. Dadurch wurden einige der schlimmsten Infektionsherde beseitigt und der Ausbreitung von Infektionen durch Ungeziefer und krankheitsübertragende Insekten oder durch infiziertes Wasser oder Lebensmittel Einhalt geboten. Mit Impfungen und anderen immunologischen Verfahren hat man Infektionskrankheiten zum ersten Mal wirksam und direkt bekämpft. Diese frühen Verfahren spielen auch noch heute bei der Behandlung von Infektionskrankheiten eine große Rolle und sind unsere Hauptwaffe im Kampf gegen Viruserkrankungen, bei denen eine Behandlung mit chemotherapeutischen Wirkstoffen meistens nicht anschlägt. Die Anwendung von antimikrobiellen Medikamenten zur Bekämpfung von Infektionskrankheiten ist eine Entwicklung, die sich beinahe ausschließlich in unserem Jahrhundert vollzogen hat. Die aufregendsten Entdeckungen wurden sogar erst seit Ende der dreißiger Jahre gemacht. Die praktische Bedeutung der antimikrobiellen Wirkstoffe ist gewaltig. Mit einem Jahresumsatz von ungefähr 3 Mrd DM auf der ganzen Welt bilden sie wahrscheinlich die größte Gruppe von Medikamenten der pharmazeutischen Industrie. Selten wurde in der Medizin ein so durchschlagender Erfolg innerhalb so kurzer Zeit erzielt. Vor der Schilderung der biochemischen Vorgänge, die der Wirkung der Antibiotika zugrunde liegen, ein Wort über die wissenschaftliche Forschung, die uns zu diesen Medikamenten verhalf, und die Überlegungen, die zu ihrer Entdeckung führten.

2. Die historische Entwicklung antimikrobieller Wirkstoffe und chemotherapeutischer Theorien im Überblick

a) Die alten Heilmittel

Von den zahlreichen herkömmlichen Arzneien und volkstümlichen Heilmitteln haben zwei Ausgangsstoffe für antimikrobielle Verbindungen bis auf den heutigen Tag überdauert: Chinarinde gegen Malaria und Brechwurzel gegen Amöbenruhr. Die Indianer in Peru benutzten Chinarinde als Heilmittel gegen Malaria. Über die Spanier erlangte im frühen 17. Jahrhundert auch die europäische Medizin Kenntnis von der Chinarinde. Der aktive Grundbestandteil, das Chinin, wurde 1820 isoliert. Es blieb bis weit ins 20. Jahrhundert hinein das einzige Heilmittel gegen Malaria und hat in der Chemotherapie noch immer eine gewisse Bedeutung. Die Brechwurzel war in Brasilien und wahrscheinlich auch in Asien für ihre heilende Wirkung bei Durchfall und Ruhr bekannt. 1871 isolierte man Emetin als aktiven Bestandteil und 1891 stellte sich heraus, daß mit Emetin besonders gute Heilerfolge bei Amöbenruhr erzielt werden konnten. Es wird noch heute zur Behandlung dieser Erkrankung verwendet. Diese alten Arzneien wurden zusammen mit vielen unwirksamen Quacksalbermitteln und ohne jegliche Kenntnis von der wahren Natur der Krankheiten benutzt. Von Malaria z. B. nahm man an, daß sie von Krankheiten-erzeugenden Stoffen hervorgerufen wird, die sich in Sumpfgebieten entwickeln. Welche Bedeutung dabei die im Blut vorkommenden Parasiten haben, wurde erst 1883 erkannt. Im Jahr 1899 konnte schließlich gezeigt werden, daß die Stechmücke Anopheles der spezifische Überträger war.

b) Antiseptika und Desinfektionsmittel

Desinfektionsmittel und Antiseptika wurden ebenfalls schon längst angewendet, bevor man noch ihre Wirkungsweise durchschaute. Und zwar hatte man beobachtet, daß bestimmte Stoffe das Faulen von Holz und Fleisch verhindern. Der Ausdruck „antiseptisch" wurde 1750 zuerst von Pringle gebraucht, um Stoffe zu beschreiben, die der Fäulnis entgegenwirken. Später übertrug man dieses Prinzip dann auf die Behandlung von eiternden Wunden. Im Mittelalter benutzten arabische Ärzte Quecksilberchlorid, um eine Sepsis in offenen Wunden zu vermeiden. Aber erst im 19. Jahrhundert fanden die Antiseptika in der Medizin allgemeine Anwendung. 1825 führte Labarraque „gechlortes Soda", das hauptsächlich Hypochlorit enthielt, zur Behandlung von infizierten Wunden ein, und 1839 wurde zum ersten Mal Jodtinktur benutzt. 1835 überlieferte Oliver Wendel Holmes der Nachwelt eines der ersten Beispiele einer Desinfektion, um der Verbreitung von Infektionskrankheiten vorzubeugen. Immer, wenn er Fälle von Kindbettfieber behandelte, wusch er seine Hände regelmäßig in einer Lösung aus Chlorkalk. Auf diese Weise schränkte er weitgehend das Auftreten neuer Infektionen ein. Diese bahnbrechenden Versuche auf antiseptischem Gebiet fanden jedoch erst allgemeine Anerkennung, als Pasteur 1863 Mikroben als die Erreger der Fäulnis erkannte. Zum ersten Mal wurde man sich der Ursache einer Infektion bewußt und erfuhr, wie sie grundsätzlich zu verhindern war.

Wie so oft in der Geschichte der Medizin hing ein Wandel der allgemeinen Gepflogenheiten von der Persönlichkeit und dem Durchhaltevermögen eines Mannes ab. Auf dem Gebiet der Antiseptika war dieser Mann Lister. Er verwendete bei Operationen große Mengen Phenol. Dieses Antiseptikum hatte Lemaire im Jahr 1860 eingeführt. Zur Wundbehandlung nahm er eine 2,5 %ige Lösung und zur Sterilisation von Instrumenten die doppelte Konzentration. Später zerstäubte er etwas Phenollösung, damit bei chirurgischen Eingriffen auch die Umgebung weitgehend steril war. Damals herrschten bei Operationen verheerende Zustände. Meistens infizierten sich die Wunden, und die Sterblichkeitsziffer war erschreckend hoch. Die Maßnahmen Listers waren revolutionär in ihrer Wirkung. Die Technik der antiseptischen Behandlung bereitete den Weg für gewaltige Fortschritte in der Chirurgie. Sogar damals noch, ungefähr um 1870, wurden die Antiseptika rein empirisch verwendet. Erst die Arbeiten von Koch ermöglichten einen gewissen Einblick in die Wirkungsweise der Antiseptika. In den Jahren nach 1881 führte er Techniken ein, auf denen später die moderne Bakteriologie aufbaute. Er vervollkommnete die Methoden, reine Bakterienkulturen zu erhalten und diese auf festem Medium zu züchten und führte praktische Methoden sterilen Arbeitens ein. Sobald sich Bakterien einmal in einer kontrollierten Umgebung halten ließen, konnte man auch daran gehen, die Wirkungsweise der Desinfektionsmittel und Antiseptika zu untersuchen. Die bahnbrechende wissenschaftliche Arbeit auf diesem Gebiet wurde 1897 von Kronig und Paul veröffentlicht.

Seit jener Zeit wurden die Antiseptika im Lauf der Jahre ständig, jedoch ohne spektakuläre Fortschritte weiterentwickelt. Viele der herkömmlichen Antiseptika wurden in verbesserter Form auch weiterhin verwendet. Abgewandelte Phenole wurden eingeführt, die dem allgemeinen Gebrauch besser angepaßt waren. Das 1913 eingeführte Acriflavin war das erste basische Antiseptikum. Es wurde viele Jahre lang verwendet, in den vergangenen zwei Jahrzehnten jedoch weitgehend von farblosen kationischen Antiseptika abgelöst. Auf die Ära der Antiseptika folgte in

2. Historische Entwicklung und chemotherapeutische Theorien

der Chirurgie die Ära der keimfreien Wundbehandlung. Hierbei wird das Schwergewicht vor allem darauf gelegt, Bakterien fernzuhalten, und nicht so sehr darauf, bereits vorhandene Bakterien abzutöten. Trotzdem ist die Infektion von Operationswunden ein ständiges Risiko. Antiseptika sind als eine zusätzliche Vorsichtsmaßnahme oder sozusagen als zweite Verteidigungslinie noch immer im Gebrauch.

c) Die Anfänge der Chemotherapie

Die Veröffentlichungen von Pasteur und Koch ließen eindeutig erkennen, daß Infektionskrankheiten von Mikroorganismen verursacht werden, obwohl die Erreger einiger Krankheiten noch gar nicht entdeckt waren. Ebenso wußte man, daß Bakterien mit verschiedenen Desinfektionsmitteln und Antiseptika abgetötet werden konnten. Daraufhin unternahm man Versuche, Mikroorganismen im Körper selbst abzutöten, um auf diese Weise einer Infektion Einhalt zu gebieten. Koch selbst hat einige Versuche in dieser Richtung durchgeführt. Er hatte die Wirkung von Quecksilberchlorid auf Bacillus anthracis, den Erreger des Milzbrands, nachgewiesen. Quecksilberchlorid ist eines der wenigen Desinfektionsmittel, die die besonders widerstandsfähigen Sporen dieses Organismus abtöten. Daher spritzte er Tieren, die von Milzbrand befallen waren, Quecksilberchlorid ein. Leider starben die Tiere an Quecksilbervergiftung, und die infektiösen Bazillen waren immer noch in ihren Organen nachweisbar. Lindgard unternahm 1893 einen etwas erfolgreicheren Versuch, eine Infektion mit einem toxischen Wirkstoff zu heilen. Er behandelte Pferde, die an Surra erkrankt waren, mit Arsenoxyd. Der Erreger dieser Krankheit ist, wie man jetzt weiß, ein Trypanosom. Im Krankheitsbild war zwar eine Besserung zu verzeichnen, die Verbindung war für den allgemeinen Gebrauch aber zu toxisch.

Die eigentliche Chemotherapie begann jedoch erst mit Paul Ehrlich. In den zehn Jahren zwischen 1902 und 1912 haben Ehrlichs Arbeiten beinahe alle Konzeptionen angedeutet, die später für die Arbeiten über synthetische antimikrobielle Wirkstoffe maßgebend waren. Die ersten Ideen gingen aus Versuchen mit Farbstoffen hervor, die von lebendem Gewebe selektiv aufgenommen werden. Einer dieser Farbstoffe war Methylenblau, das im Nervengewebe des tierischen Körpers konzentriert wird. Ehrlich wies nach, daß die Malariaparasiten im Blut denselben Farbstoff ohne weiteres aufnehmen und sich dadurch anfärben ließen. Folglich versuchte man, Methylenblau gegen Malaria beim Menschen auszuprobieren. Damit hatte man zwar einen gewissen Erfolg, der jedoch nicht ausreichte, um darauf eine wirksame Behandlung aufzubauen. Der relativ bescheidene Erfolg gab jedoch den Anstoß zu einer

Gedankenassoziation, der die größte Bedeutung zukommen sollte. Ehrlich war der Meinung, daß antimikrobielle Wirkstoffe im wesentlichen toxische Verbindungen sein mußten, die an den Mikroorganismus binden, um wirken zu können. Das Problem lag nun darin, Verbindungen zu finden, die eine selektive Wirkung auf die Zellen der Mikroorganismen ausüben, ohne dabei die Zellen des Wirts anzugreifen. Von Methylenblau ausgehend, begann Ehrlich nach anderen Farbstoffen zu suchen, die gegen durch Protozoen verursachte Krankheiten wirken. Nachdem er Hunderte von verfügbaren Farbstoffen getestet hatte, fand er 1904 schließlich einen Farbstoff, der gegen Trypanosomiasis bei Pferden wirkte. Diese „Trypanrot" genannte Verbindung war ein wichtiger Meilenstein auf dem Weg zur Behandlung von mikrobiellen Infektionen, denn es handelte sich hier um die erste künstlich hergestellte Verbindung, die einen Heilerfolg zeigte.

Den größten Erfolg Ehrlichs stellten jedoch nicht die Farbstoffe dar. Nach ersten Arbeiten über die Behandlung von Trypanosomiasis mit Arsenoxyd setzte Koch die organische Arsenverbindung Atoxyl (Abb. 1.1) ein. Mit dieser Verbindung hatte man zum ersten Mal ein Mittel ge-

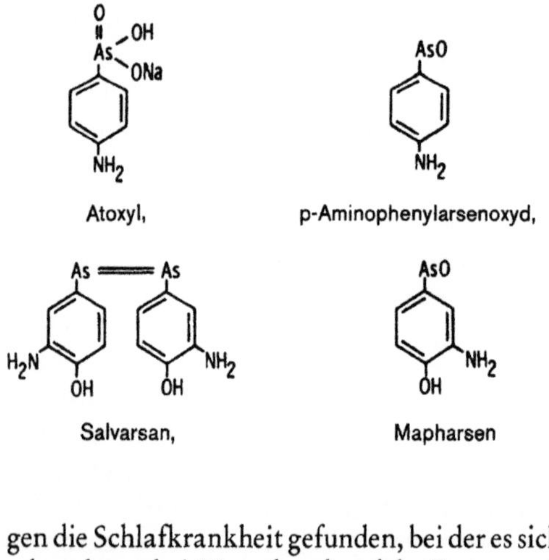

Atoxyl,

p-Aminophenylarsenoxyd,

Salvarsan,

Mapharsen

Abb. 1.1. Arsenverbindungen zur Behandlung von Trypanosomiasis oder Syphilis

gen die Schlafkrankheit gefunden, bei der es sich um eine Trypanosomenerkrankung bei Menschen handelt. Es traten jedoch schädliche Nebenwirkungen auf, die sich u. a. bei einigen Menschen als Sehschwäche ausprägten. Der Heilerfolg dieser Substanz veranlaßte Ehrlich jedoch, andere verwandte Arsenverbindungen herzustellen. Er testete diese Arsenderivate an Mäusen, die auf experimentellem Wege mit Trypanosomen infiziert worden waren und konnte zeigen, daß der Heilerfolg nicht par-

2. Historische Entwicklung und chemotherapeutische Theorien

allel zur Toxität der Verbindung für die Maus verläuft. Es war daher zu vermuten, daß bei Herstellung einer genügend großen Anzahl von Verbindungen einige eine so geringe Toxizität besitzen sollten, um gefahrlos als chemotherapeutische Mittel benutzt werden zu können. Ehrlich suchte weiter nach Verbindungen, die gegen verschiedene Mikroorganismen wirken und konnte nachweisen, daß Arsenverbindungen gegen den Erreger der Syphilis wirken. Jetzt begann er in großem Stil nach einer organischen Arsenverbindung zu forschen, die für die Behandlung dieser Krankheit geeignet wäre, und entdeckte im Jahre 1910 schließlich das berühmt gewordene Salvarsan (Abb. 1.1). Salvarsan und sein Derivat Neosalvarsan wurden die am häufigsten verabreichten Pharmaka gegen Syphilis. Sie wurden bis 1945, also bis zu ihrer Ablösung durch Penicillin, in Verbindung mit der Wismuttherapie angewendet. Dieses Medikament gegen die Syphilis war der aufsehenerregendste praktische Erfolg in Ehrlichs Karriere. Für die Wissenschaft als solche bleibt Ehrlich jedoch dank seines Ideenreichtums ebenso unvergeßlich. Seine Ideen inspirieren bis auf den heutigen Tag alle, die sich mit der Chemotherapie befassen. Ihnen kommt eine so große Bedeutung zu, daß sie es verdienen, hier gesondert behandelt zu werden.

d) Was die Chemotherapie Ehrlich verdankt

Es war Ehrlich, der die Bezeichnung Chemotherapie prägte, womit er seiner Überzeugung Ausdruck verleihen wollte, daß eine Infektionskrankheit mit synthetischen Chemikalien behandelt werden kann. Die seither errungenen Erfolge haben seinen Glauben an diese Möglichkeit in vollem Maße gerechtfertigt. Ehrlich setzte als gegeben voraus, daß Zellen chemische Rezeptoren besitzen, deren Aufgabe es ist, Nährstoffe aufzunehmen. Medikamente, die auf die Zelle einwirken, müssen an den einen oder anderen dieser Rezeptoren binden. Die Toxizität eines Medikaments richtet sich in erster Linie nach seiner Verteilung im Körper. Bei der Behandlung einer Infektion bestimmt die Bindungsaffinität des Wirkstoffes an den Parasiten verglichen mit der an die Wirtszelle die Wirksamkeit dieser Verbindung. Ehrlich erkannte damit die Bedeutung der quantitativen Bestimmung des Verhältnisses von therapeutisch wirksamer und toxischer Dosis eines Medikaments. Diese Bestimmungen sind noch heute in der Chemotherapie von größter Wichtigkeit. Die Auffassung Ehrlichs von den Zellrezeptoren findet sich durch die modernen Erkenntnisse über Membrantransport bestätigt.

Ehrlich entwickelte Verfahren, denen seither bei der Suche nach neuen Medikamenten die größte Bedeutung zukommt. Er führte das sog. „Screening"-Verfahren ein. Darunter versteht man die Anwendung eines relativ einfachen Tests auf eine große Zahl von Verbindungen, um Klarheit über die biologische Aktivität von bisher noch nicht untersuchten Klassen von chemischen Substanzen zu erlangen. Das zweite von ihm eingeführte Verfahren bestand in der gezielten Synthese von Derivaten einer Verbindung, von der bereits bekannt war, daß sie die gewünschte Aktivität besaß. Die neuen Verbindungen wurden vor allem auf höhere Wirksamkeit oder auf andere verbesserte Eigenschaften, wie z.B. geringere Toxizität, hin untersucht. Jede verbesserte Eigenschaft, die man fand, diente als Richtschnur für weitere Synthesen, bis man schließlich durch eine Aneinanderreihung einzelner Schritte die bestmögliche Verbindung erhielt. Diese Verfahren sind heute so allgemein anerkannt, daß man leicht darüber vergißt, welche Neuerung sie in Ehrlichs Tagen darstellten. Sie gehen von der These aus, daß bei einem guten Wirkstoff strukturelle Eigenschaften zusammentreffen müssen, die sich am Anfang nicht voraussagen lassen. Eine Verbindung mit ausreichender struktureller Ähnlichkeit zeigt im allgemeinen einen gewissen Grad an Aktivität und kann daher als Wegweiser zur Synthese der bestmöglichen Struktur dienen.

Nach Ehrlich hat eine chemotherapeutische Substanz zwei funktionelle Merkmale: die „haptophore" oder bindende Gruppe, die es der Verbindung ermöglicht, an die Zellrezeptoren zu binden, und die „toxophore" oder toxische Gruppe, die eine schädliche Wirkung auf die Zelle ausübt. Diese Ansicht hat sich in den darauffolgenden Jahren ständig weiter durchsetzen können. Bei der chemotherapeutischen Behandlung von Krebs z.B. wurde versucht, eine spezifische Konzentration toxischer Wirkstoffe oder Antimetaboliten in Tumorzellen herzustellen. In der antimikrobiellen Forschung hat diese Vorstellung dazu beigetragen, einige Grundzüge der biochemischen Wirkung von antimikrobiellen Verbindungen zu erklären. Die Wirkung von Sideromycinen kann mit einer haptophoren und einer toxophoren Gruppe (Kapitel 6) gedeutet werden. Bei anderen Verbindungen (z. B. Tetracyclin, Kapitel 4) scheint ein Teil des Moleküls hauptsächlich für das Eindringen des Wirkstoffes in die Zelle und ein anderer Teil für die Wirkung innerhalb der Zelle verantwortlich zu sein.

Ehrlich erkannte auch, daß Verbindungen, die einer mikrobiellen Infektion entgegenwirken, das infektiöse Agens nicht unbedingt abtöten müssen. Seiner Ansicht nach sollte es genügen, die Vermehrung des infektiösen Agens zu hemmen, da die natürlichen Abwehrkräfte des Körpers, Antikörper und Phagocyten, fremde Organismen beseitigen können, sofern diese nicht in zu großer Zahl auftreten. Seine Ansichten zu diesem Problem gründeten sich auf die von ihm gemachte Beobachtung, daß Spirochaeten nach Behandlung mit geringen Konzentrationen von Salvarsan beweglich blieben und daher offensichtlich noch am Leben waren. Trotzdem konnten sie keine Infektionen hervorrufen, wenn man sie einem Tier injizierte. Es ist eine auffallende Tatsache, daß die meisten der heutzutage bedeutenden Medikamente eher bakteriostatisch als bakterizid wirken.

Ein weiterer bedeutsamer Aspekt in Ehrlichs Werk war die Erkenntnis, daß Wirkstoffe durch Metabolismus im Körper aktiviert werden können, zu der er durch die Beobachtung gebracht wurde, daß Atoxyl zwar gegen Trypanosomeninfektionen, nicht jedoch gegen isolierte Trypanosomen aktiv war. Er erklärte das damit, daß Atoxyl im Körper zu dem sehr viel toxischeren p-Aminophenylarsenoxyd (Abb. 1.1) reduziert werden könnte. In Arbeiten neueren Datums wurde allerdings nachgewiesen, daß Atoxyl und andere verwandte Arsensäuren im Körper nicht ohne weiteres zu Arsenoxyden reduziert werden; es besteht jedoch immer noch die Möglichkeit einer lokalen Reduktion durch den Parasiten. Seltsamerweise erkannte Ehrlich nicht, daß seine eigene Verbindung Salvarsan einer metabolischen Spaltung unterliegt. Bei Tieren bildet sich das entsprechende Arsenoxyd als erster aus einer Reihe von Metaboliten. Diese Verbindung wurde 1932 unter dem Namen Mapharsen in der Medizin (Abb. 1.1) eingeführt. Die Toxizität von Mapharsen ist recht hoch; die Verbindung hat jedoch eine ausreichende Selektivität und damit brauchbare chemotherapeutische Eigenschaften. In neuerer Zeit entdeckte man verschiedene andere Beispiele von Aktivierungen durch Metabolismus. Am bemerkenswertesten sind vielleicht die Reduzierung von Prontosil rubrum zu Sulfanilamid und die Umwandlung von Proguanil in das aktive Dihydrotriazin (Kapitel 6).

Ehrlich machte auch schon auf das Problem der Resistenzentstehung in Mikroorganismen gegen chemotherapeutische Verbindungen aufmerksam. Er beobachtete dieses Phänomen bei der Behandlung von Trypanosomen mit Parafuchsin und später mit Trypanrot und Atoxyl. Ehrlich fand heraus, daß Trypanosomen auch gegen andere Substanzen resistent waren, die mit den ersten drei Verbindungen chemisch verwandt sind, daß aber keine Kreuzresistenz zwischen den Gruppen auftrat. Für Ehrlich war dies der Beweis dafür, daß jede dieser Verbindungen an einen anderen Rezeptor gebunden wurde. Unabhängige Resistenz gegen verschiedene Wirkstoffe wurde später in der antimikrobiellen Therapie eine regelmäßig beobachtete Erscheinung. Auch Ehrlichs Ansicht über die Natur der Resistenz ist interessant. Er entdeckte, daß Trypanosomen, die gegen Trypanrot resistent waren, geringere Mengen des Farbstoffs absorbierten als sensitive Arten und folgerte daraus, daß die Rezeptoren resistenter Organismen eine geringere Affinität zu dem Farbstoff haben.

Dieser Mechanismus entspricht tatsächlich einem der heutzutage anerkannten Wege, die zu Resistenz in Mikroorganismen führen (Kapitel 7).

In späteren Jahren wurden in Fortführung der Arbeit Ehrlichs mehrere recht brauchbare antimikrobielle Pharmaka entwickelt. Zu erwähnen sind vor allem Suramin, eine Weiterentwicklung des Trypanrots, und Atebrin (auch bekannt unter den Namen Quinacrin oder Mepacrin), das sich indirekt vom Methylenblau ableitet (Abb. 1.2). Suramin wurde 1920

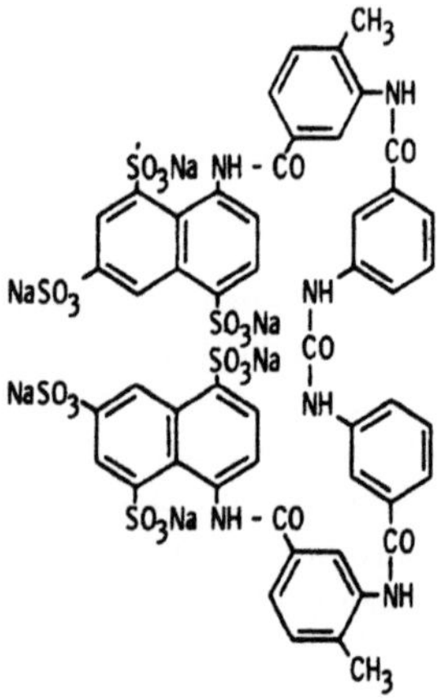

Abb. 1.2. Frühe synthetische Verbindungen zur Behandlung von Krankheiten, die durch Protozoen hervorgerufen werden: Suramin bei Trypanosomiasis (Schlafkrankheit) und Atebrin bei Malaria

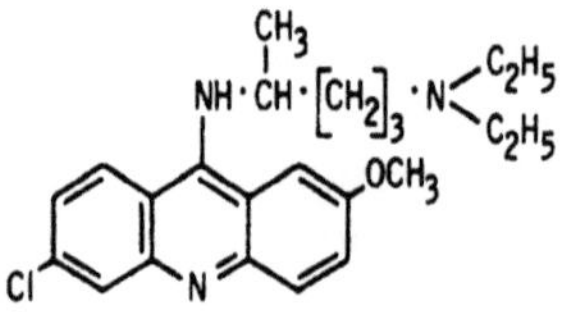

eingeführt und ist eine farblose Verbindung, die gut gegen Trypanosomiasis beim Menschen wirkt. Ihr besonderer Wert liegt darin, daß sie unschädlich ist. Suramin war der erste brauchbare antimikrobielle Wirkstoff, der kein toxisches Metallatom enthielt. Der Unterschied in der Dosis, die toxische Symptome erzeugt und der Dosis, die einen Heileffekt bewirkt, ist bei Suramin sehr viel größer als bei einer Arsenverbindung. Die Wirkung von Suramin hält auch erstaunlich lange an: eine einzige Dosis ist für mehr als einen Monat ausreichend. Atebrin, ein Mittel gegen Malaria, das im zweiten Weltkrieg unschätzbaren Wert hatte, wurde 1933 zum ersten Mal in den Handel gebracht. Es wurde später von anderen Verbindungen verdrängt; vor allem, weil es die unangenehme Eigenschaft hatte, die Haut gelb zu verfärben. Diese Medikamente lassen sich direkt aus dem wissenschaftlichen Ideengut Ehrlichs ableiten. Darüber hinaus ist aber das ganze Gebiet der medikamentösen Therapie von seinen Gedanken durchdrungen, und viele wichtige Verbindungen können direkt oder indirekt auf den Einfluß seiner Ideen zurückgeführt werden.

e) Die Behandlung bakterieller Infektionen mit synthetischen Verbindungen

Trotz der Erfolge, die man bei der Behandlung von Krankheiten erzielen konnte, die durch Protozoen verursacht werden, war die Therapie bakterieller Infektionen viele Jahre lang ein Ziel, das in weiter Ferne lag und als unerreichbar galt. Ehrlich stellte in Zusammenarbeit mit Bechtold selber eine Reihe von Phenolen her, die eine sehr viel bessere antibakterielle Wirkung entfalteten als die einfachen Phenole, die ursprünglich als Desinfektionsmittel dienten. Auf bakterielle Infektionen von Tieren übten diese Verbindungen jedoch keinen Einfluß aus. Andere Versuche verliefen gleichermaßen erfolglos. Erst als Domagk 1935 über die Wirksamkeit von Prontosil rubrum bei Infektionen von Tieren berichtete, war ein erster praktischer Fortschritt zu verzeichnen. Die Entdeckung wurde im Rahmen eines ausgedehnten Forschungsprogrammes über die therapeutische Anwendung von Farbstoffen gemacht und war ganz offensichtlich von Ehrlichs Ideen inspiriert. Tréfouel konnte nachweisen, daß Prontosil rubrum im Körper zu Sulfanilamid abgebaut wird, bei dem es sich um das eigentlich wirksame antibakterielle Agens handelte. Die Geschichte dieser Entdeckung und ihrer Folgen wird in Kapitel 6 dargestellt. Die Sulfonamide waren als Medikamente ungewöhnlich erfolgreich. Sicherlich wären sie noch weiter entwickelt und in viel größerem Maße angewendet worden, wäre auf sie nicht so rasch die Entdeckung von Penicillin und anderer Antibiotika gefolgt. Erstaunlicherweise hat man bei gewöhnlichen bakteriellen Infektionen mit den synthetischen antibakteriellen Wirkstoffen fast keine weiteren Erfolge gehabt. Teilweise mag das darauf zurückzuführen sein, daß jetzt der Anreiz fehlte, noch weiter nach neuen Produkten zu suchen, da man mit den Antibiotika so ausgezeichnete Ergebnisse erzielt hatte. Sicherlich ist es aber auch äußerst schwierig, synthetische Verbindungen mit einer brauchbaren Wirkung gegen bakterielle Infektionen zu finden. Von den Sulfonamiden abgesehen, finden heute von den synthetischen Verbindungen nur noch Nalidixinsäure (Kapitel 5), Nitrofuranderivate und Trimethoprim (Kapitel 6) weitverbreitet Anwendung. Im Gegensatz zu den am häufigsten auftretenden bakteriellen Infektionen ist bei Infektionen, die durch Mycobakterien verursacht werden, im allgemeinen eine Behandlung mit synthetischen Wirkstoffen erfolgreicher als mit Antibiotika. Noch jahrelang, nachdem man bereits Streptokokken- und Staphylokokkeninfektionen erfolgreich behandeln konnte, war man gegen Tuberkulose und Lepra trotz der zur Verfügung stehenden chemotherapeutischen Mittel noch immer machtlos. Ein erster Erfolg stellte sich mit dem Antibiotikum Streptomycin ein. Streptomycin wird auch heute noch bei der Behandlung von Tuberkulose eingesetzt. Bald danach entdeckte man jedoch eine Reihe chemisch nicht miteinander verwandter synthetischer Verbindungen, die bei der Behandlung von Tuberkulose durchschlagenden Erfolg hatten. Die wirksamsten dieser synthetischen Wirkstoffe sind Isonicotinsäurehydrazid und p-Aminosalicylsäure (Kapitel 6).

Abgesehen von Streptomycin und verwandten Antibiotika haben antibiotische Substanzen bei der Behandlung der Tuberkulose eine relativ geringe Rolle gespielt. Bei Leprakranken wird gewöhnlich die synthetische Verbindung 4,4-Diaminodiphenylsulfon als einziges Medikament angewendet.

f) Die antibiotische Revolution

Seitdem man Bakterien auf festem Medium züchten konnte, hat man immer wieder infizierende Organismen auf den Nährböden beobachtet. Manchmal war diese fremde Kolonie von einem Hof umgeben, in dem keine Bakterien wachsen konnten. Gewöhnlich betrachtete man diese Beobachtung lediglich als ein experimentelles Artefakt. Fleming jedoch, der diesen Effekt bei dem Schimmelpilz *Penicillium notatum* auf einer mit Staphylokokken bewachsenen Platte beobachtete, ließ der Gedanke an die mögliche Bedeutung dieses Phänomens nicht los. Er wies nach, daß der Schimmelpilz eine frei diffundierbare Substanz erzeugte, die hoch aktiv gegen Gram-positive Bakterien war und für Tiere offensichtlich eine geringe Toxizität besaß. Diese Substanz nannte er Penicillin. Die Verbindung war jedoch wenig beständig, und die ersten Versuche, sie zu extrahieren, mißlangen. Daher wurde Flemings Entdeckung bis 1939 nicht beachtet. Zu diesem Zeitpunkt hatte der Erfolg der Sulfonamide ein erneutes Interesse an der Chemotherapie von bakteriellen Infektionen hervorgerufen. Die Suche nach anderen antibakteriellen Wirkstoffen erschien jetzt als ein vielversprechendes und aufregendes Projekt, und Florey und Chain beschlossen, Flemings Penicillin neu zu überprüfen. Es gelang ihnen, ein zwar unreines, aber hochaktives festes Präparat zu isolieren, und sie veröffentlichten ihre Ergebnisse 1940. Bereits 1941 erkannte man, daß man eine Verbindung entdeckt hatte, die für die Medizin von revolutionärer Bedeutung war. Forschung und

2. Historische Entwicklung und chemotherapeutische Theorien

industrielle Produktion wurden jedoch, besonders bei der im Kriege herrschenden finanziellen Knappheit, vor zu gewaltige Probleme gestellt, um das Medikament für den allgemeinen medizinischen Gebrauch herzustellen. Schließlich wurde das vielleicht größte gemeinsame chemische und biologische Forschungsprogramm in Angriff genommen, das je durchgeführt wurde, und an dem 39 Labors in Großbritannien und den Vereinigten Staaten beteiligt waren. Es war ein schlecht organisiertes Unternehmen, und viele Arbeiten wurden doppelt ausgeführt oder überschnitten sich. Es endete jedoch mit der Isolierung von reinem Penicillin, der Bestimmung seiner Struktur und der Einführung von Verfahren für seine industrielle Herstellung. Die Hindernisse, die in diesem Forschungsvorhaben zu überwinden waren, waren gewaltig. Sie ergaben sich in erster Linie aus den sehr niedrigen Penicillinkonzentrationen der ursprünglichen Schimmelpilzkulturen und aus der beachtlichen chemischen Unbeständigkeit des Produkts. Im Verlaufe dieses Forschungsprogramms wurde die Konzentration an Penicillin in der Kulturflüssigkeit des Schimmelpilzes tausendfach gesteigert, indem man verbesserte Varianten von P. notatum mit Hilfe von Selektions- und Mutationsverfahren isolierte und die Kulturbedingungen verbesserte. Diese gewaltige Ertragssteigerung trug entscheidend dazu bei, die industrielle Produktion überhaupt durchführbar und relativ billig zu machen.

Nach dem Erfolg des Penicillins konzentrierte man sich auf die Suche nach anderen Antibiotika. Der bekannteste Name im Zuge dieser Entwicklung war Waksman, der eine intensive Suche nach Antibiotika in Schimmelpilzen startete, die aus Bodenproben isoliert wurden, die er aus allen Teilen der Welt bezog. Waksmans erster Erfolg war Streptomycin, und viele andere Antibiotika folgten nach. Seine „Screening"-Verfahren wurden in vielen Labors nachgeahmt. Organismen aller Arten wurden untersucht und Hunderttausende von Kulturen geprüft. Weitere Erfolge stellten sich rasch ein. Alle diese Forschungsarbeiten brachten etwa 2000 namentlich verzeichnete Antibiotika. Die meisten von ihnen wiesen jedoch Mängel auf, die ihre Entwicklung zu medizinisch anwendbaren Heilmitteln verhinderten. Etwa 50 dieser 2000 Antibiotika wurden auf die eine oder andere Weise klinisch verwendet. Die Zahl derjenigen, die regelmäßig bei der Therapie von Infektionskrankheiten Anwendung finden, ist noch sehr viel kleiner. In dieser ausgewählten Gruppe befinden sich jedoch Verbindungen von so ausgezeichneter Qualität, daß man damit nahezu alle Pilz- und Bakterieninfektionen, die bei Menschen auftreten, behandeln kann. Dieser Fortschritt wurde innerhalb eines Zeitraumes von nur 20 Jahren erreicht. Neue Antibiotika werden auch weiterhin entwickelt, aber ihre Entdeckung hat jetzt sehr viel an

Dringlichkeit verloren, da man die wichtigsten Infektionen, die von Bakterien und Pilzen hervorgerufen werden, unter Kontrolle gebracht hat.

Eine Entdeckung, die während der Entwicklung der Antibiotika gemacht wurde und für die Zukunft von Bedeutung sein könnte, ist die Möglichkeit, die Wirkung der natürlich vorkommenden Antibiotika durch chemische Veränderungen zu erweitern oder zu verbessern. Dies wurde zum ersten Mal erfolgreich bei den Penicillinen durchgeführt (Kapitel 2) und dann auch auf andere Antibiotika übertragen, wie z. B. Rifamycin (Kapitel 5).

Die synthetischen antibakteriellen Wirkstoffe und die Antibiotika sind beispielhaft für ein Phänomen, das in der Geschichte der Wissenschaft nicht einmalig ist. Sulfanilamid, Isonicotinsäurehydrazid und p-Aminosalicylsäure waren als Verbindungen in der Chemie lange Zeit bekannt, bevor man ihre potentielle antibakterielle Wirkung erkannte. Viele Antibiotika werden von häufig vorkommenden Mikroorganismen erzeugt und lassen sich relativ leicht isolieren. Es gibt keinen technischen Grund dafür, daß sie nicht bereits vor vielen Jahren entdeckt wurden. Es bedurfte offenbar des Anstoßes durch die zufällige Entdeckung der Aktivität der Sulfonamide, um die groß angelegte Suche zu stimulieren, die in 15 Jahren die medizinische Behandlung von bakteriellen Infektionen von Grund auf verändert hat.

3. Gründe für die Untersuchung der Biochemie antimikrobieller Verbindungen

Nach diesem kurzen Überblick über die Entdeckung, die zum großen Angebot von heute an antimikrobiellen Verbindungen geführt hat, gehen wir jetzt zu dem eigentlichen Thema des Buches über. Uns interessieren die biochemischen Mechanismen, welche der Wirkung von Verbindungen zugrunde liegen, die im Kampf gegen die Mikroorganismen eingesetzt werden. Dieses Thema ist von doppeltem Interesse. Auf lange Sicht gesehen kann ein genaues Verständnis der antibakteriellen Wirkung in molekularer Hinsicht Ideen für die Herstellung gänzlich neuartiger antimikrobieller Wirkstoffe anregen. Obwohl die gegenwärtig zur Verfügung stehenden Medikamente sehr wirksam und erfolgreich sind, sind doch viele noch verbesserungsfähig. Noch aus einem anderen Grunde sind antimikrobielle Wirkstoffe interessant: ihre Aktivität kann zum Verständnis biochemischer Vorgänge entscheidend beitragen. Antibakterielle Wirkstoffe, besonders die Antibiotika, üben oft eine hoch selektive Wirkung auf biochemische Prozesse aus. Sie können einen einzigen Schritt innerhalb einer komplizierten Reaktionskette blockieren. Mit solchen Wirkstoffen lassen sich daher oft Einzelheiten biochemischer Reaktionen aufdecken, deren Aufklärung sonst schwierig wäre. Unser jetziges Wissen über die Proteinbiosynthese ist zu einem großen Teil auf Experimente mit Verbindungen wie Puromycin, Chloramphenicol und Tetracyclin zurückzuführen. Die Erkenntnisse über die Biochemie der antimikrobiellen Wirkung wurden langsam und mühsam, mit vielen Fehlstarts und Rückschlägen, errungen. In den vergangenen 10 Jahren konnte man jedoch sehr viel tiefere Einsicht in den Wirkungsmechanismus von antibakteriellen Substanzen gewinnen. Bei den meisten medizinisch gebräuchlichen Wirkstoffen kann man heute die biochemischen Prozesse, die ihrer Wirkung auf Bakterien zugrunde liegen, wenigstens in groben Umrissen verstehen. Im Vergleich dazu weiß man über den Wirkungsmechanismus der Verbindungen, die gegen Protozoen eingesetzt werden und lange vor den antibakteriellen Wirkstoffen entdeckt wurden, relativ wenig. Das ist hauptsächlich darauf zurückzuführen, daß es sehr viel schwieriger ist, Protozoen zu isolieren und mit ihnen außerhalb des Tierkörpers zu experimentieren. Das Interesse hat sich aber auch deswegen auf die Bakterien konzentriert, weil sie bei Infektionskrankheiten eine besonders große Rolle spielen und zudem häufig für biochemische und genetische Forschungen verwendet werden.

4. Erweiterung der biochemischen Kenntnisse von der antimikrobiellen Wirkung

Die Kenntnisse von den Wirkungsmechanismen der antimikrobiellen Verbindungen sind allmählich angewachsen. Mehrere Stufen in dieser Entwicklung lassen sich unterscheiden und sollen daher getrennt erörtert werden.

a) Pharmakologische Biochemie

Gelangt ein antimikrobieller Wirkstoff in den Organismus, wird seine Wirksamkeit von verschiedenen Faktoren bestimmt, die für sein Verhalten im Körper maßgebend sind. Im allgemeinen lassen sich Methoden finden, Aufnahme, Verteilung und Ausscheidung der Verbindung zu untersuchen. Wenn das Medikament wirken soll, muß es an der Stelle im Körper, wo seine Wirkung erwünscht ist, in ausreichender Konzentration vorhanden sein. Diese Konzentration muß lange genug anhalten, um den Abwehrkräften des Körpers Zeit zu lassen, die Infektion unter Kontrolle zu bringen. Die erhaltene Konzentration ist abhängig von der relativen Geschwindigkeit der Aufnahme und Ausscheidung und wird zudem durch biochemische Veränderungen beeinflußt. Derartige Veränderungen werden von Enzymen des Körpers bewirkt, die auf die antimikrobielle Substanz einwirken. Durch diesen Metabolismus wird das antimikrobielle Agens gewöhnlich inaktiviert. Es sind jedoch mehrere Beispiele bekannt, wo erst durch Metabolismus eine ursprünglich unwirksame Verbindung zu einem Wirkstoff wird, der im Körper zirkuliert (Kapitel 6). Die Bindungsaffinität der Substanz an verschiedene Gewebe kann ebenfalls von Bedeutung sein. Einige Wirkstoffe sind fest an Plasmaproteine gebunden. Das verlängert zwar ihre Wirkungsdauer im Körper, kann aber ihre Wirksamkeit genausogut herabsetzen, wenn die Aktivität von der Konzentration an freier Verbindung im Blut abhängt. Es herrscht immer ein Gleichgewicht zwischen freiem und gebundenem Wirkstoff. Bei fest gebundenen Verbindungen kann die Menge des Wirkstoffs in freier Form jedoch sehr klein sein. Methoden zur Untersuchung all dieser Faktoren sind bekannt. Oft empfiehlt es sich, Verbindungen zu verwenden, die an irgendeiner Stelle in ihrem Molekül ein radioaktives Atom als Markierung tragen. Diese Art von Information ist eine Voraussetzung zum Verständnis der antimikrobiellen Wirkung. Sie kann dazu beitragen, unterschiedliche Wirkungen bei verschiedenen Mikroorganismen zu erklären. Bei einer neuen Verbindung verfügt man dadurch über Anhaltspunkte dafür, welche Dosierungen für die Behandlung von Patienten vorzuschlagen sind.

b) Die betroffenen biochemischen Systeme

Solange man antimikrobielle Verbindungen kennt, haben Wissenschaftler versucht, ihre Wirkung biochemisch zu erklären. Ehrlich machte einen ersten Versuch in dieser Richtung, als er die Vermutung äußerte, daß Arsenverbindungen dadurch wirken, daß sie mit Sulfhydrylgruppen in der Protozoenzelle eine Bindung eingehen. Ehrlichs Phantasie waren jedoch Grenzen gesetzt, da sich die Biochemie zu seiner Zeit in einem Anfangsstadium befand. Als dann die Sulfonamide entdeckt wurden, war die Biochemie der kleinen Moleküle schon sehr viel weiter fortgeschritten, und bald konnte man die Wirkung der Sulfonamide auch biochemisch erklären. Viele der Antibiotika jedoch, die danach entwickelt wurden, stellten die Wissenschaftler vor ganz andere Probleme. Versuche, biochemische Methoden anzuwenden, um etwas über ihre Wirkung zu erfahren, führten zu sehr widersprüchlichen Ergebnissen. Bis zu 14 verschiedene biochemische Systeme wurden als möglicher Angriffspunkt der antibakteriellen Wirkung von Steptomycin vorgeschlagen. Diese Verwirrung entstand zum großen Teil aus dem Unvermögen, zwischen

4. Erweiterung der biochemischen Kenntnisse 17

Primär- und Sekundäreffekten zu unterscheiden. Die biochemischen Prozesse bakterieller Zellen sind eng miteinander verbunden. Daher führt die Störung eines wichtigen Systems mit hoher Wahrscheinlichkeit zu Auswirkungen auf viele andere Systeme. Verfahren mußten entwickelt werden, mit denen man unterscheiden konnte zwischen dem biochemischen Primäreffekt eines antimikrobiellen Wirkstoffes und anderen Veränderungen im Stoffwechsel, die daraus folgten. Sobald solche Methoden bekannt waren, konnten genauere Untersuchungen über den tatsächlichen Wirkungsort verschiedener antimikrobieller Verbindungen angestellt werden. Jetzt wurden die geringen biochemischen Kenntnisse über die Natur des Angriffsortes zum limitierenden Faktor. Erst ab 1955 wußte man wesentlich mehr über die Struktur, Funktion und Synthese von Makromolekülen. Man stellte fest, daß fast alle bedeutenden Antibiotika die Biosynthese oder die Funktion der Makromoleküle beeinflussen. Die Entwicklung neuer Techniken zeigte zudem Wege auf, ihren Wirkungsort mit einiger Sicherheit zu bestimmen.

c) Verfahren zur Untersuchung der Wirkungsweise antimikrobieller Verbindungen

Dank der in den vergangenen 15 Jahren gemachten Erfahrungen konnten einigermaßen systematische Verfahren ausgearbeitet werden, mit deren Hilfe sich die primären Wirkungsorte vieler antimikrobieller Verbindungen bestimmen lassen. Liegt der primäre Wirkungsort einmal fest, läßt sich auch häufig die Gesamtwirkung eines antimikrobiellen Agens auf den Stoffwechsel von Mikroorganismen erklären. Zwar werden in den folgenden Kapiteln noch häufig die Techniken behandelt, die angewendet werden, um Aufschluß über die Wirkungsweise antimikrobieller Agentien zu erhalten, es mag aber doch nützlich sein, sie in der Reihenfolge zu beschreiben, in der sie bei dieser Art von Forschung im allgemeinen zur Anwendung kommen.

1. Sind chemische Zusammensetzung und Struktur einer antimikrobiellen Verbindung bekannt, so verfügt man damit schon über sehr wertvolle Angaben. Leider ist es manchmal unumgänglich, besonders bei etwas komplizierter aufgebauten natürlichen Produkten, die Untersuchungen über den Wirkungsmechanismus der Verbindung anzufangen, bevor deren Struktur bekannt ist. Ist die Struktur bekannt, so wird in jedem Fall sorgfältig geprüft, ob eine teilweise oder vollständige Strukturanalogie mit einem biologisch wichtigen Molekül vorliegt, z. B. mit einem Zwischenprodukt einer Biosynthese oder einem wichtigen Cofaktor, einem Wuchsstoff usw. Manchmal läßt sich eine strukturelle Ana-

logie sofort aus dem Vergleich einfacher zweidimensionaler Strukturformeln ableiten. In anderen Fällen, wie z. B. bei den β-Lactam-Antibiotika und auch bei Cycloserin (Kapitel 2), ist erst das Bauen von dreidimensionalen Modellen notwendig, bevor irgendwelche bedeutsame strukturelle Analogien sichtbar werden. Die strukturelle Analogie mit einem biologischen Molekül kann direkt auf den wahrscheinlichen biochemischen Wirkungsort eines Hemmstoffs hinweisen. In anderen Fällen wird das Vorhandensein einer strukturellen Analogie erst dann offenbar, wenn der Angriffsort des Hemmstoffes bereits auf andere Weise bestimmt wurde.

2. Liegt zwischen dem Hemmstoff und einem natürlichen Substrat keine strukturelle Analogie vor, muß bei der Untersuchung empirisch vorgegangen werden. Die wesentlichsten biologischen Auswirkungen des Hemmstoffes auf die betroffene Bakterienzelle werden sorgfältig geprüft. Zunächst wird bestimmt, ob eine Verbindung zytozid oder nur zytostatisch ist. Die Lebensfähigkeit einer Bakterienzelle ist entscheidend von der Unversehrtheit ihrer Zellwand und der darunter befindlichen Membran abhängig (Kapitel 2 und 3). Änderungen in der Zellmorphologie verbunden mit Zellysis weisen oft auf eine Beeinflussung der Biosynthese der Zellwandbestandteile hin. Die Wanderung von anorganischen Ionen, Aminosäuren, Nukleotiden usw. durch die Membran verläuft bei einer Schädigung der Zellmembran gewöhnlich anormal. Diese Veränderungen wirken sich weitgehend auf den Zellmetabolismus aus und lassen sich gut mit der Technik der radioaktiven Markierung verfolgen.

3. Übt ein antimikrobielles Agens erwiesenermaßen keine nachteilige Primärwirkung auf die Zellmembran aus, ist als nächstes zu prüfen, ob die Hemmung des mikrobiellen Wachstums durch Zugabe von biologisch wichtigen Verbindungen zum Medium rückgängig gemacht werden kann. Beim Vorliegen einer eindeutigen strukturellen Analogie wird die analoge natürliche Verbindung zuerst getestet. Andernfalls werden der Reihe nach verschiedene Vitamine, oxidierbare Kohlenstoffquellen, Aminosäuren, Purine, Pyrimidine, Fettsäuren usw. untersucht. Läßt sich die Hemmung dadurch aufheben, so kann daraus direkt auf die Reaktion oder die Reaktionsfolge geschlossen werden, die von dem Hemmstoff blockiert wird. Die Anwendung von auxotrophen Organismen kann hier manchmal zusätzliche wertvolle Hinweise geben. Dazu benötigt man auxotrophe Mutanten, die in dem Schritt blockiert sind, der von dem antimikrobiellen Wirkstoff gehemmt wird. Gibt man zu dieser Mutante das nächste Zwischenprodukt nach dem Block in der Biosynthesekette und den antibakteriellen Wirkstoff, dann sollte diese auxo-

4. Erweiterung der biochemischen Kenntnisse   19

trophe Mutante gegen die Wirkung des Hemmstoffes resistent sein. Eine
Hemmung in einer biosynthetischen Reaktionsfolge kann auch durch
eine Anhäufung des Metaboliten unmittelbar vor der blockierten Reaktion angezeigt werden. Leider machen exogene Verbindungen die Wirkung vieler antimikrobieller Wirkstoffe nicht rückgängig. Das betrifft
insbesondere antimikrobielle Substanzen, die bestimmte Polymerisationsschritte in der Nukleinsäure- und Proteinbiosynthese hemmen, wo
eine Umkehrung unmöglich ist.

4. Gewöhnlich wird auch die Fähigkeit des Hemmstoffes geprüft, Synthese und Verbrauch von ATP zu hemmen, da jede Störung im Energiehaushalt tiefgreifende Auswirkungen auf die biologische Aktivität der
Zelle hat. Die Wirkung des Hemmstoffes auf die Atmung und die glykolytische Aktivität des Mikroorganismus wird untersucht, und der ATP-Gehalt der Zellen gemessen.

5. Eine antimikrobielle Verbindung, welche die Protein- oder Nukleinsäurebiosynthese hemmt, ohne (I) mit Membranfunktionen, (II) den Biosynthesen der direkten Vorprodukte von Proteinen und Nukleinsäuren
oder (III) der Synthese und dem Verbrauch von ATP zu interferieren,
hemmt sehr wahrscheinlich die makromolekulare Synthese auf der Polymerisationsebene. Wegen der engen wechselseitigen Beziehung zwischen
der Protein- und Nukleinsäuresynthese müssen die indirekten Hemmeffekte des einen Prozesses auf den anderen genau unterschieden werden. Z.B. hemmt eine Verbindung, die direkt mit der Biosynthese von
RNS interferiert, indirekt die Proteinbiosynthese, da der Nachschub an
m-RNS zum Erliegen kommt. Hemmstoffe der Proteinsynthese wiederum stoppen letzten Endes die DNS Synthese, da die Initiation neuer
Zyklen der DNS Replikation eine ununterbrochene Proteinbiosynthese
voraussetzt (Kapitel 5). Außerdem sollte die Kinetik der Hemmung jeder makromolekularen Biosynthese an intakten Bakterienzellen untersucht werden, da indirekte Hemmungen später als direkte Effekte auftreten.

6. Sobald das gehemmte biochemische System an intakten Zellen identifiziert worden ist, können zusätzliche Informationen mit zellfreien
Präparaten erhalten werden. Das kann durch die Isolierung von vermuteten betroffenen Enzymen, von Zellorganellen, wie Membranen und
Ribosomen oder von gereinigten, hoch polymerisierten Nukleinsäuren
erreicht werden. Die antimikrobielle Verbindung wird dann auf ihre
hemmende Aktivität gegenüber der vermuteten Reaktion *in vitro* untersucht. Auf diese Weise kann man tieferen Einblick in die molekulare
Natur der Wechselwirkung zwischen Hemmstoff und Wirkungsort ge-

winnen. Besonders bei hohen Konzentrationen des Wirkstoffes besteht jedoch *in vitro* immer die Gefahr von unspezifischen Effekten. Gelingt es andererseits auch mit hohen Konzentrationen des antimikrobiellen Agens nicht, die vermutete Reaktion *in vitro* zu hemmen, so besteht dennoch die Möglichkeit, daß die gleiche Reaktion *in vivo* gehemmt wird, und zwar aus verschiedenen Gründen: (i) der Wirkstoff kann entweder durch den Stoffwechsel des Wirtes oder des Mikroorganismus in ein hemmendes Derivat umgewandelt werden, (ii) die gründliche Reinigung eines Enzyms kann dieses für den Hemmstoff unempfindlich machen, indem ein allosterischer Angriffsort verändert wird, (iii) der Wirkungsort in der unversehrten Zelle kann Teil einer komplexen Struktur sein, die während der Herstellung eines zellfreien Systems zerstört wird, was wiederum zu einer geringeren Empfindlichkeit gegenüber dem Hemmstoff führt. Das scheint der Grund dafür zu sein, warum bestimmte Verbindungen, die in unversehrten Zellen die RNS Synthese hemmen, bei zellfreien Präparaten keinen Einfluß auf diesen Prozeß zeigen (Kapitel 5). Mitunter ist es zweckmäßig, zellfreie Präparate aus Wirkstoff-resistenten Mutanten zu verwenden, um den Angriffspunkt genau zu lokalisieren. Dieses Verfahren wurde zur Identifizierung des Angriffsortes von Streptomycin bei Bakterienribosomen sehr geschickt angewandt (Kapitel 4).

d) Die selektive Wirkung von antimikrobiellen Wirkstoffen

Bei der Untersuchung eines anwendbaren antimikrobiellen Wirkstoffes ist es nicht damit getan, nur seine Wirkung auf den Metabolismus des Mikroorganismus aufzuklären. Die Verbindung muß definitionsgemäß selektiv in ihrer Wirkung sein. Die Ursache für diese Selektivität muß gefunden werden. Daher ist es normalerweise notwendig, die Wirkung dieser Verbindungen auf den Metabolismus der Wirtszelle ebenso wie auf den des Parasiten zu untersuchen. Die Ursache für die Selektivität kann von Wirkstoff zu Wirkstoff verschieden sein. Wird dabei nur ein Prozeß der mikrobiellen Zelle gehemmt, so werden die Wirtszellen davon nicht in Mitleidenschaft gezogen. Andere Agentien wirken auf biochemische Prozesse, die sowohl in Mikroorganismen als auch in tierischen Zellen ablaufen, greifen aber aus irgendeinem Grunde nur in den biochemischen Vorgang der Mikrobenzellen ein. Die Ursache für diese unterschiedliche Wirkung ist noch unklar und macht weitere Untersuchungen notwendig. Eine andere Art von Selektivität wird dadurch bedingt, daß der antimikrobielle Wirkstoff in der mikrobiellen Zelle, aber nicht in der Wirtszelle konzentriert wird. Obwohl also letzten Endes das Agens auf Wirtszelle und Bakterienzelle gleichermaßen hemmend wirkt,

4. Erweiterung der biochemischen Kenntnisse   21

wird durch seine höhere Konzentration im Mikroorganismus die erforderliche Selektivität gewährleistet. Hier muß nach dem Grund dieser selektiven Konzentrierung gefragt werden, jedoch ist unsere Kenntnis dieser Mechanismen noch recht dürftig.

e) Die molekulare Wechselwirkung zwischen dem antimikrobiellen Agens und dem Wirkungsort

Ziel einer Untersuchung über die Wirkungsweise eines antimikrobiellen Wirkstoffes ist es, seine biologische Wirkung auf sensitive Zellen mit der Wechselwirkung zwischen dem Hemmstoff und seinem biochemischen Wirkungsort in den Zellen in Beziehung zu bringen. Letzten Endes muß diese Wechselwirkung auf molekularer Ebene gedeutet werden. Schon aus diesem Grunde müssen wir chemische Struktur und Eigenschaften des hemmenden Moleküls in allen Einzelheiten verstehen. Eine genaue Kenntnis des Wirkungsortes ist aber ebenso erforderlich. An dieser Frage scheitern heutzutage beinahe alle Modelle über Wirkungsmechanismen von antimikrobiellen Verbindungen, da wir einfach nicht genug über die Wirkungsorte wissen. Der Grund dafür liegt auf der Hand: Alle Wirkungsorte sind Makromoleküle, und trotz beachtlicher Fortschritte in der Molekularbiologie steckt die Untersuchung über den Chemismus dieser Prozesse bei fast allen Makromolekülen noch in den Anfängen. Erst wenn diese schwierige Aufgabe gelöst sein wird, werden wir die wichtigsten Mechanismen der meisten antimikrobiellen Wirkstoffe erklären und vielleicht große Fortschritte im Hinblick auf die zweckmäßige Planung neuer oder verbesserter Wirkstoffe machen können.

Bis es soweit ist, kann mit der Untersuchung aller strukturellen Voraussetzungen für die antimikrobielle Aktivität ein Anfang gemacht werden. Bei den komplex aufgebauten Antibiotika sind die Strukturen aktiver Moleküle hoch spezifisch. Kleinere chemische Veränderungen können zu vollständiger Inaktivierung führen. Nur bei einigen wenigen, relativ einfach aufgebauten Verbindungen kann man die Bedeutung der chemischen Struktur für die biologische Wirksamkeit einigermaßen zufriedenstellend erklären. Ein antimikrobieller Wirkstoff, der für eine erfolgreiche Anwendung im Organismus geeignet ist, muß eine Reihe bestimmter Eigenschaften aufweisen: Richtige Aufnahme und Verteilung im tierischen Körper, die Fähigkeit, in den Mikroorganismus einzudringen, oder sich in ihm anzureichern, und selektive Wirkung auf einen Angriffsort in der Zelle. Es kann sein, daß jede dieser Eigenschaften ein anderes molekulares Merkmal erfordert. Zur Entfaltung einer optimalen Wirksamkeit müssen alle Eigenschaften in demselben Molekül vorhanden sein und dürfen sich nicht gegenseitig beeinflussen. Der Erfolg der besten Antibiotika ist vielleicht gerade auf das optimale Zusammenwirken von verschiedenen Teilen des Moleküls für das gesamte Wirkungsbild zurückzuführen. Biochemische Untersuchungen mit isolierten Systemen könnten eventuell die einzelnen Beiträge dieser verschiedenen Komponenten erfassen.

f) Die Biochemie der mikrobiellen Resistenz

Der therapeutische Wert eines antimikrobiellen Agens verringert sich bei längerer Einnahmedauer oft dadurch, daß Organismen entstehen, die gegen diese Verbindung nicht mehr sensitiv sind. Dieses Problem, das von wachsender praktischer Bedeutung ist, wurde mit Hilfe von mikrobiologischen und biochemischen Verfahren untersucht. Mit diesen Untersuchungen wird gewöhnlich der Weg aufgezeigt, der zur Resistenz führt: durch Selektion, durch genetische Übertragung durch einen R-Faktor, oder durch Phageninfektion. Auch die biochemischen Veränderungen, die einen Organismus resistent machen, können erklärt werden. Die Ergebnisse derartiger Untersuchungen werden in Kapitel 7 erörtert. Der Mechanismus einiger Formen der Resistenz muß noch genauer untersucht werden. Es besteht natürlich ein großes praktisches Interesse an Verfahren, die eine Resistenz verhindern oder diese, wenn sie einmal entstanden ist, bekämpfen.

5. Rahmen und Anordnung des Buches

In diesem Buch wird der Versuch unternommen, gesicherte Fakten über die biochemische Wirkung von nahezu allen geläufigen, in der Medizin verwendeten Wirkstoffen gegen Bakterien und Pilze auszuwählen. Verbindungen, über deren Wirkungsweise noch Zweifel bestehen, werden nur am Rande erwähnt. Einige antimikrobielle Verbindungen, denen eine besondere biochemische Bedeutung zukommt, sind hier aufgenommen worden, obwohl sie therapeutisch gesehen wertlos sind. Es werden verhältnismäßig wenig Verbindungen gegen Protozoen beschrieben, da die biochemische Wirkungsweise dieser Medikamente noch weitgehend unerforscht ist. Ebenso sind die wenigen Verbindungen, die gegen Virusinfektionen wirken, ausgelassen, da ihre biochemische Wirkung so gut wie unbekannt ist.

Verbindungen, die gegen Bakterien und Pilze aktiv sind, wurden nach der Art ihrer biochemischen Wirkung eingeordnet und nicht nach ihrer chemischen Struktur. In einem abschließenden Kapitel wird das Problem der Resistenz gegen alle Arten von antibakteriellen Wirkstoffen erörtert.

Weiterführende Lektüre

Allgemeine Arbeiten über antimikrobielle Verbindungen und ihre Wirkung

Biochemical Studies of Antimicrobial Drugs. 16th Symposium, Society for General Microbiology (Cambridge University Press, 1966).

MARTIN, H. H.: "Antimicrobial research and therapeutics", in *Modern Trends in Pharmacology and Therapeutics,* Vol. 1, ed. W. F. M. Fulton (Butterworth, London, 1966), S. 183.

GOTTLIEB, D. and SHAW, P. D. (eds.): *Antibiotics,* Vol. I. Mechanism of Action (Springer-Verlag, Berlin-Heidelberg-New York 1967).

VASQUEZ, D.: "Mechanism of action of antibiotics", in *Ann. Rep. Med. Chem.,* 1969, S. 156.

BERDY, J. and MAGYAR, K.: "Antibiotics — a review", in *Process Biochem., 3,* (1968) 45.

BÜCHER, TH. and SIES, H. (eds.): *Inhibitors: Tools in Cell Research* (Springer-Verlag, Berlin-Heidelberg-New York 1969).

Kapitel II. Die bakterielle Zellwand — ein verwundbarer Schutzschild

1. Die Funktionen der Zellwand

Forscht man nach den Unterschieden zwischen Bakterienzellen und tierischen Zellen als einer möglichen Basis für ein selektives antibakterielles Eingreifen, tritt ein auffallendes Unterscheidungsmerkmal in ihrer allgemeinen Struktur zutage. Die tierische Zelle ist relativ groß und besitzt eine komplexe Organisation. Ein Teil der Zelle ist jeweils für einen bestimmten biochemischen Prozeß zuständig; der Zellkern mit der ihn umgebenden Kernmembran, die Mitochondrien und verschiedene andere Organellen erfüllen alle unterschiedliche Funktionen. Die äußere Membran ist dünn und wenig stabil. Die Zelle lebt in einer Umwelt, in der Temperatur und Osmolarität kontrolliert sind. Von der Flüssigkeit, die die tierische Zelle umgibt, wird diese ständig mit Nährstoffen versorgt. Die sehr viel kleinere Bakterienzelle dagegen lebt in einer sich ständig ändernden, für sie oft ungünstigen Umgebung. Sie muß insbesondere großen Schwankungen der Osmolarität standhalten. In dem Cytoplasma Gram-positiver Bakterien sind niedermolekulare gelöste Substanzen in relativ hohen Konzentrationen enthalten. Werden solche Zellen in Wasser oder in verdünnten Lösungen suspendiert, so entsteht ein hoher osmotischer Druck in der Zelle. Unter diesem Druck würde die Zellmembran unweigerlich platzen, wenn sie nicht von einer starken, festen Außenhülle umgeben wäre. Diese Außenhülle ist die Zellwand. Sie ist ein typisches Merkmal einer Bakterienzelle und fehlt bei tierischen Zellen ganz. Diese Hülle schützt das Bakterium, sie stellt aber gleichzeitig auch eine verwundbare Angriffsfläche dar. Eine Reihe hochwirksamer antibakterieller Agentien verdanken ihre Wirkung der Fähigkeit, Prozesse, durch die die Zellwand synthetisiert wird, zu stören. Da die tierische Zelle keinen vergleichbaren biosynthetischen Mechanismus besitzt, können Substanzen, die in diesen Prozeß eingreifen, für die Tierzellen wenig toxisch sein.

2. Die Struktur der Zellwand

Genaue Untersuchungen und Vergleiche der Zellwände von Bakterien ergaben, daß die verschiedenen Bakterienarten sehr unterschiedliche Zellwandstrukturen aufweisen. Wir beschreiben hier die Struktur einer Zellwand nur in groben Zügen. Zwei Hauptarten von Zellwänden sind beobachtet worden, die ungefähr der Einteilung von Bakterien nach ihrer Reaktion auf die Gram-Färbung entsprechen. Die Bedeutung dieser bewährten Einteilung von Bakterien in Gram-positive und Gram-negative Arten übertrifft bei weitem die einer empirisch gefundenen Farbreaktion.

Bei den Gram-negativen Bakterien handelt es sich gewöhnlich um äußerst anpassungsfähige Organismen mit hoch entwickelten synthetischen Fähigkeiten. Häufig können sie auf einem einfachen Medium gezüchtet werden. Das Medium muß eine Kohlenstoffquelle, z. B. Glucose, eine anorganische Stickstoffquelle und kleine Mengen geeigneter Mineralsalze enthalten. Das Cytoplasma Gram-negativer Bakterien besitzt eine relativ niedrige Osmolarität, da diese Bakterien Nährstoffe und Metaboliten nicht stark konzentrieren. Im Gegensatz dazu sind die Grampositiven Bakterien etwas anspruchsvoller an ihre Umgebung. Sie besitzen weniger ausgeprägte synthetische Fähigkeiten und benötigen zu ihrem Wachstum verschiedene Aminosäuren, Vitamine und andere Stoffe. Gewöhnlich werden sie in reichhaltigen, undefinierten Nährflüssigkeiten oder auf recht komplizierten synthetischen Medien gezüchtet. In ihrem Cytoplasma sind Aminosäuren, Nukleotide und andere niedermolekulare Metaboliten konzentriert. Diese Bakterien haben daher eine hohe interne Osmolarität. Die allgemeinen biochemischen Unterschiede zwischen Gram-positiven und Gram-negativen Bakterien sind mit merklichen Unterschieden in der Zellwandstruktur verbunden.

a) Die Zellwand Gram-positiver Bakterien

Die Zellwände Gram-positiver Bakterien sind relativ einfach strukturiert (Abb. 2.1). Bei einigen dieser Organismen besteht die eigentliche Wand, die über der Zellmembran liegt, aus zwei Hauptschichten. Die

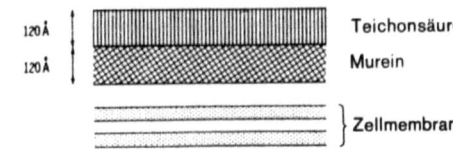

Abb. 2.1. Darstellung der Struktur der Zellhülle von *Staphylococcus aureus*

äußere Schicht bildet häufig eine Teichonsäure, obwohl sie bei einigen Bakterienarten auch aus einem neutralen oder einem sauren Polysaccharid bestehen kann. Letzteres ist unter dem Namen Teichuronsäure bekannt. Die strukturelle Teichonsäure der Zellwände ist ein Polymer aus D-Ribityl-5-phosphat (Abb. 2.2) oder aus Glycerin-1-phosphat. Die

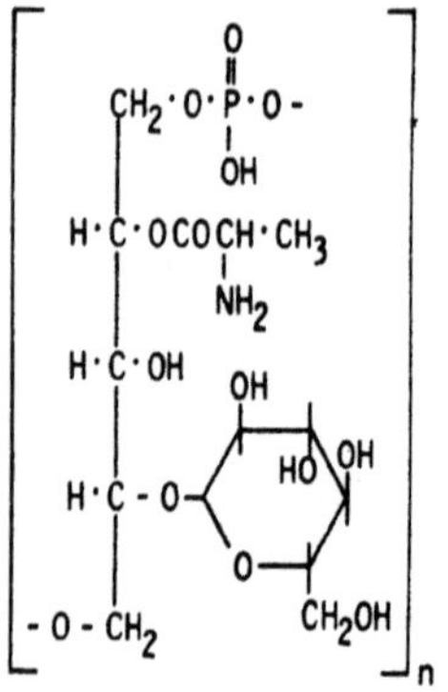

Abb. 2.2. Ribitylteichonsäure. Die Größe des Polymers schwankt wahrscheinlich zwischen n = 7 und n = 15

Hydroxylgruppen werden in beiden Fällen durch D-Alanin und glycosidisch mit Zuckereinheiten, häufig D-Glucose oder N-Acetyl-D-Glucosamin, verknüpft. Gram-positive Zellwände können relativ frei von anderem Zellmaterial für biochemische Untersuchungen erhalten werden. Die Bakterien werden durch Schütteln einer Suspension mit kleinen Glasperlen zerbrochen, und die Wände werden durch Waschen und Differentialzentrifugation von dem cytoplasmatischen Material getrennt. Auf elektronenmikroskopischen Aufnahmen gleichen diese Zellwandpräparate leeren Hüllen (Abb. 2.3). Die Teichonsäure kann durch Behandlung mit Trichloressigsäure von solchen Präparaten abgetrennt werden. Trichloressigsäure hydrolysiert offenbar die chemischen Bindungen, durch die die Teichonsäure an die innere Schicht der Zellwandstruktur gebunden ist. Die innere Schicht bleibt dabei als ein unlöslicher Rückstand zurück, der unter den verschiedenen Namen Murein, Mucopeptid, Glycopeptid oder Peptidoglycan bekannt ist. Über die Funktion der Teichonsäure in der bakteriellen Zellwand ist noch nichts Genaues bekannt. Sie bildet die stark polare, hauptsächlich negativ geladene Außenoberfläche und kontrolliert vielleicht den Durchtritt von Ionen in die Zelle. Die andere Hälfte der Gram-positiven Zellwand wird aus Murein gebildet, dessen Funktion klarer hervortritt. Murein ist fest, besitzt faserige Eigenschaften und ist der eigentlich tragende Teil der Zellwand. Es

2. Die Struktur der Zellwand 27

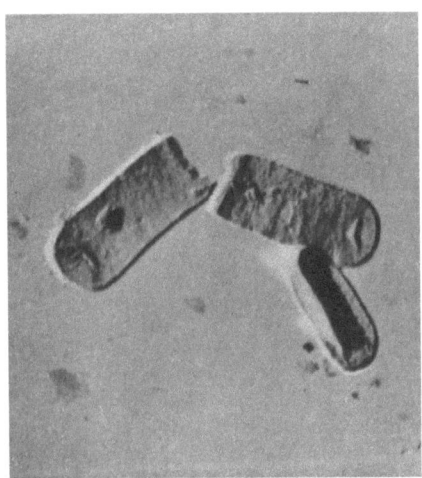

Abb. 2.3. Elektronenmikroskopische Aufnahme isolierter Zellwände von *Pseudomonas aeruginosa*, mit Metall bedampft. Wir danken Mr. A. DAVIES und Mrs. M. BENTLEY für diese Aufnahme

verleiht der Zelle Festigkeit und Form und befähigt sie, einem sehr hohen osmotischen Druck in ihrem Innern standzuhalten. Aus der Dicke der Schicht kann man schließen, daß ungefähr 25 Stränge der sich wiederholenden molekularen Einheit aufeinander liegen müssen.

b) Die Zellwand Gram-negativer Bakterien

Die Struktur einer typischen Gram-negativen Zellwand ist komplexer und wurde mit Hilfe chemischer und physikalischer Methoden eingehend untersucht. Werden Zellen von *Escherichia coli* fixiert, mit geeigneten Metallsalzen gefärbt, geschnitten und unter dem Elektronenmikroskop betrachtet, so läßt sich die Zellmembran leicht an dem ihr eigenen „Sandwich"-Aussehen erkennen: zwei dichte Schichten, zwischen denen sich ein hellerer Zwischenraum befindet. Darüber erscheint die Zellwand als eine Struktur aus drei dichten Schichten, die wiederum von helleren Schichten getrennt werden. Die Zellwand setzt sich also aus mindestens fünf verschiedenen Schichten zusammen. Zwischen der untersten dichten Schicht der Zellwand und der äußeren Schicht der Membran kann es ebenfalls noch eine Schicht geben, obwohl es sich bei dem ziemlich breiten hellen Zwischenraum auf den elektronenmikroskopischen Aufnahmen auch um ein Artefakt handeln kann (Abb. 2.4). Einige Gram-negative Arten, z. B. *Ferrobacter ferrooxidans*, wurden mit dem Gefrierätzverfahren untersucht. Bei diesem Verfahren werden die Zellen gefroren, ihre Oberflächen zum Teil abgesplittert und dann mit Metall be-

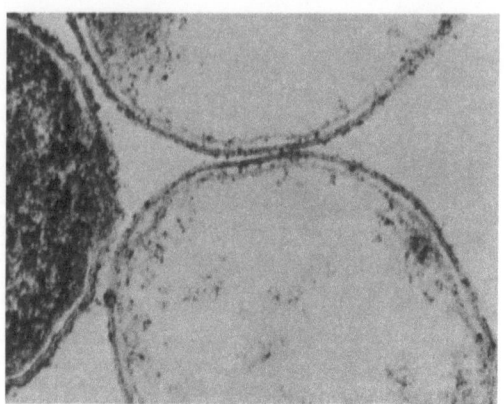

Abb. 2.4. Elektronenmikroskopische Aufnahme von Teilen von *E. coli* Zellen im Querschnitt, auf dem die vielseitige Struktur der Zellwand und Zellmembran zu erkennen ist. Wir danken Mr. A. DAVIES und Mrs. M. BENTLEY für diese Aufnahme

dampft. Unter dem Elektronenmikroskop weisen die Zellen mehrere Schichten auf, die beinahe wie geologische Formationen aussehen (Abb. 2.5). Die Schichten in der Gram-negativen Bakterienwand sind ebenfalls untersucht und durch Röntgen- und Elektronen-Beugung bestimmt worden. Neben diesen physikalischen Methoden wurden verschiedene chemische Methoden angewandt, um die Bestandteile der Schichten voneinander zu trennen. Die Trennungen sind jedoch nie vollständig und

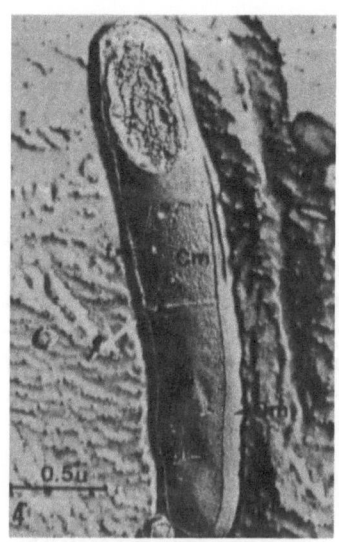

Abb. 2.5. Elektronenmikroskopische Aufnahme einer gefriergeätzten Zelle von *Ferrobacillus ferrooxidans*, auf der man die drei Schichten der Hülle erkennen kann. Om, äußere Membran oder Zellwand; Ml, mittlere Schicht; Cm, cytoplasmatische Membran (mit Partikeln mit einem Durchmesser von 100—120 Å); × 40.000. Nachgedruckt mit Genehmigung der American Society for Microbiology aus C. REMSEN und D. G. LUNDREN, *Journal of Bacteriology, 92* (1966) 1765

2. Die Struktur der Zellwand

Schlußfolgerungen aus den mit diesen Präparaten erhaltenen Ergebnissen sind nicht unanfechtbar. Der am meisten untersuchte Bestandteil ist das Lipopolysaccharid, das aus phosphorylierten Heteropolysacchariden besteht, die mit einem Glucosamin enthaltenden Lipid kovalent verknüpft sind. Auf der äußersten Oberfläche ist das Lipopolysaccharid mit Oligosaccharidketten verknüpft, die für die Antigen-Eigenschaften des jeweiligen Bakterienstammes verantwortlich sind. Außer Lipopolysaccharid enthalten die Enterobacteriaceae offenbar Phospholipide und Protein, obwohl weniger über ihre Lokalisierung bekannt ist. Diese Wände enthalten keine Teichonsäuren. Nach de Petris Auffassung besteht die Wand von *E. coli* aus einer Schichtenstruktur, wie sie in Abb. 2.6 wiedergegeben ist. Eine ähnliche Anordnung der Schichten wurde von Burge und Draper für die Zellwand von *Proteus vulgaris* hergeleitet. In diesen Darstellungen werden die zwei äußeren dichten Schichten auf den elektronenmikroskopischen Aufnahmen als Lipopolysaccharide angenommen, und die innere dichte Schicht als Murein. Die Natur der Bindung zwischen den verschiedenen Schichten ist noch so gut wie unbekannt. Teilweise können sie von verhältnismäßig labilen kovalenten Bindungen zusammengehalten werden. Eine kovalente Verknüpfung zwischen Lipoprotein und Murein wurde bei *E. coli* nachgewiesen. Es gibt jedoch auch Hinweise dafür, daß Magnesium- und Calciumionen als strukturelle Komponenten zur Aufrechterhaltung der Integrität der Gesamtstruktur beitragen.

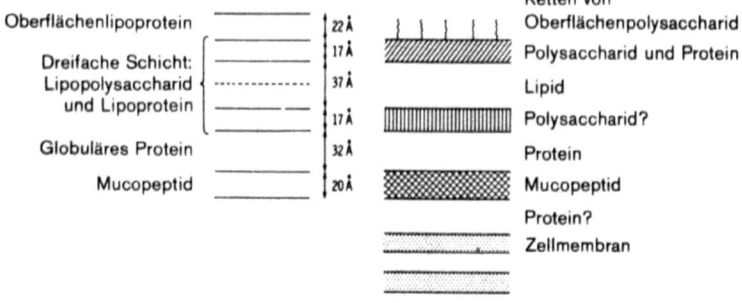

Abb. 2.6. Diagramme mit vorgeschlagenen Strukturen für Zellhüllen Gram-negativer Bakterien (Außenoberfläche oben im Diagramm). Abgeleitet von elektronenmikroskopischen Aufnahmen und physikalischen Messungen an unzerstörten Zellwänden und durch Fraktionierung der Zellwandbestandteile. Abgedruckt mit Genehmigung von Academic Press Ltd

Ein Merkmal, das Gram-negativen und Gram-positiven Zellwänden gemeinsam ist, ist Murein. Bei Gram-negativen Bakterien ist das Murein jedoch viel dünner und besteht wahrscheinlich nur aus zwei Schichten der sich wiederholenden molekularen Einheit. Der niedrige osmotische Druck in diesen Organismen macht eine starke, dicke Wand überflüssig. Tatsächlich hat das Murein der Gram-negativen Zellwand, wie später ersichtlich wird, eine weniger starke, dafür aber flexiblere Struktur.

3. Die Struktur und Biosynthese von Murein

Von allen Zellwandbestandteilen wurde der Struktur und der Biosynthese von Murein bis jetzt die größte Aufmerksamkeit zuteil. Die einzelnen Mureine der verschiedenen Bakterienarten unterscheiden sich zwar er-

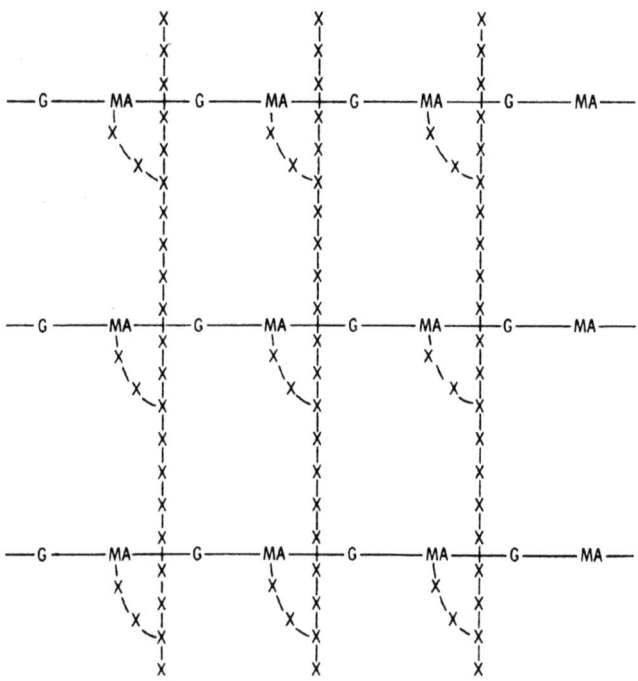

Abb. 2.7. Muster der Quervernetzung im Murein von *Staphylococcus aureus* (schematisch). Die horizontal verlaufenden Ketten enthalten alternierende Einheiten von N-Acetylglucosamin (G) und N-Acetylmuraminsäure (MA). Die vertikal verlaufenden Ketten enthalten Aminosäureeinheiten (X)

3. Die Struktur und Biosynthese von Murein

heblich voneinander, sie besitzen jedoch alle das gleiche allgemeine chemische Muster. Dieses Muster wird in Abb. 2.7 gezeigt. Es ist eine querverknüpfte Polymerstruktur ohne definierten Anfang und ohne definiertes Ende. In einer Richtung verlaufen lineare Aminozuckerketten, die durch Seitenketten aus Aminosäureeinheiten quervernetzt sind.

Die Einzelheiten in der Struktur von Murein wurden zuerst an den Zellwänden von *Staphylococcus aureus* untersucht; dieses Murein wird als Beispiel genommen, um die einzelnen Stufen der Biosynthese zu veranschaulichen. Das Murein wurde wie zuvor beschrieben von der Teichonsäure getrennt und dann hydrolysiert. Im Hydrolysat konnten Aminozucker und die vier Aminosäuren Glycin, Alanin, Glutaminsäure und Lysin im Verhältnis 5:2:1:1 nachgewiesen werden. Der Schlüssel zu der Struktur und den ersten Schritten der Biosynthese des Mureins aber war eine Beobachtung Parks. Park konnte zeigen, daß noch nicht hemmend wirkende Penicillinkonzentrationen die Anhäufung von drei Nukleotiden verursachten. Er untersuchte ihre wichtigsten Eigenschaften. Wie man heute weiß, handelt es sich bei diesen Verbindungen um III (Abb. 2.8), IV (Abb. 2.9) und um das Zwischenprodukt dieser beiden, bei dem nur Alanin angehängt worden war. Die eigentliche Bedeutung dieser Verbindungen wurde damals noch nicht erkannt. Später jedoch,

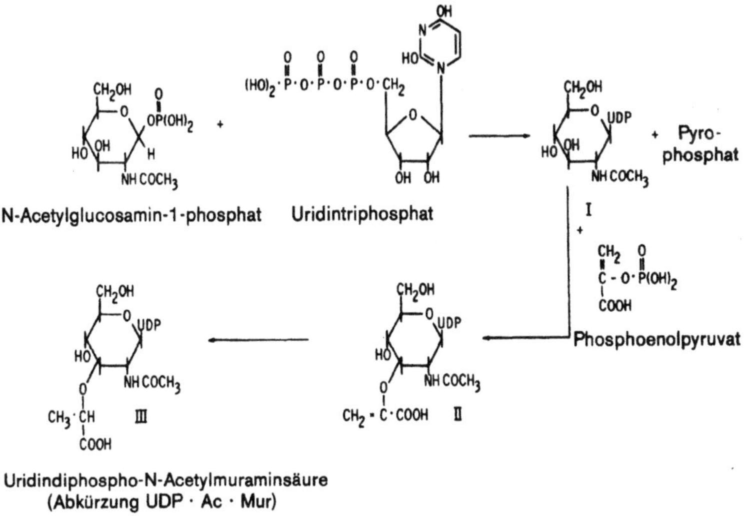

Abb. 2.8. Mureinsynthese in *Staphylococcus aureus*, **Schritt 1**: Bildung von UDP-N-Acetylmuraminsäure

als deutlich wurde, daß Penicillin die Biosynthese der Zellwand hemmt, wurde man sich der Ähnlichkeit zwischen den Hydrolyseprodukten von Murein und den Parkschen Nukleotiden bewußt. Daraus und aus anderen Experimenten wurde die Mureinstruktur allmählich zusammengesetzt und die Einzelheiten der Biosynthese dieser Struktur hauptsächlich von Strominger und Tipper aufgeklärt. Die Biosynthese läßt sich in 4 Schritte unterteilen.

Schritt 1. Synthese von Uridindiphospho-N-Acetylmuraminsäure.
Die Biosynthese geht von zwei Substanzen aus dem normalen Stoffwechselvorrat aus: N-Acetylglucosamin-1-phosphat und Uridintriphosphat (Abb. 2.8). Uridindiphospho-N-Acetylglucosamin (I) entsteht durch die übliche Eliminierung von Pyrophosphat. Dieses Nukleotid reagiert mit Phosphoenolpyruvat unter der Katalyse einer spezifischen Transferase, wodurch der entsprechende 3-Enolpyruvyläther (II) entsteht. Der Brenztraubensäurerest wird dann durch eine Reduktase, die NADPH erfordert, in eine Milchsäuregruppe umgewandelt. Das Produkt ist Uridindiphospho-N-Acetylmuraminsäure (III, UDP-Ac-Mur). Muraminsäure (3-O-D-Lactyl-D-Glucosamin) ist ein charakteristisches Aminozuckerderivat, das nur im Murein der Zellwände vorkommt.

Schritt 2. Synthese der Pentapeptid-Seitenkette.
Im nächsten Schritt werden an die Carboxylgruppe des Muraminsäurenukleotids fünf Aminosäurereste angehängt (Abb. 2.9). Jede Stufe erfordert ATP und ein spezifisches Enzym. Zuerst wird L-Alanin angehängt. Die beiden darauffolgenden Reste sind D-Glutaminsäure und danach L-Lysin. Das Lysin jedoch wird über die α-Aminogruppe mit der γ-Carboxylgruppe der Glutaminsäure verknüpft. Die α-Carboxylgruppe der Glutaminsäure wird in einem späteren Stadium der Biosynthese amidiert, und aus diesem Grund wird der zweite Aminosäurerest manchmal als D-*Iso*glutamin bezeichnet. Die Biosynthese des Pentapeptids wird durch Hinzufügen eines Dipeptids, nämlich D-Alanyl-Alanin, und nicht einer Aminosäure beendet. D-Alanyl-D-Alanin wird getrennt synthetisiert. Eine Racemase wandelt L-Alanin in D-Alanin um, und eine Synthetase verbindet dann zwei Moleküle, wodurch das Dipeptid entsteht. Das fertige UDP-N-Acetylmuramyl-Zwischenprodukt (V) wird als „Nukleotidpentapeptid" bezeichnet.

Schritt 3. Bildung des linearen Polysaccharidpolymers.
An den bisher betrachteten biosynthetischen Reaktionen waren nur relativ kleine Moleküle beteiligt, und diese Reaktionen lassen sich gut be-

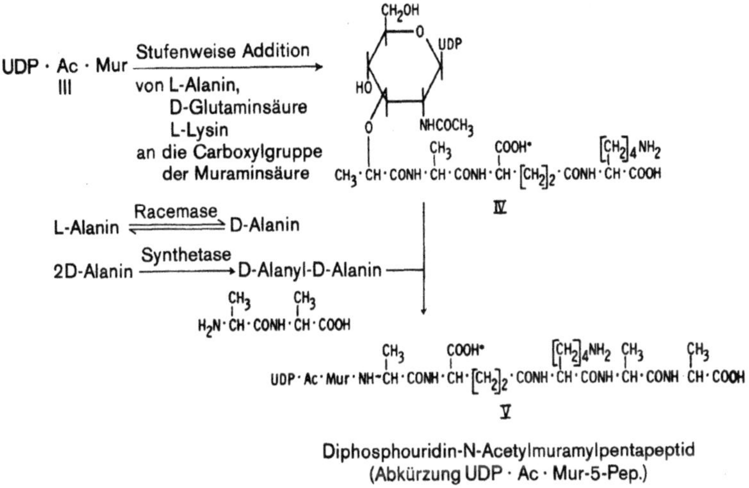

3. Die Struktur und Biosynthese von Murein

$$UDP \cdot Ac \cdot Mur \xrightarrow[\text{von L-Alanin,}]{\text{Stufenweise Addition}} \text{III}$$
D-Glutaminsäure
L-Lysin
an die Carboxylgruppe
der Muraminsäure

L-Alanin $\xrightleftharpoons{\text{Racemase}}$ D-Alanin

2 D-Alanin $\xrightarrow{\text{Synthetase}}$ D-Alanyl-D-Alanin

$$\underset{H_2N \cdot CH \cdot CONH \cdot CH \cdot COOH}{\overset{CH_3 \quad CH_3}{| \quad |}}$$

$$UDP \cdot Ac \cdot Mur \cdot NH\text{-}\underset{|}{\overset{CH_3}{C}}H \cdot CONH \cdot \underset{|}{\overset{COOH^*}{C}}H \cdot [CH_2]_2 \cdot CONH \cdot \underset{|}{\overset{[CH_2]_4NH_2}{C}}H \cdot CONH \cdot \underset{|}{\overset{CH_3}{C}}H \cdot CONH \cdot \underset{|}{\overset{CH_3}{C}}H \cdot COOH$$

V

Diphosphouridin-N-Acetylmuramylpentapeptid
(Abkürzung UDP · Ac · Mur-5-Pep.)

Abb. 2.9. Mureinsynthese. **Schritt 2:** Bildung von UDP-N-Acetylmuramylpentapeptid. Das Anfügen von jeder Aminosäure und die Bildung des Dipeptides erfordern ATP und ein spezifisches Enzym. L-Lysin wird an die γ-Carboxylgruppe der D-Glutaminsäure angehängt; die α-Carboxylgruppe (mit * gekennzeichnet) wird in einem späteren Stadium der Biosynthese amidiert

schreiben. Die folgenden Stufen laufen an Membranstrukturen ab und lassen sich aus diesem Grunde weniger klar erfassen. Vieles spricht für die als nächstes beschriebene Reaktionsfolge.

Das Nukleotidpentapeptid wird mit dem Phosphatester eines in der Membran befindlichen C_{55}-Isoprenoidalkohols über eine Pyrophosphatbindung verknüpft. Dabei wird Uridinmonophosphat eliminiert, das so für die Neusynthese von UTP frei wird, UTP wiederum ist für den ersten Schritt der Biosynthese erforderlich (Abb. 2.10). Jetzt wird ein zweiter Hexosaminrest angefügt. Hierbei handelt es sich um eine typische Glykosidierung durch Uridindiphospho-N-Acetylglucosamin, wodurch das Disaccharid mit 1—4 Verknüpfung (VI) gebildet und Uridindiphosphat freigesetzt wird. Der Phosphorsäurerest des C_{55}-Isoprenoidalkohols ist nicht nur an der Mureinbiosynthese beteiligt, sondern auch an der Biosynthese der Polysaccharidkette des O-Antigens von *Salmonella typhimurium* und wahrscheinlich auch an der Synthese anderer bakterieller Polysaccharide. Ungefähr in diesem Stadium der Biosynthese des Mureins von *Staphylococcus aureus* wird an die ε-Aminogruppe des Lysins im Nukleotidpentapeptid eine weitere Gruppe angehängt. An dieser Reaktion, in deren Verlauf eine Pentaglycingruppe angehängt wird, sind

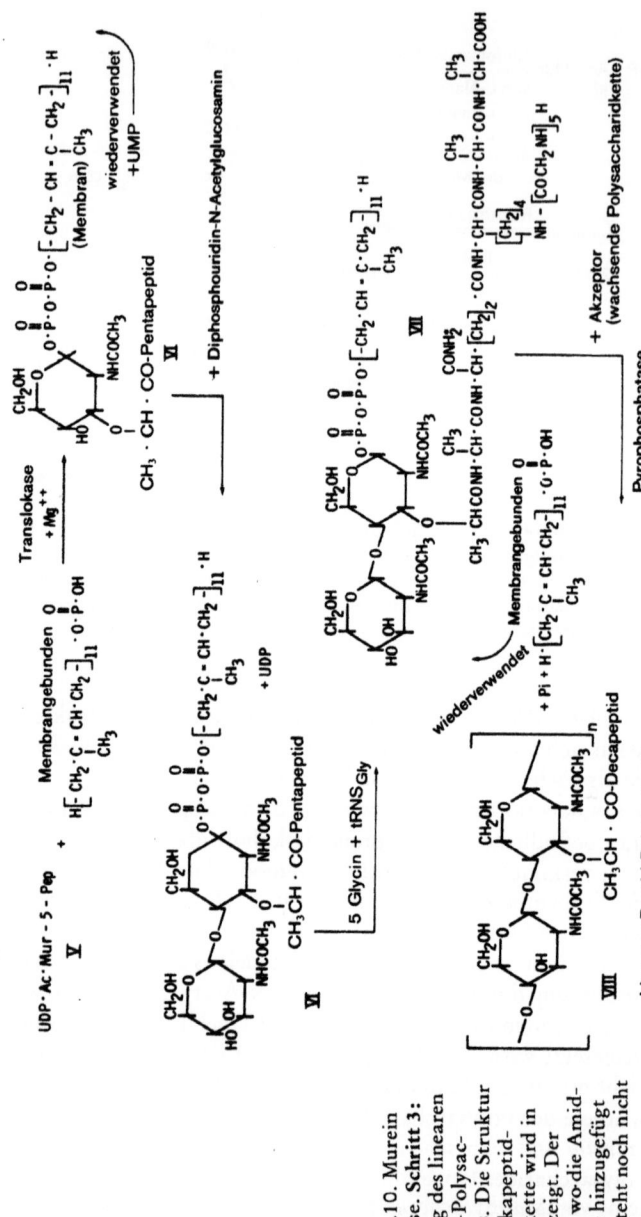

Abb. 2.10. Mureinsynthese. Schritt 3: Bildung des linearen Peptid-Polysaccharids. Die Struktur der Dekapeptid-Seitenkette wird in VII gezeigt. Der Punkt, wo die Amidgruppe hinzugefügt wird, steht noch nicht fest

3. Die Struktur und Biosynthese von Murein

Glycin und eine glycinspezifische Transfer-RNS beteiligt. Im Gegensatz zu den tRNS-Reaktionen bei der Proteinbiosynthese setzt diese Reaktion nicht das Vorhandensein von Ribosomen voraus. Die fünf Glycineinheiten werden wahrscheinlich eine nach der anderen und nicht als eine vorgeformte Pentaglycyleinheit an das Lysin gehängt. Da das dabei entstehende Produkt zehn Aminosäureeinheiten enthält, wird es hier als Disaccharidecapeptid bezeichnet. Es besitzt noch eine freie, endständige Aminogruppe. Bei der Biosynthese von Mureinen bestimmter anderer Bakterienarten wird keine weitere Gruppe hinzugefügt. Bei späteren Reaktionen dieser Mureine ist die ε-Aminogruppe des Lysins (oder einer gleichwertigen Diaminosäure) anstelle der endständigen Aminogruppe des Glycins beteiligt. Während dieser Stufe der Biosynthese von *S. aureus* Murein wird die Carboxylgruppe der D-Glutaminsäure durch eine Reaktion mit Ammoniak und ATP amidiert. Die genaue Reihenfolge dieser drei Reaktionen, nämlich Addition von N-Acetylglucosamin, Kettenverlängerung und Amidierung ist nicht bekannt.

Die Endreaktion dieser Stufe besteht in der Verknüpfung des Disaccharid decapeptids (VII) mit einem undefinierten „Akzeptor", der in den für die Untersuchungen dieser Reaktionen verwendeten partikulären Präparaten vorlag. Dieser Akzeptor wird gewöhnlich als die wachsende lineare Polymerkette angesehen. In dieser Reaktion wird das Disaccharid mit seiner Decapeptid-Seitenkette von dem Isoprenoidalkoholphosphat der Membran losgelöst und über die 1-Stellung des Muraminsäurerests mit der 4-Hydroxygruppe des endständigen N-Acetylglucosaminrestes in der wachsenden Polysaccharidkette verknüpft. Anorganisches Phosphat wird durch eine Pyrophosphatase abgespalten, und das Lipidphosphat der Membran wird zur Wiederverwendung in Schritt 3 der Biosynthese frei. Die lineare Polymerisation vollzieht sich auf diese Weise durch eine stufenweise Addition von Disaccharideinheiten. Die Länge dieser linearen Polymere ist je nach Art verschieden; gewöhnlich enthalten Sie jedoch 20 bis 140 Hexosamineinheiten.

Schritt 4. Quervernetzung.

Das in Schritt 3 gebildete lineare Peptido-Polysaccharid (VIII) enthält viele polare Gruppen, die es wasserlöslich machen. Es fehlt ihm noch die Starrheit und Festigkeit, die die fertige Mureinschicht auszeichnen. Diese Eigenschaften werden ihm durch Quervernetzung verliehen. Dieser Prozeß ist in der Plastikindustrie weithin bekannt, um zu ähnlichen Eigenschaften bei synthetischen Polymeren zu kommen. Die Reaktionen, die zu dem linearen Peptido-Polysaccharid führen, verlaufen im wesentlichen intrazellulär. Die Energie-verbrauchenden synthetischen Reaktionen sind konventionelle biochemische Prozesse. Das Endstadium

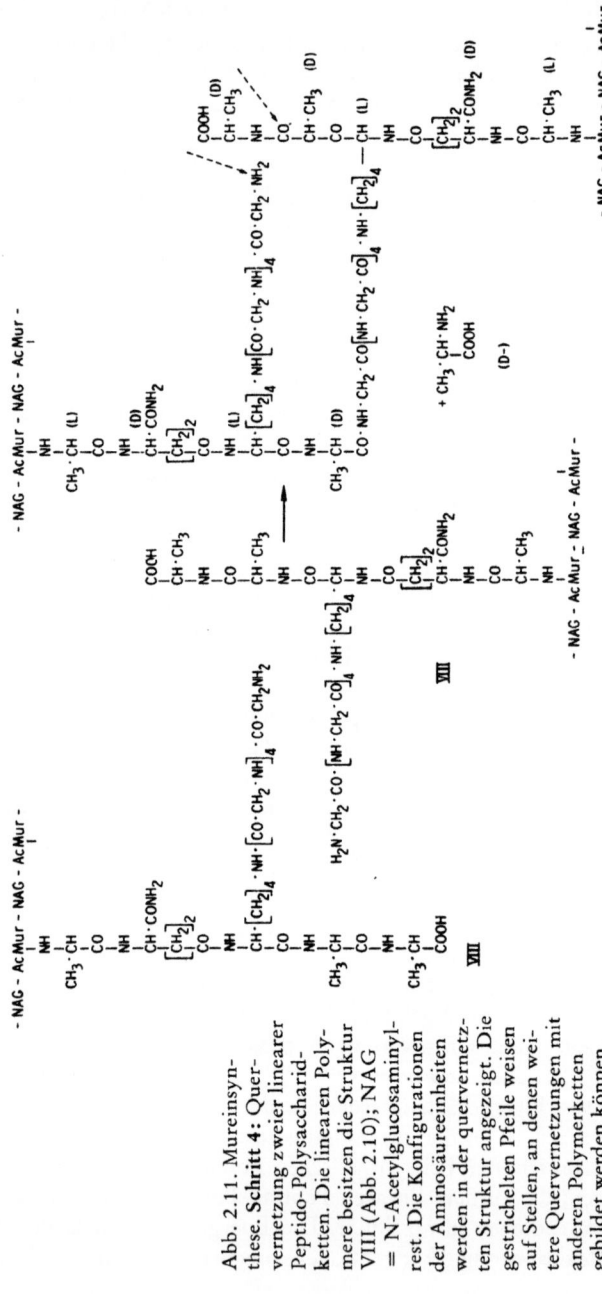

Abb. 2.11. Mureinsynthese. **Schritt 4:** Quervernetzung zweier linearer Peptido-Polysaccharidketten. Die linearen Polymere besitzen die Struktur VIII (Abb. 2.10); NAG = N-Acetylglucosaminylrest. Die Konfigurationen der Aminosäureeinheiten werden in der quervernetzten Struktur angezeigt. Die gestrichelten Pfeile weisen auf Stellen, an denen weitere Quervernetzungen mit anderen Polymerketten gebildet werden können

3. Die Struktur und Biosynthese von Murein

der Bildung von Murein, wenn die feste, quervernetzte Struktur entsteht, muß jedoch außerhalb der Zellmembran stattfinden, denn das einmal gebildete Material ist unlöslich und könnte nicht von einer Stelle zur anderen transportiert werden. Der an der Quervernetzung beteiligte Mechanismus scheint dieser Situation besonders angepaßt zu sein. Es handelt sich um eine Umpeptidierungsreaktion, die kein ATP oder ähnliche Verbindungen erfordert. Die Umpeptidierung erfolgt zwischen der endständigen Aminogruppe der Pentaglycinseitenkette und der Peptidiminogruppe des endständigen D-Alanin-Rests einer anderen Peptidseitenkette; D-Alanin wird eliminiert und eine Peptidbindung geknüpft (Abb. 2.11). Der Verlust von D-Alanin in dieser Reaktion erklärt eine Eigenschaft, die ursprünglich den biosynthetischen Prozeß schwer verständlich machte. Das Verhältnis von Alanin (D und L) zu Glutaminsäure oder Lysin im Murein von *S. aureus* war zu etwa 2:1 bestimmt, während im „Pentapeptid" als dem offensichtlichen Vorläufer das Verhältnis 3:1 gefunden wurde. Der Umpeptidierungsprozeß macht diesen scheinbaren Widerspruch jetzt verständlich. Im Murein von *S. aureus* ist die Quervernetzung ziemlich ausgeprägt. Bis zu 10 Peptidseitenketten können durch vernetzende Gruppen aneinandergebunden sein. Da die linearen Polymere selbst bereits groß sind, ist es möglich, daß das gesamte Murein in einem Gram-positiven Bakterium aus kovalent miteinander verbundenen Einheiten besteht. Dieses riesige sackförmige Molekül wurde „Sacculus" genannt. Aber selbst wenn diese ausgedehnte kovalente Bindung tatsächlich besteht, muß es einen Mechanismus geben, der sie ständig löst und wieder neu verknüpft, damit die Zelle wachsen und sich teilen kann.

Die ausgedehnte und wiederholte Quervernetzung von Seitenketten, ein Merkmal der Mureine Gram-positiver Bakterien, ist in den dünneren Mureinschichten Gram-negativer Bakterien nicht zu finden. Das *E. coli*-Murein unterscheidet sich in vieler Hinsicht von dem *S. aureus*-Murein. Die L-Lysinreste werden durch *Meso*-Diaminopimelinsäure ersetzt, und Pentaglycin als Vernetzungspeptid ist nicht vorhanden. Zwischen dem vorletzten D-Alanin und der endständigen Aminogruppe der Diaminopimelinsäure findet eine Quervernetzung statt. Es scheint außerdem, als ob jede Seitenkette nur eine Vernetzung bildet. Da diese Mureine keine Vernetzungspeptide besitzen, wird natürlich der mögliche Umfang zweidimensionaler Quervernetzung eingeengt. Ebenso wird die Quervernetzung durch das Vorkommen einer spezifischen D-Alanyl-Carboxypeptidase eingeschränkt. Dieses Enzym entfernt die endständigen D-Alanineinheiten von den Seitenketten, die durch die Aminogruppen der Diaminopimelinsäure quervernetzt wurden. Die weniger ausgeprägte Quervernetzung des *E. coli*-Mureins verglichen mit der des Mureins von *S.*

aureus bedingt, daß das Murein selbst wahrscheinlich flexibler und nicht so fest ist. Die zusätzliche Carboxylgruppe der Diaminopimelinsäure im Murein von *E. coli* übt möglicherweise eine besondere Funktion aus. Sie ist nämlich nachweislich an eine Arginyllysylgruppe gebunden, die das N-Ende eines Lipoproteins der Zellwand bildet.

a) Andere Mureine

Inzwischen hat man die Mureine vieler verschiedenartiger Bakterien untersucht. Sie weisen alle ein erkennbares Muster mit bestimmten konstanten Merkmalen auf. Vermutlich sind alle Mureine aus Polysaccharidketten aufgebaut, die abwechselnd N-Acetylglucosamin und N-Acetylmuraminsäurereste enthalten. Tetrapeptid-Seitenketten werden an die Muraminsäuregruppen angehängt. Ihre endständige Aminosäure ist in jedem Fall D-Alanin. Von der Carboxylgruppe dieses D-Alanins werden Quervernetzungen zu einer Aminogruppe in der Peptidseitenkette einer anderen Einheit gebildet. Andere Aminosäurereste in den Seitenketten sind bei den einzelnen Mureinen verschieden. Auch Länge und Zusammensetzung der vernetzenden Gruppen und Substituenten, die an die Hydroxyl- und Carboxylgruppen in den Polysaccharidketten und den Peptidseitenketten angehängt sind, weichen je nach Mureinart sehr voneinander ab.

Ebenso ist das Ausmaß der Peptidquervernetzung unterschiedlich. Bei einigen Mureinen ist eine Quervernetzung je Peptidseitenkette die Regel, während es bei anderen Mureinen bis zu 10 quervernetzte Peptideinheiten geben kann.

4. Antibiotika mit Primärwirkung auf die Mureinbiosynthese

Eine größere Anzahl von experimentellen Befunden spricht für die Schlußfolgerung, daß die antibakterielle Wirkung bestimmter Antibiotika auf der Störung der Mureinbiosynthese beruht:

a) Bakterien, die in einem Medium mit hohem osmotischen Druck suspendiert werden, sind vor Konzentrationen des Antibiotikums, die in einem normalen Medium zur Lysis und damit zum Zelltod führen würden, geschützt. Bei dieser Behandlung verlieren die Zellen die festigende Wirkung des Mureins und nehmen eine sphärische Form an; sie werden dann als Sphäroplasten bezeichnet. Diese Sphäroplasten behalten eine unbeschädigte cytoplasmatische Membran zurück, aber ihre Zellwand ist angegriffen und merklich verändert. Sphäroplasten sind im Prinzip lebensfähig. Setzt man das Antibiotikum ab, können sie sich unter Umständen teilen und Nachkommen mit normalen Zellwänden produzieren.

b) Bakterien können in einer besonderen als L-Form bezeichneten Form vorkommen. Einige dieser L-Formen haben überhaupt kein Murein. Die osmotische Stabilität wird durch eine unbestimmte Veränderung anderer Bestandteile des Zellwandmaterials erreicht. Diese mureinlosen L-Formen sind gegenüber der hier zu besprechenden Gruppe von Antibiotika unempfindlich.

c) Diese Antibiotika wirken im allgemeinen nur auf wachsende Zellen. Die Zellwand von ruhenden Zellen wird nicht angegriffen. Werden die Antibiotika zu einer Bakterienkultur gegeben, deren Medium einen für das Wachstum der Zellen erforderlichen Nährstoff entbehrt, bleiben die Zellen auch weiterhin lebensfähig. Die Zellen wachsen normal weiter, wenn das Antibiotikum entfernt und sie wieder in komplettes Nährmedium suspendiert werden. Diese Eigenschaft ist jedoch nicht ausschließlich für diese Gruppe von Antibiotika symptomatisch, denn das gleiche Verhalten kann bei anderen antibakteriellen Agentien beobachtet werden, die auf ganz andere Weise wirken.

d) Noch nicht hemmend wirkende Konzentrationen dieser Antibiotika führen im Kulturmedium oft zu einer Anhäufung von Uridinnukleotiden der N-Acetylmuraminsäure, die mit verschiedenen Aminosäureresten verknüpft sein können. Diese Verbindungen sind Zwischenprodukte der frühen Schritte der Mureinbiosynthese. Blockiert ein Antibiotikum die Biosynthesen in einem frühen Schritt, so ist mit einer Anhäufung des Zwischenprodukts unmittelbar vor dem Block zu rechnen. Es können jedoch auch Muraminsäurenukleotide in Bakterien auftreten, die mit Antibiotika behandelt wurden, von denen man weiß, daß sie spätere Stufen der Mureinsynthese blockieren. Eine zufriedenstellende Erklärung für die Anhäufung dieser frühen Zwischenprodukte anstelle des direkten Vorläufers der blockierten Reaktion hat man bis jetzt noch nicht gefunden.

Antibiotika, die eine solche Wirkung ausüben, werden im folgenden einzeln besprochen.

a) Phosponomycin

Dieses erst vor kurzem entdeckte Antibiotikum hat eine auffallend einfache Struktur, die in Abb. 2.12 gezeigt wird. Als das Buch geschrieben wurde, wurde das Medikament noch klinisch erprobt, und es waren nur vorläufige Ergebnisse bekannt. Aufgrund der Eigenschaften dieses Antibiotikums sollte man jedoch annehmen, daß es medizinisch eine Rolle spielen wird. Phosphonomycin wirkt gegen Infektionen, die durch Gram-positive oder durch Gram-negative Bakterien hervorgerufen werden, und scheint nur wenig toxisch zu sein. Es hemmt die Mureinbiosynthese im ersten Schritt, d. h. die Kondensation von Uridindiphospho-N-Acetylglucosamin (I) mit Phosphoenolpyruvat, katalysiert durch eine Transferase, bei der das Zwischenprodukt (II) entsteht. Dieses Zwischenprodukt ergibt anschließend nach Reduktion Uridindiphospho-N-Acetylmuraminsäure (III) Abb. 2.8).

Phosphonomycin,   Oxamycin (Cycloserin)

Abb. 2.12. Antibiotika, die die frühen Schritte der Mureinbiosynthese blockieren

b) Oxamycin (Cycloserin)

Auch dieses Antibiotikum hat eine einfache Struktur (Abb. 2.12). Obwohl es gegen eine Reihe von Bakterienarten wirkt, findet es nur bei der Behandlung von Tuberkulose praktische Anwendung. Und auch da wird es, da bei einigen Patienten Nebenwirkungen auftreten, wie Störungen im Zentralnervensystem oder sogar Psychosen, nur dann ersatzweise verwendet, wenn eine Resistenz die Einnahme anderer antituberkulöser Agentien ausschließt. Oxamycin zeigt die übliche Wirkung von Verbindungen, die in die Mureinbiosynthese eingreifen. Werden Kulturen von *S. aureus* in Gegenwart von noch nicht hemmend wirkenden Konzentrationen von Oxamycin gezüchtet, findet eine Akkumulation größerer Mengen des Mureinvorläufers (IV) im Medium statt (Abb. 2.9). Dieser Befund deutet auf eine Blockierung in der Biosynthese unmittelbar nach diesem Schritt hin. Eine Untersuchung der Auswirkungen von Oxamycin auf die in Zellwandextrakten vorkommenden Enzyme ergab, daß Oxamycin sowohl die Alanin Racemase als auch die D-Alanyl-D-Alanin Synthetase hemmt. Diese beiden Enzyme sind an der Bildung des Dipeptids zur Fertigstellung der Pentapeptidseitenkette beteiligt. Molekulare Modelle lassen erkennen, daß Oxamycin strukturell mit einer möglichen Konformation des D-Alanins verwandt ist. Seine hemmende Wirkung auf diese Enzyme schien daher ein klassisches Beispiel

4. Antibiotika mit Primärwirkung auf die Mureinbiosynthese

für eine isosterische Wechselwirkung zu sein. Trotzdem war es überraschend, daß das Synthetaseenzym eine hundertmal so große Affinität für Oxamycin wie für sein natürliches Substrat besitzt; diese Tatsache wird verdeutlicht durch die K_m- und K_i-Werte:

Synthetasequelle	K_m für D-Alanin mM	K_i für Oxamycin mM
Staphylococcus aureus	3—5	0.02—0.04
Streptococcus faecalis	0.66	0.025
Mycobacterium tuberculosis	2	0.03

Die wahrscheinliche Erklärung für diese Beobachtung ist die Starrheit des Oxamycinmoleküls verglichen mit der Flexibilität des D-Alaninmoleküls. Das aktive Zentrum des Enzyms ist so geformt, daß es das D-Alaninmolekül in einer ganz bestimmten Konformation anlagert. In Lösung könnte D-Alanin in dieser Konformation nur für kurze Zeit existieren. Ist jedoch Oxamycin in der bevorzugten Konformation fixiert, wird es bevorzugt an das aktive Zentrum gebunden, was sich in den Affinitätsmessungen widerspiegelt.

Der biochemische Wirkungsort von Oxamycin wird auch noch durch die Beobachtung bestätigt, daß durch Zugabe von D-Alanin in das Medium seine antibakterielle Wirkung abgeschwächt wird. Obwohl diese Begründungen einigermaßen logisch erscheinen, sind die Konzentrationen, mit denen die beiden isolierten Enzyme gehemmt werden können, hoch im Vergleich zu den für eine antibakterielle Wirkung erforderlichen Konzentrationen. Es wurde jedoch nachgewiesen, daß die Bakterienzelle Oxamycin speichert und auf diese Weise eine viel höhere Konzentration in der Zelle erreicht wird als im Medium. Die antibakterielle Wirkung von Oxamycin ist folglich größer, als man aufgrund seiner Wirkung auf isolierte Enzyme erwarten könnte.

Oxamycin liefert das beste Beispiel für die biochemische Wirkung eines Antibiotikums, die sich aus seiner chemischen Struktur heraus ableitet. Die Bedeutung der Starrheit der Struktur von antibakteriell wirksamen Substanzen wird auch bei später zu behandelnden Verbindungen ein ständig wiederkehrendes Thema sein.

c) Vancomycin und Ristocetin

Die chemische Struktur dieser beiden Antibiotika ist noch unbekannt. Die Verbindungen werden in der Medizin nur in geringem Maße eingesetzt. Sie müssen intravenös verabreicht werden und verursachen ernstzunehmende Nebenwirkungen. Ihre Anwendung ist nur bei schweren Infektionen gerechtfertigt, wenn die Organismen gegen die üblichen antibakteriellen Agentien resistent sind. Obwohl ihre antibakterielle Wirkung wahrscheinlich in erster Linie auf einer Hemmung der Mureinbiosynthese beruht, ist man sich über den genauen Wirkungsort noch nicht einig. Noch nicht hemmend wirkende Konzentrationen führen zu einer Anhäufung von Vorläufern, unter denen sich auch das Nukleotidpentapeptid V befindet (Abb. 2.9). Die Wirkung dieser Antibiotika liegt daher in einem späteren Schritt der Biosynthese als die von Oxamycin. Vancomycin, von dem mehr Einzelheiten bekannt sind, bildet Komplexe mit den Mureinvorläufern. Zur Aufklärung der für diese Bindung verantwortlichen Gruppe wurden synthetische Verbindungen herangezogen. Es scheint, daß die endständige D-Alanyl-D-Alanin-Gruppe in dem Nukleotidpentapeptid in erster Linie betroffen ist. Vancomycin bindet auch an andere Verbindungen mit diesen Endgruppen. Die einfachste von ihnen ist N-Acetyl-D-Alanyl-D-Alanin. Gibt man es zu intakten Bakterien, so bindet es fest an die Zellwände. Seine hemmende Wirkung auf die Mureinbiosynthese könnte demnach in jedem Schritt vom Nukleotidpentapeptid an aufwärts eintreten.

d) Penicilline und Cephalosporine

Penicillin war das erste Antibiotikum, das entdeckt und angewandt wurde. Seine Bedeutung bei der Behandlung bakterieller Infektionen bleibt unerreicht, besonders jetzt, da chemische Veränderungen seinen Wirkungsbereich ausgedehnt haben. Penicillin wirkt außerordentlich gut gegenüber Gram-positiven Organismen und ist normalerweise nur schwach toxisch. Manche Patienten entwickeln jedoch eine Überempfindlichkeit gegen Penicillin und dürfen nicht damit behandelt werden. Die ursprünglichen, direkt aus Schimmelpilzkulturen isolierten Penicilline erwiesen sich als Mischungen verschiedener Verbindungen mit unterschiedlichen Seitenketten. Bald stellte sich heraus, daß die Zugabe von Phenylessigsäure zu dem Kulturmedium die Ausbeute an Penicillin verbesserte und gleichzeitig bewirkte, daß im wesentlichen nur eine einzige Verbindung produziert wurde. Diese Verbindung ist unter den Namen Penicillin G oder Benzylpenicillin bekannt. Die erste erfolgreiche Variante wurde dadurch erhalten, daß Phenylessigsäure als Vorläufer durch Phenoxyessigsäure ersetzt und dadurch Phenoxymethylpenicillin oder Penicillin V (Abb. 2.13) gebildet wurde. Der Hauptvorteil dieser Veränderung lag in einer größeren Stabilität dieses Penicillins gegenüber

4. Antibiotika mit Primärwirkung auf die Mureinbiosynthese

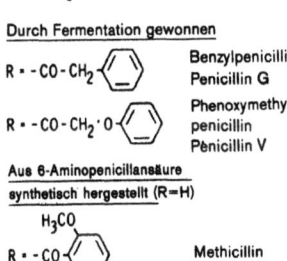
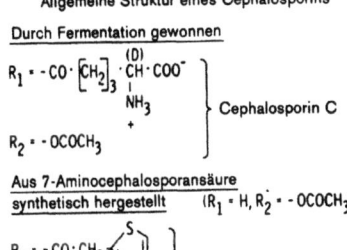

Abb. 2.13. Penicilline und Cephalosporine

Säure. Penicillin G wurde bei niedrigem pH-Wert rasch inaktiviert und war dadurch bei oraler Einnahme wenig brauchbar, da ein nicht genau zu bemessender, aber oftmals beträchtlicher Teil der antibakteriellen Wirksamkeit im Magen zerstört wurde. Durch Penicillin V wurde die orale Anwendung zuverlässiger. Diese frühen, direkt durch Fermentation gewonnenen Penicilline waren äußerst wirksam gegen Gram-positive Infektionen und hatten auch bei Streptococcen- und Staphylococcen-Infektionen und bei Lungenentzündung ausgezeichnete Erfolge. Sie wirkten ebenfalls hervorragend gegen Infektionen, die durch Gram-negative Gonococcen und Meningococcen ausgelöst waren. Bei den typischeren Gram-negativen Bazillen war ihre Wirkung jedoch viel schwächer. Zur Hemmung des Wachstums dieser Gram-negativen Bazillen benötigte man ungefähr tausendfach höhere Konzentrationen als für Gram-positive Organismen.

Wissenschaftlern der Beecham-Gruppe gelang es, die Penicilline noch vielseitiger verwendbar zu machen. Sie entwickelten ein Verfahren zur chemischen Veränderung des Penicillins. Man entdeckte bakterielle Enzyme, die die Benzyl-Seitenkette vom Penicillin G entfernen. Das Produkt war 6-Aminopenicillansäure (Abb. 2.13), die erst isoliert und dann auf chemischem Wege acyliert werden konnte. Diese Entdeckung machte den Weg frei für die Produktion einer beinahe unbegrenzten Anzahl von Penicillin-Derivaten. Einige dieser Derivate wiesen im Vergleich zum Ausgangspenicillin stark veränderte Eigenschaften auf. Drei Arten von Verbesserungen wurden erzielt. Die Bedeutung einer größeren Stabilität gegenüber Säuren wurde bereits erwähnt. Diese Eigenschaft weisen einige halb-synthetische Penicilline auf. Penicilline waren in ihrer Anwendung, besonders gegen Staphylococcen, dadurch eingeschränkt, daß sich aufgrund der Wirkung des Enzyms Penicillinase (β-Lactamase) rasch Resistenz entwickelte. Penicillinase verwandelt Penicillin in die antibakteriell unwirksame Penicilloinsäure (siehe Kapitel 7). Einige veränderte Penicilline (z. B. Methicillin und Cloxacillin, Abb. 2.13) werden von den am häufigsten vorkommenden Formen dieses Enzyms nicht angegriffen und können deshalb vorteilhaft gegen resistente Stämme eingesetzt werden. Die auffallendste Veränderung, die durch die chemisch modifizierte Seitenkette des Penicillins erreicht wurde, ist eine erhöhte Wirksamkeit gegen Gram-negative Bakterien. Diese Eigenschaft besitzen Ampicillin und Carbenicillin (Abb. 2.13). Die erhöhte Wirksamkeit gegen Gram-negative Bakterien geht mit einer geringeren Wirksamkeit gegen Gram-positive Bakterien einher. Die Verbindungen ähneln damit mehr den sog. „Breitband"-Antibiotika. Ampicillin ist zur Zeit einer der am häufigsten verwendeten antibakteriellen Wirkstoffe. Carbenicillin wird hauptsächlich bei der Behandlung von *Pseudomonas*-Infektionen gegeben, deren Bekämpfung sonst schwierig ist.

Cephalosporin C (Abb. 2.13) wird aus einem anderen Organismus isoliert als dem, der zur Erzeugung von Penicillin verwendet wird. Es wurde jedoch nachgewiesen, daß der Kern des Cephalosporins eine ähnliche Struktur besitzt wie der der Penicilline. Die Biogenese der Kerne dieser beiden Gruppen von Antibiotika ist bis auf den Ringschluß des schwefeltragenden Teils gleich. Die Penicilline besitzen einen Thiazolidinring, bei dem die Position 5 zwei Methylgruppen trägt. Im Cephalosporin C bildet das Kohlenstoffatom einer dieser beiden Methylgruppen einen Teil des Dihydrothiazinrings. Neben dieser Ähnlichkeit in Struktur und Biogenese scheinen Cephalosporin C und seine Derivate auch den gleichen biochemischen Wirkungsort wie die Penicilline zu besitzen. Cephalosporin C selbst fand keine wesentliche Verwendung als antibakterielles Agens. Es kann jedoch ähnlich wie die Penicilline verändert wer-

4. Antibiotika mit Primärwirkung auf die Mureinbiosynthese

den. Die enzymatische Entfernung der Seitenkette ergibt 7-Aminocephalosporaninsäure (Abb. 2.13). Dieses Produkt kann chemisch zu neuen Derivaten acyliert werden. Eine zweite Modifizierung des Moleküls kann durch chemische Abänderung der Acetoxygruppe des Cephalosporin C erfolgen. Das erfolgreichste halbsynthetische Cephalosporin ist Cephaloridin (Abb. 2.13), das klinisch als Alternative zu Ampicillin Anwendung findet.

Die ersten Versuche, der biochemischen Wirkung von Penicillin auf die Spur zu kommen, führten wie bei vielen anderen Antibiotika zu widersprüchlichen Hypothesen. Nach und nach wurde akzeptiert, daß der primäre Wirkungsort die Synthese von Zellwandmaterial, genauer gesagt die Biosynthese von Murein war. Den genauen Angriffspunkt festzulegen erwies sich sogar dann noch als schwierig. Eingehende Untersuchungen von Tipper und Strominger klärten schließlich den gesamten Ablauf der Biosynthese, wie schon besprochen, auf und lieferten Beweismaterial, daß Penicillin im letzten Schritt, nämlich bei der Umpeptidierung, eingreift, welche die Quervernetzung bewirkt (Abb. 2.11).

Verschiedenartige Experimente sprechen für diesen Wirkungsort. *S. aureus* Zellen wurden mit ^{14}C-Glycin pulsmarkiert. Nach weiteren 20 Minuten Wachstum in einem unmarkierten Medium wurde das Murein aus den Zellwänden isoliert. Das markierte Glycin wurde in die Pentaglycylgruppe eingebaut. Das Polysaccharidgerüst des Mureins wurde mit einer N-Acetyl-Muramidase abgebaut. Die einzelnen Muramylpeptid-Einheiten waren damit nur noch über ihre Pentaglycylpeptid-Ketten miteinander verknüpft. Das Produkt wurde anschließend auf Säulen mit Sephadex G-50 und G-25 aufgetrennt. Die Radioaktivität war auf eine Reihe von Peaks mit zunehmendem Molekulargewicht verteilt, welche die Verteilung des ^{14}C-Glycins in den peptidverknüpften Oligomeren unterschiedlicher Größe darstellen. Ein parallel verlaufendes Experiment in Gegenwart von Penicillin ergab, daß die Radioaktivität größtenteils in einem einzigen Peak mit niedrigem Molekulargewicht gefunden wurde. Dabei handelte es sich vermutlich um die nicht quervernetzte Muramylpeptid-Einheit. Oligomere enthalten viel weniger Radioaktivität (Abb. 2.14). Penicillin hatte demnach die Peptid-Quervernetzung gehemmt.

In einem anderen Versuch stellte man „Nukleotidpentapeptid" aus ^{14}C-markiertem D-Alanin her. Es diente als Substrat für ein partikuläres Enzympräparat aus *E. coli* in Gegenwart von UDP-N-Acetylglucosamin. Dieses System führte die gesamte Mureinbiosynthese einschließlich der letzten Quervernetzung aus. Man erhielt Murein als ein unlösliches Produkt, das ^{14}C aus dem vorletzten D-Alanin des Substrats enthielt. Das

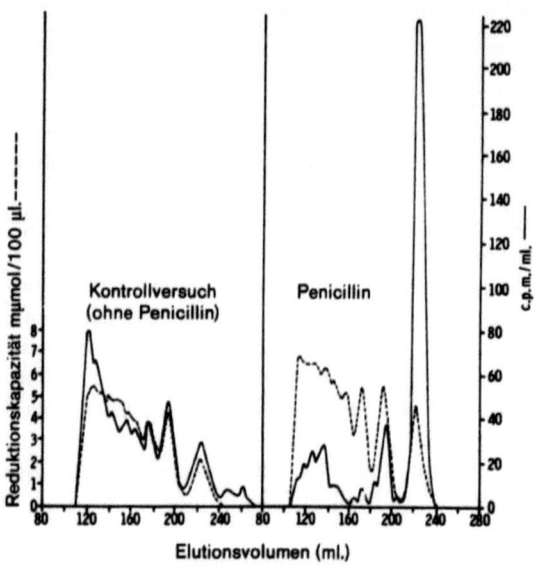

Abb. 2.14. Die Wirkung von Penicillin auf die Quervernetzung des Mureins. *S. aureus*-Zellen wurden mit oder ohne Penicillin mit ^{14}C-Glycin pulsmarkiert. Nach 20 Minuten trennte man die Zellwände ab und behandelte sie mit Acetylmuramidase. Die daraus resultierenden peptidverknüpften Oligomere wurden auf Säulen mit Sephadex-Gel aufgetrennt. Die durchgezogenen Linien geben die Radioaktivitätsverteilung und die gestrichelten Linien das gesamte isolierte Material an (bestimmt durch die Reduktionskapazität). Besondere Beachtung verdient die Tatsache, daß in Gegenwart von Penicillin vor allem Material mit niedrigem Molekulargewicht markiert ist. Bei dem Kontrollversuch sind hauptsächlich Oligomere mit hohem Molekulargewicht markiert. Mit Genehmigung der Federation of American Societies for Experimental Biology aus J. L. STROMINGER et al., *Federation Proceedings*, 26 (1967) 18

endständige ^{14}C-D-Alanin wurde, teils bei der von der Transpeptidase katalysierten Quervernetzungsreaktion und teils von einer Carboxypeptidase, die die endständigen D-Alaninreste aus quervernetzten Produkten entfernte, in das Medium freigesetzt. In einem parallel verlaufenden Experiment wurde Penicillin in einer Konzentration zugefügt, die gerade ausreichte, um das Wachstum von *E. coli* zu hemmen. Die Mureinbiosynthese lief dann nur bis zur Stufe des linearen Polymers ab (VIII Abb. 2.11). Dieses Polymer ließ sich als wasserlösliches, ^{14}C-markiertes Produkt mit hohem Molekulargewicht isolieren. ^{14}C-D-Alanin wurde nicht freigesetzt, da das Penicillin sowohl die quervernetzende

4. Antibiotika mit Primärwirkung auf die Mureinbiosynthese   47

Transpeptidase-Reaktion als auch die Wirkung der D-Alanin-Carboxypeptidase unterdrückte.
Elektronenmikroskopische Aufnahmen von Schnitten von Penicillin-behandelten Bakterien zeigen Abweichungen, die sich mit der Akkumulation von linearem Polymer anstelle des normalen quervernetzten Mureins erklären lassen. Dies wird besonders während der Bildung der Trennwand deutlich, die der Zellteilung vorangeht. Abb. 2.15 läßt die Bildung einer Trennwand in einer normalen Zelle und in einer mit Penicillin behandelten Zelle erkennen. Im letzteren Fall wird die normale Wand durch angehäuftes, faseriges Material ersetzt.

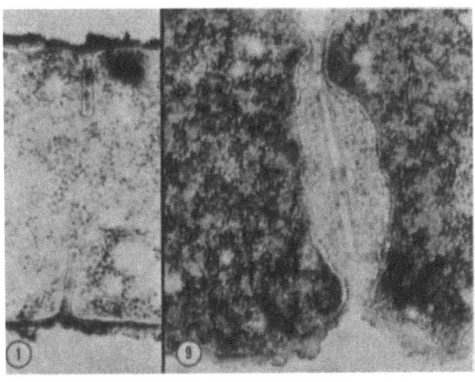

Abb. 2.15. Elektronenmikroskopische Aufnahmen von Schnitten sich teilender Zellen von *B. megaterium*. Bild (1) zeigt die Entstehung der Trennwand in einer normalen Zelle. Bild (9) zeigt eine Zellteilung nach Behandlung mit Penicillin. Dabei ist auf die Anhäufung faserigen Materials an der Wachstumsstelle zu achten. Nachgedruckt mit Genehmigung der Rockefeller University Press aus P. FITZJAMES und R. HANCOCK, *Journal of Cell Biology*, 26 (1965) 657

Mehrmals wurde versucht, die Wirkung von Penicillin aus seiner chemischen Struktur heraus zu erklären. Der überzeugendste Vorschlag kam von Strominger, der auf die Ähnlichkeit zwischen der räumlichen Orientierung der Atome und der polaren Gruppen im Penicillinkern und einer speziellen Orientierung der D-Alanyl-D-Alanin-Endgruppe der Pentapeptid-Seitenkette der Mureinvorläufer hinwies (siehe Abb. 2.16). Vergleicht man die beiden Strukturen, so entspricht die Peptidbindung zwischen den Alanin-Einheiten von ihrer Position her der Lactam-Gruppe in dem viergliedrigen Penicillinring. Hierbei handelt es sich um eine chemisch labile Bindung, die für die acylierenden Eigenschaften des Pe-

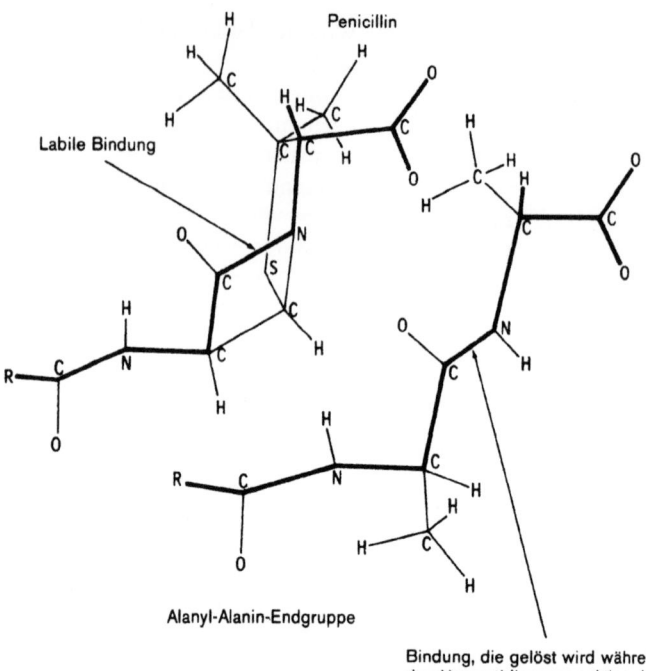

Abb. 2.16. Vergleich der Struktur des Penicillins mit der Struktur der D-Alanyl-D-Alanin-Endgruppe des Mureinvorläufers. Nachgedruckt mit Genehmigung der Federation of American Societies for Experimental Biology aus J. L. STROMINGER et al., Federation Proceedings, 26 (1967) 18

nicillins verantwortlich ist. Falls diese Gruppe an die quervernetzende Transpeptidase in der Nähe ihres aktiven Zentrums gebunden ist, könnte eine wichtige Stelle des Enzyms acyliert und dadurch das Enzym unwirksam gemacht werden. In letzter Zeit hat man die Bindung von markiertem Penicillin an die Transpeptidase experimentell nachgewiesen. Das gebundene Penicillin kann durch Behandlung mit Hydroxylamin oder mit Äthylmercaptan freigesetzt werden. Das deutet darauf hin, daß es sich bei der betreffenden Bindung um eine Thioesterbindung zwischen der Carbonyl-Gruppe des β-Lactamteiles des Penicillins und einer -SH-Gruppe handeln könnte, die einen Teil des aktiven Zentrums des Enzyms darstellt.

Bemerkenswert ist, daß ähnlich wie bei Oxamycin auch das bicyclische Penicillinmolekül ziemlich starr ist und seine wichtigsten Gruppen in einer fixierten Konformation gehalten werden. Das wiederum kann für eine hohe Affinität zu dem Enzym, auf das Penicillin einwirkt, von Bedeutung sein.

e) Andere Antibiotika, die auf die Biosynthese der Zellwand einwirken

Auf die Biosynthese der Zellwand sollen auch verschiedene weniger wichtige Antibiotika einwirken. Bacitracin ist ein Polypeptid-Antibiotikum (Abb. 2.17), das für eine systemische Anwendung zu toxisch ist, manchmal jedoch zur Abtötung Gram-positiver Bakterien lokal angewandt wird, z. B. bei Dickdarmoperationen. Es soll eine spezifische Hemmwirkung auf die Pyrophosphatase ausüben, die während der Bildung des linearen Polymers (VII → VIII, Abb. 2.10) das C_{55}-Isoprenoidalkoholphosphat freisetzt. Es ist jedoch keineswegs sicher, daß ausgerechnet diese Wirkung die Hauptursache für die antibakteriellen Eigenschaften von Bacitracin ist, da es auch die Zellmembran angreift.

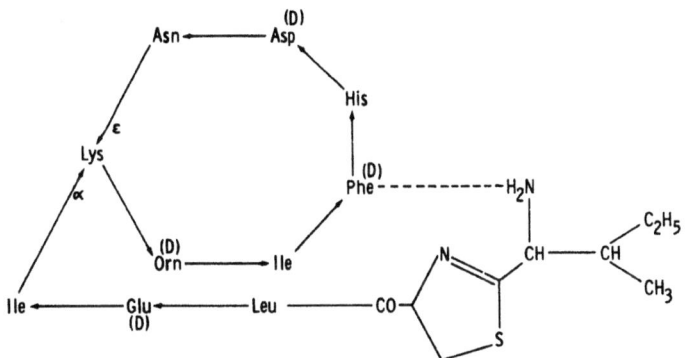

Abb. 2.17. Bacitracin A

Die Antibiotika der Prasinomycin- und Moenomycin-Gruppe sind Phosphor-haltige Verbindungen mit hohem Molekulargewicht. Sie wirken gegenüber Gram-positiven Infektionen, und ihre Wirkung hält angeblich außergewöhnlich lange an. Bis jetzt fanden diese Antibiotika nur in geringem Ausmaß Verwendung. Wahrscheinlich hemmen sie einen späteren Schritt der Mureinbiosynthese.

Da Zellwände von Pilzen kein Murein enthalten, sind Antibiotika der Gruppe, die in diesem Kapitel besprochen wurden, gegenüber Pilzen unwirksam. Die Starrheit der Pilzwand wird bedingt durch ein Poly-N-

Acetylglucosamin, das unter dem Namen Chitin bekannt ist. Die Polyoxine, eine Gruppe von Antibiotika, die gegenüber Pilzen besonders wirksam sind, verursachen ein Schwellen der Zellwand von Pilzen, das wahrscheinlich auf eine Störung der Chitinbiosynthese durch diese Antibiotika zurückzuführen ist.

Weiterführende Lektüre

Function and Structure in Micro-organisms. 15th Symposium, Society for General Microbiology (Cambridge University Press, 1965).
GLAUERT, A. M. and THORNLEY, M. J.: "The topography of the bacterial cell wall" in *Ann. Rev. Microbiol., 23* (1969) 159.
ROGERS, H. J. and PERKINS, H. R.: "Cell Walls and Membranes" (Spon Ltd., London 1968).
STROMINGER, J. L.: "Biosynthesis of bacterial cell walls" in *The Bacteria* Vol. 3, ed. by Gunsalus and Stanier (Academic Press, London, 1962) S. 413.
OSBORN, M. J.: "Structure and biosynthesis of the bacterial cell wall" in *Ann. Rev. Biochem., 38* (1969) 501.
MARTIN, H. H.: "Biochemistry of bacterial cell walls" in *Ann. Rev. Biochem., 35* (1966) 457.
PERKINS, H. R.: "Composition of bacterial cell walls in relation to antibiotic action" in *Adv. Pharmacol. and Chemother. 7* (1969) 283.
WORK, E.: "Biochemistry of bacterial cell walls" in *Laboratory Practice, 18* (1969) 831.
BADDILEY, J.: "Teichoic acids and the molecular structure of bacterial walls" in *Proc. Roy. Soc. B., 170* (1968) 331.
LYNN, B.: "The semi-synthetic penicillins" in *Antibiotica et Chemotherapia, 13* (1965) 125.
ABRAHAM, E. P.: "The cephalosporin C group" in *Quart Rev. Chem. Soc., 21* (1967) 231.

Kapitel III. Antiseptika, Antibiotika und die Zellmembran

1. Antiseptika und Desinfektionsmittel

Das vorliegende Buch handelt hauptsächlich von antibakteriellen Substanzen, die gegen bakterielle Infektionen verwendet werden können. Im allgemeinen muß die Verbindung zu diesem Zweck aufgenommen werden und im Blut zirkulieren. Medizin und Industrie haben aber auch einen großen Bedarf an Substanzen, die Bakterien und andere Mikroorganismen außerhalb des Körpers abtöten. Derartige Produkte sind als Desinfektionsmittel, Sterilisationsmittel, Antiseptika oder als Biocide bekannt. Die Wahl des Ausdrucks hängt von den jeweiligen Umständen ab, unter denen diese Produkte verwendet werden. Ein „Desinfektionsmittel" wendet man bei Verschmutzungen und beim Vorhandensein dichter Bakterienpopulationen an, z. B. zur Reinigung von Tierställen oder Abflußrohren. „Biocide" werden insbesondere als Konservierungsmittel benutzt, die Bakterien und Pilze von Holz, Papier, Textilien und allen organischen Materialien fernhalten. Der Ausdruck „Antiseptikum" wird gewöhnlich in Verbindung mit einer hautverträglichen Substanz gebraucht. Das Infektionsrisiko soll durch Abtötung von auf der Oberfläche befindlichen Bakterien herabgesetzt werden. Sterilisationsmittel dienen dazu, einen geschlossenen Raum keimfrei zu machen. Da das Durchdringungsvermögen einer Substanz bei dieser Anwendungsweise ausschlaggebend ist, sind Sterilisationsmittel gewöhnlich gasförmig. Bis zu einem gewissen Grad greifen diese Begriffe jedoch ineinander über und sind auswechselbar.

An eine desinfizierend oder antiseptisch wirkende Verbindung werden wesentlich andere Anforderungen gestellt als an einen antibakteriellen Wirkstoff, der im Organismus zur Anwendung kommen soll. Viele Verbindungen, die mit Erfolg gegen bakterielle Infektionen verwendet werden, töten die Bakterien nicht im eigentlichen Sinn, sondern verhindern nur ihre Vermehrung. Die meisten dieser Verbindungen sind gegenüber nicht-wachsenden Bakterien unwirksam. Bei der Behandlung einer Infektion genügt es normalerweise, lediglich das bakterielle Wachstum zu stoppen. Der Körper verfügt nämlich mit Antikörpern und Phagocyten über Abwehrkräfte, die er schnell gegen Bakterien ins Feld führen kann, vorausgesetzt, diese treten in verhältnismäßig kleinen Mengen auf. Darüber hinaus sind antibakterielle Wirkstoffe, die zur Anwendung im Organismus gelangen, oft nur gegenüber relativ wenigen Bakterien wirksam. Das stellt insofern kein Problem dar, als die Verbindung je nach Art der zu behandelnden Infektion ausgewählt werden kann.

Oft wird zwischen bakteriostatischen und bakteriziden Verbindungen unterschieden, jedoch ist eine derartig scharfe Trennung keineswegs eindeutig möglich. Es existiert keine absolut sichere Methode, mit der sich bestimmen läßt, ob ein Bakterium tot ist oder nicht. Die übliche Methode, die Bakterien-abtötende Wirkung eines Antiseptikums zu beurteilen, besteht darin, die Überlebenden in einer mit dem Antiseptikum behandelten Bakteriensuspension zu bestimmen. Das Antiseptikum wird zuerst unwirksam gemacht, und Verdünnungen der Suspension werden auf Platten mit einem reichen Medium aufgetragen. Bakterien sind als lebendig anzusehen, wenn sie Kolonien bilden. Die Bildung einer sichtbaren Kolonie setzt jedoch eine Vermehrung während mindestens 20 Generationen voraus. Es ist daher ein ziemlich indirekter Beweis für die baktericide Wirkung, wenn die Bakterien keine Kolonien mehr bilden. Viele Verbindungen wirken in niedrigen Konzentrationen bakteriostatisch und in höheren Konzentrationen baktericid. Die Wirkung kann auch von den jeweiligen Kulturbedingungen abhängig sein. Normalerweise wird bei Antiseptika und Desinfektionsmittel jedoch eine baktericide Wirkung vorausgesetzt. Solche Verbindungen müssen die Bakterien, gleichgültig ob diese wachsen oder ruhen, abtöten und auf alle üblichen Bakterienarten wirken, die in der Umwelt auftreten können.

Bei vielen der älteren Desinfektionsmittel handelt es sich um chemisch sehr reaktive Verbindungen. Ihre antibakterielle Wirkung hängt vermutlich von ihrer Fähigkeit ab, mit verschiedenen Gruppen auf oder in dem Bakterium chemisch zu reagieren und dieses dadurch abzutöten. Solche Verbindungen umfassen Wasserstoffperoxid, die Halogene, Hypochlorite und gasförmige Sterilisationsmittel wie Äthylenoxid, Ozon usw. Salze und andere Derivate von Schwermetallen, besonders solche von Quecksilber, haben ihre antibakterielle Wirkung wahrscheinlich der Reaktion mit lebenswichtigen SH-Gruppen zu verdanken. Obwohl einige dieser Stoffe noch häufig zu Desinfektionszwecken gebraucht werden, ist ihre Anwendungsmöglichkeit durch ihre hohe Reaktivität und Toxizität eingeschränkt. Aus diesem Grund sind sie heute für den etwas diffizilen Verwendungszweck als Antiseptika nicht mehr unbedingt geeignet. Als Antiseptika werden fast ausschließlich nur noch zwei Gruppen von Verbindungen benutzt: Phenole und kationische Antiseptika. Obwohl diese beiden Gruppen unterschiedlich wirken, haben sie doch viele ge-

1. Antiseptika und Desinfektionsmittel

meinsame Eigenschaften. In der Fachliteratur sind über die Wirkungsweise der Antiseptika recht verworrene Angaben zu finden, und viele Arbeiten älteren Datums sind angesichts der neuen Techniken revisionsbedürftig. Ein Überblick über die zuverlässigsten Befunde läßt folgende Verallgemeinerungen zu:

1. Bakterien nehmen Antiseptika ohne weiteres auf. Je höher die Konzentration in der Lösung, desto größer ist die absorbierte Menge an Antiseptikum. Die Absorptionsisotherme zeigt manchmal einen Wendepunkt, der der kleinsten bactericiden Konzentration entspricht. Bei höheren Konzentrationen erfolgt eine viel größere Absorption der Verbindung. Absorptionsort ist fast ausschließlich die cytoplasmatische Membran. Sphäroplasten oder Protoplasten, denen die äußeren Schichten der Zellwand fehlen, nehmen das Antiseptikum auf und können lysiert oder beschädigt werden. Auch isolierte Zellmembranen nehmen nachweislich Antiseptika auf.

2. Drei Hauptfaktoren sind für das Ausmaß der bactericiden Wirkung maßgebend:
a) Konzentration des Antiseptikums
b) Zelldichte
c) Kontaktzeit.
Die Aufnahme einer gegebenen Menge der Verbindung pro Zelle bedingt die Abtötung eines bestimmten Bruchteils der Bakterienpopulation in einem bestimmten Zeitraum.

3. Die niedrigsten Konzentrationen des Antiseptikums, die zur Abtötung ausreichen, führen zudem zum Verlust von cytoplasmatischen Bestandteilen mit niedrigem Molekulargewicht. Die unmittelbarste Wirkung ist ein Verlust an Kaliumionen. Die Ausscheidung von Nukleotiden läßt sich oft daran erkennen, daß im Medium Verbindungen auftreten, die ein Absorptionsmaximum bei 260 nm besitzen. Bei Grampositiven Zellen treten Aminosäuren aus. Der Verlust von cytoplasmatischen Substanzen an sich ist nicht tödlich. Es sind Verbindungen bekannt, die diese Wirkung haben, jedoch Bakterien nicht abtöten. Bakterien, die durch niedrige Konzentrationen eines Antiseptikums undicht wurden, wachsen oft normal weiter, wenn sie sofort gewaschen und in ein Nährmedium gegeben werden. Die erhöhte Permeabilität ist ein Zeichen für Veränderungen in der Membran, die am Anfang noch reversibel sind, bei längerer Behandlungsdauer aber irreversibel werden.

4. Das erforderliche charakteristische Merkmal der Antiseptika ist ihre bactericide Wirkung. Oft wirken sie jedoch in einem niedrigen und ziemlich engen Konzentrationsbereich bakteriostatisch. Bei diesen niedrigen

Konzentrationen können bestimmte biochemische Funktionen, die mit der Zellmembran verbunden sind, gehemmt werden.

5. Bei höheren antiseptischen Konzentrationen und nach längerer Behandlung dringt die Verbindung gewöhnlich in die Zelle ein und verursacht größere, schlecht definierbare Schäden im biochemischen Geschehen der Zelle.

Die Primärwirkung dieser Antiseptika auf die cytoplasmatische Membran steht somit unzweifelhaft fest. Nicht jedoch ihre genaue Wirkungsweise. Diese kann von einer Verbindung zur anderen verschieden sein. Einige Beispiele sollen die Wirkung einzelner Verbindungen veranschaulichen.

a) Phenole

Gemische von Kresolen, in Wasser oder Alkali gelöst und ursprünglich unter dem Namen „Lysol" eingeführt, werden als starke Antiseptika noch immer benutzt. Sie müssen in hoch konzentrierter Form verwendet werden, reizen die Haut und sind toxisch. Für etwas diffizilere antiseptische Verwendungszwecke nimmt man im allgemeinen chlorierte Kresole oder Xylole. Diese Verbindungen sind gegenüber Staphylococcen und Pseudomonaden weniger wirksam als kationische Antiseptika. Eine besondere Art eines Phenolantiseptikums ist Hexachlorophen (Abb. 3.1). Es reagiert nur langsam, bindet sich aber fest an die Haut. Nach wiederholter Anwendung wird die Zahl der Gram-positiven Bakterien auf der Hautoberfläche merklich reduziert. Es findet daher für die Herstellung von Seifen für klinische Zwecke, ebenso wie von Deodorantien Anwen-

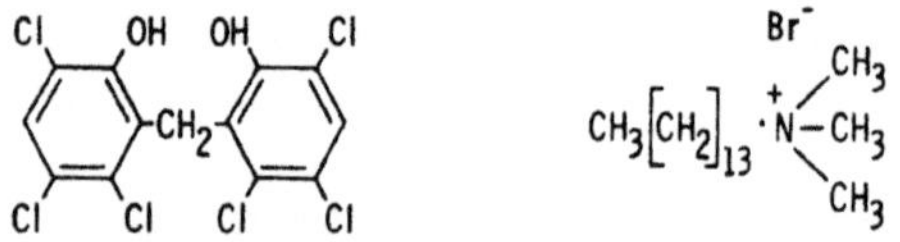

Hexachlorophen

Cetrimid

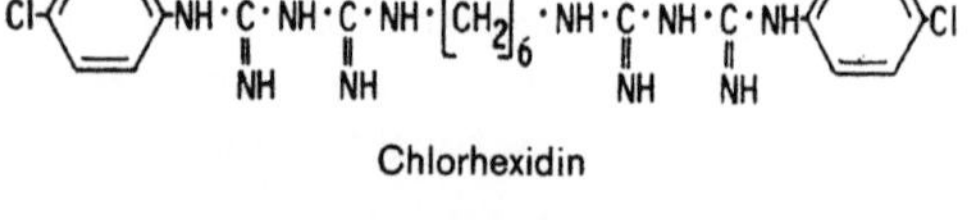

Chlorhexidin

Abb. 3.1. Synthetische Antiseptika. Die Formel für Cetrimid läßt den Hauptbestandteil der handelsüblichen Präparate erkennen. Homologe mit anderen Kettenlängen, besonders C_{16}, sind ebenfalls vorhanden

dung. Dort soll es den unangenehmen Geruch lindern, der durch die Einwirkung von Bakterien auf Schweiß entsteht. Hexachlorophen setzt in baktericiden Konzentrationen cytoplasmatische Bestandteile frei, die bei 260 nm absorbieren. Durch Anwendung von N-Tolyl-1-naphthylamin-8-sulfonsäure (Tolylperisäure) kann eine veränderte Permeabilität gegenüber extrazellulären Verbindungen nachgewiesen werden. Diese Verbindung fluoresziert stark, wenn sie von Proteinen gebunden wird. Normale Bakterien nehmen die Säure nicht auf. Bakterien, die mit Hexachlorophen behandelt wurden, absorbieren sie jedoch und lassen eine leuchtende Fluoreszenz erkennen. Die Aufnahme von 3,5,3',4'-Tetrachlorosalicylanilid durch *Bacillus megaterium* wurde anhand der ^{14}C-markierten Verbindung untersucht. Zellmembranen wurden isoliert und von anderen Zellbestandteilen befreit. In den Membranen befand sich die gesamte, von den Zellen aufgenommene Radioaktivität. Die gleiche Verbindung, in noch nicht tödlich wirkenden Konzentrationen an *Staphylococcus aureus* getestet, hemmte deutlich den Sauerstoffverbrauch. Das interpretierte man als Hinweis auf eine direkte Wirkung auf die Atmungskette, die mit der Membran verbunden ist. Die Hemmung anderer biochemischer Funktionen, z. B. der Gärung, machte höhere Konzentrationen erforderlich, die zur Ausscheidung von cytoplasmatischem Material und zum Zelltod führten.

b) Kationische Antiseptika

Diese Gruppe umfaßt eine Anzahl von Verbindungen, die sich in ihrer chemischen Natur beträchtlich voneinander unterscheiden. Ihr gemeinsames Merkmal ist das Vorliegen stark basischer Gruppen, die an ein ziemlich großes, unpolares Molekül angehängt sind. Obwohl Verbindungen mit diesen charakteristischen Eigenschaften relativ häufig antiseptisch wirken, hängt der Grad ihrer Wirksamkeit sehr stark von der Struktur jeder einzelnen Gruppe ab. Bei Cetrimid z. B. (Abb. 3.1) beträgt die Länge der Alkylkette 14 Kohlenstoffatome. Die Wirksamkeit anderer Verbindungen der gleichen Reihe fällt mit längeren oder kürzeren Ketten deutlich ab. Im Cetrimid sind ausgezeichnete reinigende Eigenschaften mit einer ausreichenden antiseptischen Wirkung vereinigt, obwohl es gegenüber Bakterienstämmen von *Proteus* und *Pseudomonas* nicht sehr aktiv ist. Experimente mit ^{32}P-markierten *E. coli* haben gezeigt, daß mit steigenden Konzentrationen von Cetrimid die Abnahme der Lebensfähigkeit der Zelle genau parallel verläuft zu der von der Bakterienzelle ausgeschiedenen Menge an Radioaktivität. Konzentrationen, die so niedrig sind, daß sie weder die Lebensfähigkeit noch die Permeabilität der

Zelle beeinflussen, wirken sich dennoch auf das Wachstum der Bakterienzelle aus.
Eines der besten und am weitesten verbreiteten kationischen Antiseptika ist Chlorhexidin (Abb. 3.1). Diese Verbindung besitzt zwei stark basische Gruppen, beide Biguanide; sie wird häufig benutzt in Form des Glukonats, das sich durch hohe Wasserlöslichkeit auszeichnet. Chlorhexidin ist viel weniger oberflächenaktiv als Cetrimid und wirkt nur schwach als Detergenz. Bei Konzentrationen zwischen 10 und 50 µg pro ml. ist es jedoch gegenüber vielen Bakterienarten wirksam. Es ist nur schwach toxisch und verursacht so geringfügige Reizungen, daß es sogar von den äußerst empfindlichen Schleimhäuten vertragen wird. Chlorhexidin läßt die für diese Gruppe charakteristischen Auswirkungen auf die bakterielle Zellmembran erkennen. In Konzentrationen, die gerade ausreichen, um das Wachstum von *Streptococcus faecalis* zu verhindern, hemmt es die Adenosintriphosphatase der Membran. Die Wirkung kann an der isolierten Membran oder an dem von der Membran abgelösten Enzym nachgewiesen werden. Eine ähnliche Konzentration von Chlorhexidin hemmt die Aufnahme von Kaliumionen durch die unversehrten Zellen. Man nimmt an, daß diese beiden letztgenannten Wirkungen eng zusammenhängen. Chlorhexidin kann auch auf die Zellwände wirken. Eine elektronenmikroskopische Aufnahme einer *E. coli*-Zelle nach Behandlung mit diesem Antiseptikum (Abb. 3.2) läßt eine deutliche „blasenbildende" Wirkung erkennen, die vor allem die äußeren Schichten der Zellwand zu betreffen scheint. Chlorhexidin besitzt eine Eigenschaft, die auch bei anderen kationischen Antiseptika zu beobachten ist. Werden Bakterien mit verschiedenen Konzentrationen Chlorhexidin behandelt

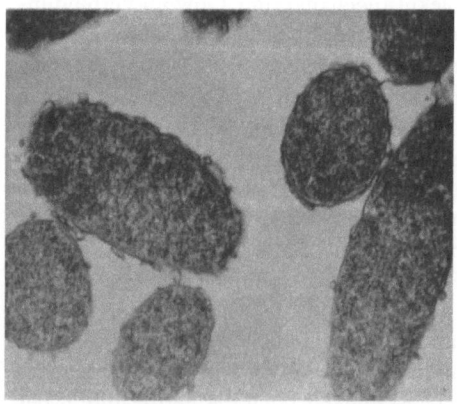

Abb. 3.2. Elektronenmikroskopische Aufnahme einer *E. coli*-Zelle im Querschnitt nach Behandlung mit einer niedrigen Konzentration (30 µg/ml) Chlorhexidin, auf der die „blasenbildende" Wirkung auf die Zellwand zu erkennen ist. Wir danken Mr. A. DAVIES und Mrs. M. BENTLEY für diese Aufnahme

1. Antiseptika und Desinfektionsmittel

und die Ausscheidung cytoplasmatischer Substanzen untersucht, so stellt man fest, daß sich die Menge an ausgeschiedenen Substanzen parallel zu der Konzentration von Chlorhexidin bis zu einem Maximum erhöht, um dann bei noch höheren Konzentrationen wieder abzufallen. Elektronenmikroskopische Aufnahmen lassen erkennen, daß Zellen, die mit diesen hohen Konzentrationen von Chlorhexidin behandelt wurden, stark verändert sind. Aufgrund der größeren Permeabilität der Membran kann das Antiseptikum offenbar in das Cytoplasma eindringen und eine Fällung der Nukleinsäure und Proteine bewirken. Unter diesen Umständen verhindert vermutlich eine einfache mechanische Blockierung eine weitere Ausscheidung.

c) Polypeptid-Antibiotika

Verschiedene Gruppen von Polypeptid-Antibiotika sind bekannt, von denen jedoch zwei besonders eingehend untersucht worden sind. Die Wirkungsweise dieser beiden Gruppen auf Bakterien entspricht genau den bereits erwähnten Eigenschaften der phenolischen und kationischen Antiseptika. Man nimmt daher an, daß ihre primäre antibakterielle Wirkung auf ihrer Bindungsfähigkeit an die cytoplasmatische Membran und einer nachfolgenden Störung der Membranfunktionen beruht. Beide Typen sind cyclische Polypeptide. Die eine Gruppe umfaßt die Tyrocidine und Gramicidin S, bei denen es sich um cyclische Decapeptide handelt

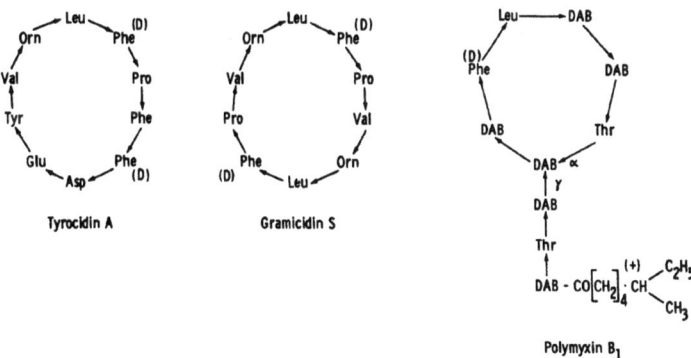

Abb. 3.3. Antibiotika, die bakterielle Zellmembranen angreifen. Es wurden die gebräuchlichen Abkürzungen für die normalen Aminosäuren benutzt. DAB = 2,4-Diaminobuttersäure. Pfeile zeigen die Richtung der Peptidbindung –CO–NH– an. Außer dort, wo es angegeben ist, sind an allen Peptidbindungen α-Amino- und α-Carboxylgruppen beteiligt. Wenn nicht anders angegeben, liegen die Aminosäuren in der L-Konfiguration vor

(Abb. 3.3). Sie enthalten eine oder manchmal auch zwei freie Aminogruppen und wirken gegen Gram-positive Bakterien besser als gegen Gram-negative. Die Polymyxine, die die zweite Gruppe bilden, besitzen einen kleineren Polypeptidring, der an eine Polypeptidkette angehängt ist, die in einem verzweigten Fettsäure-Rest mit 8 oder 9 C-Atomen endet. Sie tragen an den Diaminobuttersäure-Einheiten fünf freie Aminogruppen. Ihre antibakterielle Wirkung ist weitgehend gegen Gram-negative Organismen gerichtet. Die Polypeptid-Antibiotika nehmen in der Medizin nur einen unbedeutenden Platz ein. Die Polymyxine können in ernsten Fällen von *Pseudomonas*-Infektionen angewendet werden, obwohl dabei die große Gefahr einer Nierenschädigung besteht.

Polymyxin ist bactericid und wirkt sowohl gegenüber ruhenden als auch gegenüber wachsenden Zellen. In niedrigen Konzentrationen verläuft seine bactericide Wirkung parallel zu der Menge an ausgeschiedenem cytoplasmatischen Material. Es bindet sich fest an Bakterien. Den Bindungsort hat man mit Hilfe eines Derivats untersucht, in dem eine fluoreszierende Gruppe an eine der freien Aminogruppen angehängt worden war (bis zu zwei dieser Gruppen können, ohne die antibakterielle Wirkung zu beeinflussen, acyliert werden). Behandelt man *Bacillus megaterium*, einen gegen dieses Antibiotikum sensitiven Organismus, mit diesem fluoreszierenden Derivat, werden die Zellen ebenfalls fluoreszierend. Eine Zellfraktionierung ergibt, daß die Fluoreszenz fast ausschließlich in der cytoplasmatischen Membran lokalisiert ist. Ein Experiment mit Tolylperisäure — das ähnlich verläuft wie das für Hexachlorophen beschriebene Experiment (siehe oben) — ergab einen Anstieg der Permeabilität für extrazelluläre gelöste Stoffe nach Behandlung von *Pseudomonas aeruginosa*-Zellen mit Polymyxin. Bei der Behandlung des gleichen Organismus mit schwächeren Polymyxin-Konzentrationen wird die Atmung gehemmt, eine Wirkung, die auch bei einigen Phenol-Antiseptika beobachtet werden kann.

Die Tyrocidine sind ebenfalls bactericid und fördern die Ausscheidung von cytoplasmatischen Substanzen. Nach Einwirkung dieser Antibiotika wird die bakterielle Zellmembran so verändert, daß Ionen, die normalerweise ausgeschlossen sind, von der Zelle aufgenommen werden. Unter gewissen Umständen verursacht dies als Sekundäreffekt die Entkopplung der oxidativen Phosphorylierung. Gramicidin S, eine eng verwandte Verbindung, wirkt ähnlich. Es lysiert Protoplasten von *Micrococcus lysodeikticus*, aber nicht von *Bacillus brevis*. Da Gramicidin S gegenüber dem ersteren Organismus bactericid wirkt, gegenüber dem letzteren aber nicht, läßt sich vermuten, daß sowohl seine Wirkung als auch seine Spezifität von seiner Reaktion mit der cytoplasmatischen Membran abhängen. Die Tyrocidine wirken nicht nur auf Bakterien, sondern auch auf den Pilz *Neurospora crassa*. Bei diesem Organismus bewirken Konzentrationen des Antibiotikums, die das Wachstum hemmen und eine Ausscheidung des Zellinhalts zur Folge haben, auch ein sofortiges Absinken des Membranpotentials. Ein Sekundäreffekt dieser Verbindung bei *N. crassa* besteht in der Freisetzung katabolischer Enzyme vermutlich aus Lysosomen-ähnlichen Strukturen.

Die zyklische Struktur des Moleküls scheint sowohl bei den Tyrocidinen als auch bei den Polymyxinen ein wesentliches Merkmal für die antibakterielle Wirksamkeit zu sein. Das Vorliegen basischer Gruppen spielt ebenfalls eine wichtige Rolle. Sonst können die Moleküle jedoch beträchtlich abgeändert werden, ohne ihre Wirksamkeit einzubüßen. Die verhältnismäßig einfache, symmetrische Struktur von Gramicidin S ist häufig modifiziert worden. Seine Wirksamkeit bleibt erhalten, wenn die Ornithineinheiten durch Arginin- oder Lysingruppen ersetzt werden. Bei Veränderungen, die den basischen Charakter der endständigen Gruppen zerstören, geht die Wirksamkeit jedoch verloren. Die Verbindung, in der L-Prolin durch Glycin ersetzt wird, ist voll wirksam. Acyclische Verbindungen jedoch, die die gleiche Folge von Aminosäuren enthalten, zeigen nur eine geringe antibakterielle Wirkung. Die absolute Konformation von Gramicidin S ist weder im Kristall noch in Lösung bestimmt worden. Man kann jedoch als sicher annehmen, daß die cyclische Anordnung eine genau bestimmte räumliche Anordnung des Moleküls bedingt, die auch in Lösung vorliegt. Diese Anordnung wird durch Wasserstoffbrückenbindungen und Wechselwirkungen zwischen hydrophoben Seitenketten aufrechterhalten. Dadurch verhält sich das Molekül, obwohl die kovalenten Bindungen allein an und für sich eine relativ große Flexibilität ermöglichen, doch eher wie eine ziemlich starre Struktur. Gramicidin S und die Tyrocidine enthalten wie andere Polypeptid-Antibiotika Aminosäurereste mit der ungewöhnlichen D-Konfiguration. Diese D-Aminosäuren spielen eine wichtige Rolle bei der Bestimmung der Konformation des gesamten Moleküls. Wie wichtig die Form des Moleküls ist, geht aus der Beobachtung hervor, daß das Enantiomer des Glycinanalogs von Gramicidin S (in dem die Konfiguration aller Aminosäurereste umgekehrt ist) gegen Bakterien unwirksam ist. Dieser Wechsel der optischen Konfiguration verändert die Gesamtform des Moleküls drastisch. Eine analoge Verbindung, in der die Richtung der Verknüpfung der Aminosäuren wie auch ihre optischen Konfigurationen umgekehrt werden (die retro-enantiomere Verbindung), zeigt wieder antibakterielle Wirksamkeit. Diese Verbindung ähnelt in der Form weitgehend der Ausgangsverbindung. Sie unterscheidet sich nur durch die Richtung der Peptidbindungen, wobei −CONH-Bindungen durch −NHCO-Bindungen im gesamten Ring ersetzt sind (Abb. 3.4).

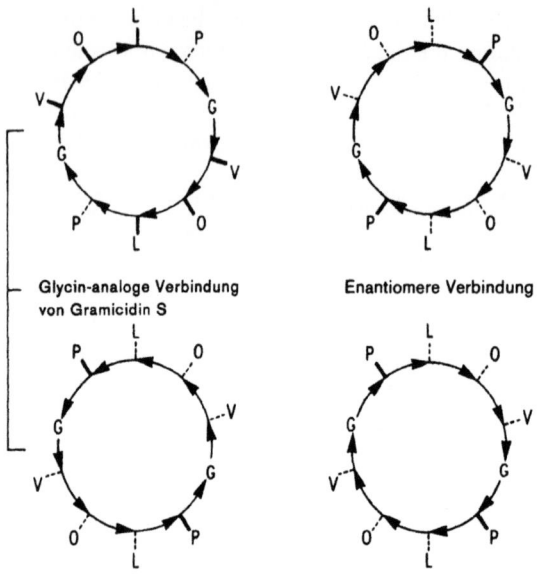

Abb. 3.4. Schematische Darstellung der Konformation von Verbindungen, bezogen auf ein Analoges von Gramicidin S, in dem Prolin durch Glycin ersetzt ist. Aminosäurereste werden mit ihren Anfangsbuchstaben bezeichnet. Dicke Striche sind Seitenketten, die über der Ebene des Rings liegen; punktierte Striche sind Seitenketten, die unter dieser Ebene liegen. Die beiden Darstellungen der Ausgangsverbindung zeigen die Struktur erst von der einen und dann von der anderen Seite aus betrachtet. Pfeile geben die Richtung der Peptidbindung $\overrightarrow{-CO-NH-}$ an

Die Wirkung auf die Zellmembran ist eine Sekundäreigenschaft verschiedener Antibiotika, die Primärwirkungen auf andere biochemische Systeme ausüben. Verbindungen, die diese Wirkung zeigen, sind Vancomycin, Ristocetin, Bacitracin und Streptomycin.

2. Die Polyen-Antibiotika

Diese Antibiotika unterscheiden sich beträchtlich in ihrer chemischen Struktur. Ihr charakteristisches Merkmal ist ein großer Ring, der eine Lacton-Gruppe und eine Folge von konjugierten Doppelbindungen enthält. Die verschiedenen Verbindungen können vier bis sieben solcher

2. Die Polyen-Antibiotika

Doppelbindungen haben. Ein weiteres Merkmal ist diesen Strukturen gemein: in einem Teil des großen Rings tragen viele der Kohlenstoffatome Hydroxylgruppen. Dadurch entsteht ein sehr hydrophiler Bereich. Diese Merkmale lassen sich an der Struktur von Nystatin (Abb. 3.5) erkennen. Nystatin stellt wegen seiner geringen Toxizität für Säuretierzellen vermutlich die am besten anwendbare Verbindung innerhalb dieser Gruppe dar. Die Polyen-Antibiotika besitzen keine antibakteriellen Eigenschaften, sind aber gegenüber Hefen und Pilzen wirksam. Infektionen, die von derartigen Organismen hervorgerufen werden, sind selten. Wenn sie aber auftreten, können sie gefährlich sein. Ein als Erreger häufig verantwortlicher Mikroorganismus ist *Candida albicans*. Infektionen dieser Art lassen sich mit Nystatin erfolgreich behandeln. Gelegentlich wird durch die fortgesetzte Anwendung von Breitbandantibiotika die natürliche Darmflora zerstört; Hefen und Pilze können sich dann um ein Vielfaches vermehren, was mit recht unangenehmen Folgen verbunden ist. Auch hier können die Polyen-Antibiotika helfen, das natürliche Gleichgewicht wiederherzustellen.

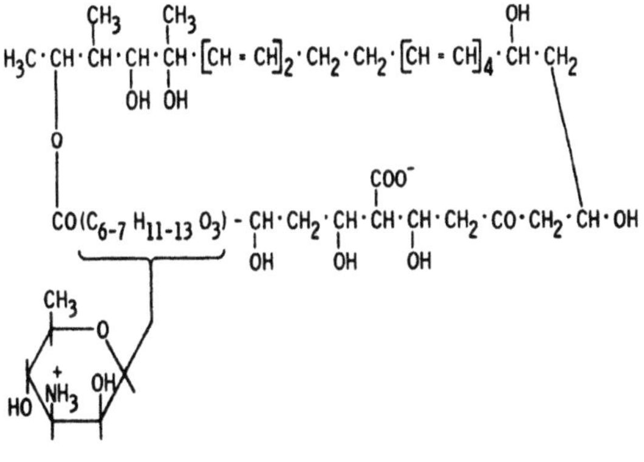

$$H_3C \cdot CH \cdot CH \cdot CH \cdot CH \cdot [CH=CH]_2 \cdot CH_2 \cdot CH_2 \cdot [CH=CH]_4 \cdot CH \cdot CH_2$$

with substituents: CH_3, CH_3, OH, OH (on first part) and OH (on last CH)

$$CO(C_{6-7}H_{11-13}O_3) - CH \cdot CH_2 \cdot CH \cdot CH \cdot CH \cdot CH_2 \cdot CO \cdot CH_2 \cdot CH \cdot OH$$

with COO^- group and OH, OH, OH substituents

sugar ring with CH_3, NH_3^+, OH, HO substituents

Abb. 3.5. Teilstruktur von Nystatin

Die Wirkung von Verbindungen dieser Gruppe besteht darin, daß sie die Permeabilität der Zellmembran der Pilze erhöhen. Diese Wirkung läßt sich auf die Fähigkeit zurückführen, die Ausscheidung von intrazellulären Substanzen zu bewirken. Eine Reihe von Versuchen wurde mit *N. crassa* durchgeführt, wobei die feste Zellwand dieses Mikroorganismus mit einem aus Schneckenextrakten gewonnenen Enzym entfernt wurde. Die Zelle mit ihrer Membran bleibt als „Protoplast" wie die bakteriellen Sphäroplasten in Lösungen mit hohem osmotischen Druck erhalten. Behandelt man *Neurospora* Protoplasten, die in hypertonischem Rohrzucker suspendiert sind, mit Nystatin, so schrumpfen sie zusammen und bekommen Auszackungen. Das ist darauf zurückzuführen, daß die Membran für Wasser und für cytoplasmatische Substanzen durchlässig wird, während sie für Rohrzucker auch weiterhin fast undurchlässig bleibt. Werden die Protoplasten statt dessen in hypertonischem Natriumchlorid suspendiert, so verursacht der Zusatz von Nystatin die Aufnahme von Natriumchlorid und führt damit zur Lysis der Zellen. Die Wirkung der Polyene ist anscheinend auf ihre Affinität zu Steroiden zurückzuführen. Die Steroide spielen eine wichtige strukturelle Rolle in der Zellmembran der Pilze. Die Polyen-Antibiotika binden an die Membran, und das Ausmaß dieser Bindung ist proportional zu der vorhandenen Menge an Steroid. Zusätzlich wird diese Bindung durch Digitonin gehemmt, das als ein ziemlich spezifischer Komplexbildner für Steroide bekannt ist.

Bakterien werden im allgemeinen von Polyen-Antibiotika nicht angegriffen. Das ist verständlich, denn ihre Membranen enthalten keine nennenswerten Mengen an Steroid. Einer besonderen Gruppe von Bakterien, den Mycoplasmen, fehlt jedoch die normale Zellwand. Diese Bakterien können in ihren Membranen manchmal Steroide haben. Wird *Mycoplasma laidlawii* auf einem normalen Medium gezüchtet, so enthält es kein Steroid in seiner Membran und ist gegen das Polyen Amphotericin B resistent. Züchtet man dieses Bakterium jedoch in einem Medium, das Cholesterin enthält, so baut es das Steroid in seine Membran ein und ist dann gegen das Polyen sensitiv. *M. gallisepticum*, das Steroide unbedingt zum Wachstum braucht, ist ebenfalls gegen Polyen-Antibiotika sensitiv.

Über die Funktion von Steroiden in der Pilzmembran kann nur spekuliert werden. Steroide haben eine feste, einigermaßen planare und ausgedehnte Ringstruktur. Diese Ringstruktur kann der Membran mechanische Festigkeit verleihen, vielleicht indem sie die Phospholipide und Proteine ausrichtet. Versuche mit Oberflächenfilmen aus Lipiden wurden mit und ohne Steroide durchgeführt. Nystatin wird nur von Filmen aufgenommen, die Steroide enthalten. Man vermutet, daß die Polyene eine Neuorientierung der Steroidmoleküle in der Pilzmembran und auf diese Weise die beobachtete Zunahme der Permeabilität bewirken. Die Membranen von Säugetiererythrocyten sind insofern den Pilzmembranen ähnlich, als sie Steroide enthalten. Die Polyene beeinflussen auch die Permeabilität dieser Zellen. Das schränkt natürlich die Anwendbarkeit der Polyene für medizinische Zwecke ein. Die meisten Polyene sind toxisch und verursachen eine hämolytische Anämie und Schädigung der Nieren.

3. Antibiotika, die Komplexe mit Kalium bilden

Unter diese Rubrik fallen verschiedene Gruppen von Antibiotika. Ihre Eigenschaften sollen am Beispiel der Depsipeptide Valinomycin und Enniatin B (Abb. 3.6) erklärt werden. Diese Depsipeptide sind zyklische Verbindungen, in denen Aminosäuren mit Hydroxysäuren abwechseln.

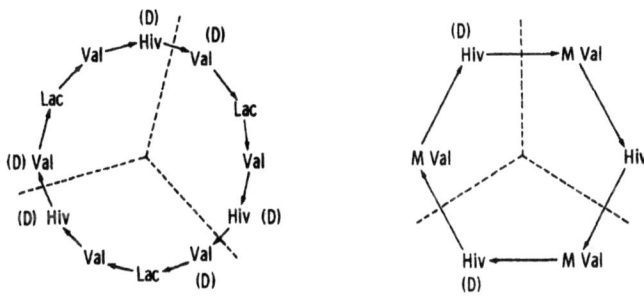

Abb. 3.6. Antibiotika, die die Permeabilität der Membranen gegenüber Kaliumionen beeinflussen: Valinomycin (links) und Enniatin B (rechts), Val = Valin, M Val = N-Methylvalin, Lac = Milchsäure, Hiv = 2-Hydroxyisovaleriansäure. Pfeile zeigen die Richtung der Peptid- oder Esterbindungen an- $\overrightarrow{-CO-NH-}$ oder $\overrightarrow{-CO-O-}$. Die asymmetrischen Zentren haben, wenn nicht anders angegeben, L-Konfiguration. Die punktierten Linien trennen die drei sich wiederholenden Einheiten in jeder Struktur

Die Einheiten des Moleküls werden somit abwechselnd durch Peptid- und Esterbindungen miteinander verbunden. Obwohl diese Antibiotika antibakterielle Eigenschaften besitzen, wirken sie auch gegen tierische Zellen und sind aus diesem Grund für die Medizin wertlos. Ihr biochemischer Wirkungsmechanismus ist jedoch interessant. Sie verändern die Eigenschaften der Zellmembran, indem sie diese für Kaliumionen durchlässig machen. Werden Zellen in einem Medium, das geringe Kaliummengen enthält, mit einem Depsipeptid-Antibiotikum behandelt, so werden Kaliumionen, die normalerweise in gleichbleibender Konzentration in der Zelle gehalten werden, ausgeschieden. Ist dagegen im Medium eine höhere Konzentration an Kaliumionen als im Innern der Zelle, so wird die Richtung der Ionenwanderung umgekehrt, und die intrazelluläre Kaliumkonzentration erhöht sich. Ein Sekundäreffekt dieses Vorgangs ist die Entkopplung der oxidativen Phosphorylierung.

Depsipeptid-Antibiotika bilden mit Kalium definierte Komplexe. Diese Beobachtung ist ein Hinweis für den Mechanismus, nach dem die Depsipeptid-Antibiotika die Durchtrittsrichtung der Kaliumionen bestimmen. Die Kristallkomplexe sind durch Röntgenbeugung untersucht worden und lassen genau geordnete Strukturen erkennen, in denen das Kaliumatom von sechs Sauerstoffatomen umgeben ist. Die Ringstruktur verengt sich und wird durch Wasserstoffbrückenbindung zwischen anderen Gruppen (Abb. 3.7 und 3.8) in einer geeigneten Konformation gehalten. Obwohl die Verbindungen auch mit Natrium Komplexe bilden, begünstigen die molekularen Dimensionen doch eindeutig das Kaliumion. Die Stabilitätskonstante des Kaliumkomplexes ist mindestens tausendmal höher als die des Natriumkomplexes. Die Bedeutung der Strukturuntersuchungen an Kristallen für das Verhalten des Moleküls in Lösung wurde durch Kernresonanz geprüft. Diese Studien zeigen, daß in Lösung wahrschein-

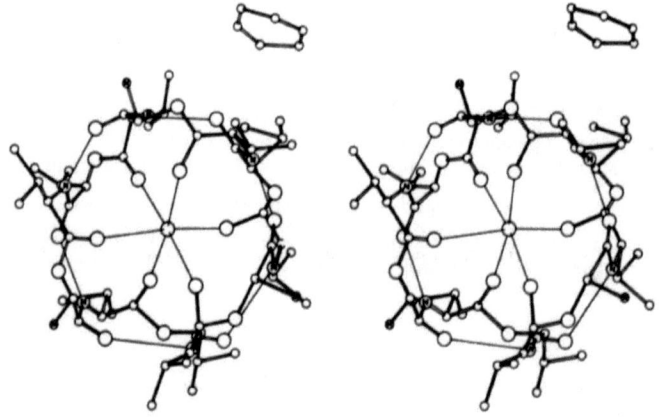

Abb. 3.7. Stereoaufnahmen von einem Modell des Kaliumkomplexes von Valinomycin.
Um den dreidimensionalen Effekt wahrzunehmen, ist das Schaubild in etwa 50 cm Entfernung von den Augen zu halten. Der Blick ist auf den Zwischenraum zwischen den beiden Modellen zu richten. Mit etwas Übung lassen sich drei Bilder erkennen. Das mittlere hat einen voll stereoskopischen Effekt.
Das zentrale Metallion ist von sechs Sauerstoffatomen umgeben. Stickstoffatome sind mit N bezeichnet und die Methylgruppen der Milchsäurereste mit M. Wasserstoffbrückenbindungen werden durch einfache Linien gekennzeichnet. Der einzelne hexagonale Ring ist Hexan, das zur Kristallisation verwendet wurde. Das Diagramm wurde nach Röntgen-kristallographischen Daten mit einem Computerprogramm hergestellt, das von CARROLL K. JOHNSON, Oak Ridge, Tennessee geschrieben wurde. Wir danken MARY PINKERTON und L. K. STEINRAUF, die uns dieses Bild zur Verfügung gestellt haben

3. Antibiotika, die Komplexe mit Kalium bilden

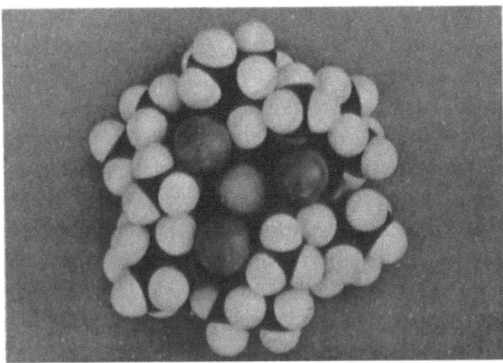

Abb. 3.8. Modell des Kaliumkomplexes von Enniatin B mit dem zentralen Kaliumatom und mit drei der es umgebenden Sauerstoffatome. Die äußere hydrophobe Hülle, die auf die Seitenketten zurückzuführen ist, ist ebenfalls zu sehen. Nachgedruckt mit Genehmigung der Academic Press Ltd., aus M. DOBLER, J. D. DUNITZ und J. KRAJEWSKI, Journal of Molecular Biology 42, (1969) 603

lich ähnliche Komplexe vorliegen. Ein Kaliumion, das aus wässeriger Lösung in einen solchen Komplex eingebaut wird, muß seine normale Hydrathülle abgeben. Die Fähigkeit zur Bildung solcher Komplexe ist mit hoher Wahrscheinlichkeit mit der Wirkung der Depsipeptide auf die Zellmembranen verbunden. Es steht jedoch noch nicht genau fest, wie die Depsipeptide reagieren, ob z. B. die Komplexe als Trägermoleküle fungieren, die das Kaliumion durch die Membran transportieren, oder ob die Verbindungen in die Membran eingebaut werden und dadurch „Poren" bilden, die speziell für Kaliumionen durchlässig sind. Die Wirkung der Depsipeptid-Antibiotika ist nicht auf biologische Systeme beschränkt. Sie begünstigen auch den Durchtritt von Kaliumionen durch künstliche Membranen. Dieser Eigenschaft hat man sich bedient, um flüssige Membranenelektroden zu bauen. Die Membran besteht aus einem „Millipore" Filter, das mit einer Lösung aus Valinomycin in Diphenyläther getränkt ist. Die Elektrode dient dazu, Kaliumionenkonzentrationen im Bereich von 0.01—100 mM zu bestimmen und zeigt ein Selektivitätsverhältnis von 5000 : 1 für Kaliumionen verglichen mit Natriumionen.

Wie aus der Zusammensetzung der Komplexe zu erwarten, hängt die strukturelle Spezifität der Depsipeptide in hohem Maße von der Ringgröße und der optischen Konfiguration der Zentren ab, die zur Bindung des Kaliumatoms beitragen. Bemerkenswert ist, daß in dem aus 12 Einheiten aufgebauten Valinomycin D- und L-Konfigurationen paarweise, in den aus 6 Einheiten aufgebauten Enniatinen D- und L-Konfigurationen einzeln nacheinander abwechseln. Die Hälfte der Valine im Valinomycin besitzt D- und die andere Hälfte L-Konfigurationen. Die enantiomere Form des Valinomycins, in der alle Hydroxy- und Aminosäuren als ihre optischen Antipoden vorliegen, behält volle antibiotische Wirksamkeit. Die Form des Enantiomers ist aufgrund der symmetrischen Struktur des Moleküls der des Stammoleküls sehr ähnlich. Die Seitenketten der Hydroxy- und Aminosäurereste in den Depsipeptiden können verändert werden, ohne daß dadurch die antibakterielle Wirksamkeit stark beeinflußt wird. Es scheint von Bedeutung zu sein, daß die Gruppen unpolar sind und so zusammenpassen, daß sie eine hydrophobe Hülle um das Äußere des Moleküls bilden. Das könnte entscheidend dafür sein, daß der Kaliumkomplex in die Zellmembran eingebaut werden kann.

Die Makrotetrolide, eine andere Gruppe von Antibiotika, scheinen eine ähnliche Wirkungsweise wie die Depsipeptide zu haben. Diese Verbindungen, am Beispiel des Nonactins (Abb. 3.9) erläutert, haben eine zyklische Struktur mit vier chemisch identischen über Esterbindungen verknüpften Einheiten. Diese Einheiten, von denen jede 4 asymmetrische Zentren hat, kommen als enantiomere Formen vor und alternieren entlang der Ringstruktur. Das gesamte Molekül erhält auf diese Weise eine *meso*-Konformation und ist dadurch optisch inaktiv. Die Makrotetrolide bilden ebenfalls Kaliumkomplexe, in denen das Kalium in einem Käfig aus acht Sauerstoffatomen eingeschlossen ist (den Carbonyl- und Tetrahydrofuran-Sauerstoffatomen). Der Rest des Moleküls bildet eine äußere hydrophobe Hülle. Um diese Struktur zu formen, wird der Ligand ähnlich wie die Naht eines Tennisballes gefaltet und durch Wasserstoffbrückenbindung in dieser Form gehalten.

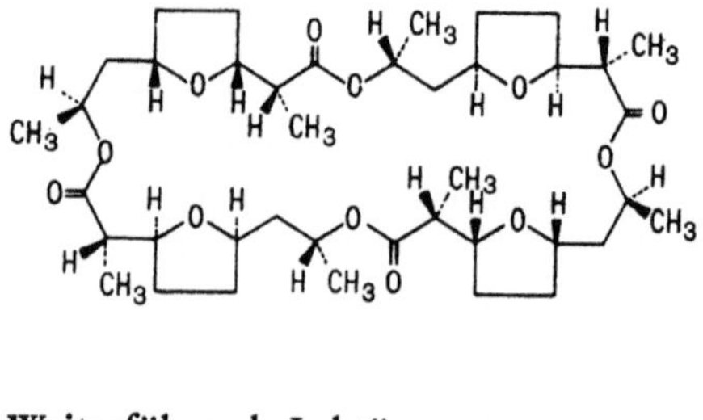

Abb. 3.9. Nonactin

Weiterführende Lektüre

BEAN, H. S.: "Types and characteristics of disinfectants", in *J. Appl. Bacteriol.*, *30* (1967) 6.
SYKES, G.: *Disinfection and Sterilization*, 2nd ed. (Spon Ltd., London, 1965).

3. Antibiotika, die Komplexe mit Kalium bilden

HUGO, W. B.: "The mode of action of antibacterial agents", in *J. Appl. Bacteriol., 30* (1967) 17.

RUSSELL, A. D.: "The mechanism of action of some antibacterial agents", in *Progress Med. Chem., 6* (1969) 135.

BODANSZKY, M. and PERLMAN, D.: "Peptide antibiotics", in *Science, 163* (1969) 352.

KINSKY, S. C.: "Membrane sterols and the selective toxicity of polyene antifungal antibiotics", in *Antimicrobial Agents and Chemotherapy* (American Society for Microbiology, 1963), S. 387.

HAROLD, F. M.: "Antimicrobial agents and membrane function", in *Adv. Microbial Physiol., 4* (1970) 46.

Kapitel IV. Hemmung der Genfunktion 1. Hemmstoffe der Nukleinsäuresynthese

Viele antimikrobielle Substanzen, sowohl synthetische Verbindungen als auch natürliche Produkte, sind hochwirksame Hemmstoffe der Biosynthese der Nukleinsäuren. Nur wenige dieser Hemmstoffe haben jedoch klinische Verwendung als antimikrobielle Medikamente gefunden, da die meisten von ihnen zwischen der Nukleinsäuresynthese des infizierenden Mikroorganismus und der der Wirtszelle keinen Unterschied machen. Die Hemmstoffe der Nukleinsäuresynthese sind daher gewöhnlich für den Wirt zu toxisch, um gefahrlos als antimikrobielle Wirkstoffe verwendet werden zu können. Es gibt jedoch einige wenige wertvolle antibakterielle und antiparasitäre Wirkstoffe, die eine Ausnahme von dieser Regel bilden. Einige Hemmstoffe der Nukleinsäuresynthese finden gegen Krebs Anwendung. Da sie sich aber gegenüber normalen und neoplastischen Zellen nicht selektiv verhalten, können sie für den Patienten gefährlich werden. Sie wirken nämlich nicht nur auf die sich vermehrenden Krebszellen, sondern ebenso auf alle normalen Körperzellen, die sich schnell teilen. Unter den cytostatischen Verbindungen befinden sich sowohl viele synthetische Derivate der Purine und Pyrimidine als auch verschiedene alkylierende Substanzen, die mit der Nukleinsäure reagieren. In diesem Buch werden in erster Linie solche Hemmstoffe der Nukleinsäuresynthese behandelt, die in der Natur vorkommen. Von den synthetischen Verbindungen werden nur diejenigen erwähnt, deren Wirkung auf die Nukleinsäuresynthese in Mikroorganismen besonders interessant ist.

Die DNS-Synthese und die Synthese der verschiedenen RNS-Arten sind wichtige Funktionen von sich teilenden und wachsenden Zellen. Deshalb führt eine Hemmung der DNS-Synthese auch rasch zu einer Hemmung der Zellteilung. Außerdem sind die Biosynthese und der interzelluläre Austausch von extrachromosomalen DNS-Elementen in Bakterien, den Episomen und Plasmiden, von Bedeutung, um eine flexible Anpassung der Bakterien an eine sich ständig ändernde Umwelt zu gewährleisten (Kapitel 7).
Wird die RNS-Synthese gehemmt, dann hört auch die Proteinsynthese auf. Der Zeitraum zwischen der Hemmung der RNS-Synthese, ausgelöst durch einen Wirkstoff wie z. B. Actinomycin D, und der daraus resultie-

renden Störung der Proteinbiosynthese kann als Hinweis auf die Geschwindigkeit dienen, mit der m·RNS in unversehrten Zellen umgesetzt und abgebaut wird.

1. Klassen von Nukleinsäuresynthese-Hemmstoffen

Substanzen, die die Nukleinsäuresynthese hemmen, lassen sich in zwei Hauptklassen einstufen. Die eine schließt alle Hemmstoffe ein, die auf die Synthese der „Bausteine" von Nukleinsäuren, der Purin- und Pyrimidinnukleotide, einwirken. Wird die Synthese eines der für die Nukleinsäuresynthese erforderlichen Nukleosidtriphosphate unterbrochen, hört die weitere makromolekulare Synthese auf, sobald der Vorrat an Nukleotidvorläufern erschöpft ist. Diese Klasse der Hemmstoffe schließt viele synthetische strukturanaloge Verbindungen von Purinen und Pyrimidinen und ihren jeweiligen Nukleosiden ein, obwohl auch einige natürliche Produkte mit der Purinnukleotid-Biosynthese interferieren.

Die anderen Hemmstoffe wirken auf die Polymerisation der Nukleotide zu Nukleinsäuren hemmend. Oft entsteht diese Art von Hemmung durch eine Wechselwirkung zwischen dem Hemmstoff und der DNS. Diese Wechselwirkung blockiert entweder die DNS-Replikation oder die Matrizenfunktion der DNS bei der RNS-Synthese. Andere Hemmstoffe der Polymerisation von Nukleosidtriphosphaten können direkt die enzymatische Funktion der Polymerase verhindern.

2. Hemmstoffe der Biosynthese von Nukleotidvorläufern

Die Biosynthesekette, die zur Bildung von Adenin- und Guanin-Nukleosidmonophosphaten führt, ist in Abb. 4.1 zusammengefaßt. Wir nehmen nur auf die Schritte Bezug, die für die Wirkungsweise der Hemmstoffe von Bedeutung sind.

a) *Azaserin und 6-Diazo-5-Oxo-L-Norleucin* (DON)

Beide Antibiotika werden von Streptomyceten gebildet und haben eine ziemlich ähnliche Struktur. Man kann sie als analoge Verbindungen von Glutamin betrachten (Abb. 4.2). Azaserin und DON hemmen das Wachstum vieler Mikroorganismen. Da sie jedoch für Säuggetierzellen toxisch sind, wurden sie bisher klinisch nur als Medikamente mit Antitumorwirkung verwendet. Die Beobachtung, daß sie den Einbau von

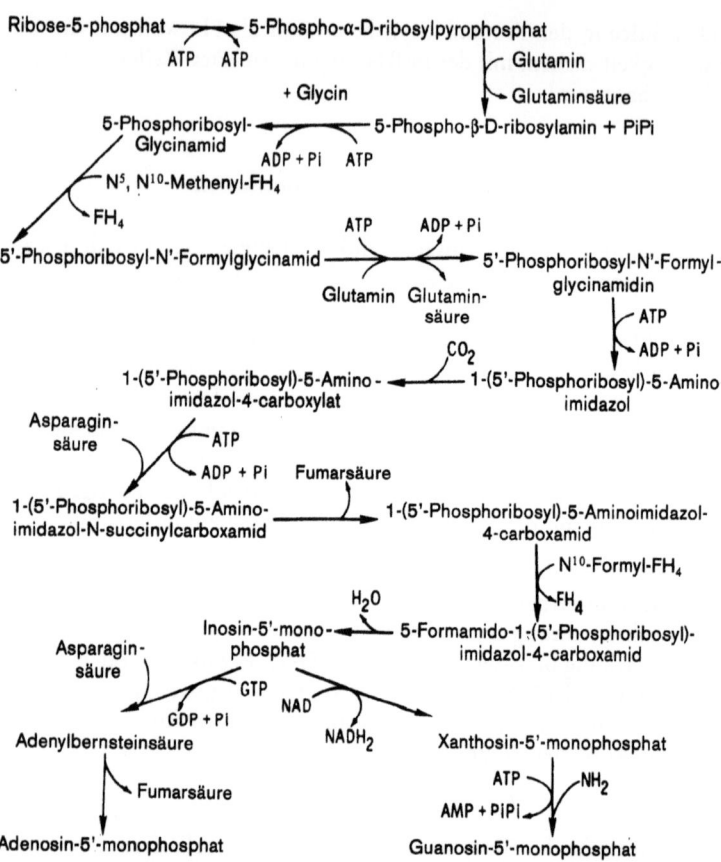

Abb. 4.1. Reaktionsfolge, die zu der Biosynthese von Adenin- und Guaninnukleotiden führt. P_i und P_{ii} bezeichnen anorganisches Phosphat bzw. Pyrophosphat; FH_4 bezeichnet Tetrahydrofolsäure. Die Aminogruppe, die an der Umwandlung von XMP in GMP beteiligt ist, stammt in Bakterienzellen aus Ammoniak, in Säugetierzellen jedoch aus Glutamin

Glycin und Formiat in die Nukleinsäuren der Zellen hemmen, den Einbau von vorgebildeten Purinbasen jedoch nicht beeinflussen, ist ein Hinweis auf ihre Wirkungsweise: Diese Antibiotika blockieren die *de novo* Synthese von Purinnukleotiden. Untersuchungen mit zellfreien Extrakten aus Taubenleber, die sehr aktiv sind in der Purinnukleotid-Synthese, ergeben, daß Azaserin die Akkumulation von Formylglycinamidribonukleotid (5′-Phosphoribosyl-N′-Formylglycinamid, 'FGAR') verur-

2. Hemmstoffe der Biosynthese von Nukleotidvorläufen

Abb. 4.2. Dieses Diagramm zeigt die strukturellen Ähnlichkeiten zwischen den Antibiotika Azaserin und Diazooxonorleucin ('DON') und der Aminosäure Glutamin

$$\begin{array}{ccc}
\text{COOH} & \text{COOH} & \text{COOH} \\
| & | & | \\
\text{HCNH}_2 & \text{HCNH}_2 & \text{HCNH}_2 \\
| & | & | \\
\text{CH}_2 & \text{CH}_2 & \text{CH}_2 \\
| & | & | \\
\text{O} & \text{CH}_2 & \text{CH}_2 \\
| & | & | \\
\text{C=O} & \text{C=O} & \text{C=O} \\
| & | & | \\
\text{CH} & \text{CH} & \text{NH}_2 \\
\| & \| & \\
\text{N}^+ & \text{N}^+ & \\
| & | & \\
\text{N}^- & \text{N}^- & \\
\\
\text{Azaserin} & \text{'DON'} & \text{Glutamin}
\end{array}$$

sacht. Diese Wirkung von Azaserin, wie auch die von DON, wird von Glutamin teilweise aufgehoben. Es scheint, als ob diese beiden Hemmstoffe mit Glutamin um eine Enzymstelle konkurrieren, die normalerweise von dieser Aminosäure eingenommen wird. Azaserin geht eine irreversible Bindung mit der Sulfhydrylgruppe des Enzyms ein, das an der Umwandlung von FGAR in die entsprechende Aminoverbindung beteiligt ist. Vermutlich hat DON eine ähnliche Wirkung, obwohl es dafür keine Beweise gibt.

Der Leser wird der Reaktionsfolge in Abb. 4.1 entnehmen können, daß Glutamin auch an der Umwandlung von 5-Phosphoribosyl-1-pyrophosphat in 5-Phosphoriboxylamin und an der Aminierung von XMP in GMP beteiligt ist. Sowohl Azaserin als auch DON hemmen tatsächlich diese Reaktionen, aber aus noch unbekannten Gründen sehr viel weniger als die Aminierung von FGAR. Azaserin und DON wirken außerdem auf eine Vielzahl von biochemischen Reaktionen hemmend, an denen Glutamin beteiligt ist. Als ihre Hauptwirkung kann jedoch die Hemmung der Purinnukleotid-Biosynthese angesehen werden.

Trotz vieler Ähnlichkeiten zwischen Azaserin und DON gibt es auch wichtige Unterschiede zwischen den beiden Antibiotika. Als Hemmstoff der Purinnukleotid-Biosynthese ist DON — der Grund dafür ist noch nicht bekannt — wesentlich wirksamer als Azaserin. Außerdem besitzt Azaserin mutagene Eigenschaften, die DON nicht hat.

b) Hadacidin

Hadacidin (N-Formylhydroxyaminoessigsäure), ein Produkt vieler Arten von Penicillium, ist eine analoge Verbindung und ein Antagonist der L-Asparaginsäure (Abb. 4.3). Es wirkt sowohl antibakteriell als auch cytostatisch; allerdings hat sich seine klinische Wirksamkeit gegen maligne Wucherungen bei Menschen als enttäuschend erwiesen. Biochemisch gesehen ist Hadacidin jedoch von großem Interesse, da es die Fähigkeit besitzt, eine Reaktion, an der L-Asparaginsäure beteiligt ist, in sehr spezifischer Weise zu hemmen.

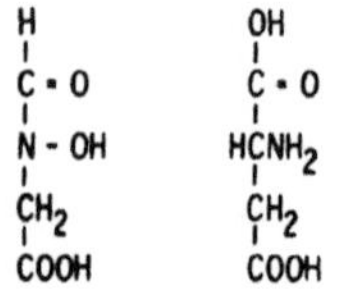

```
   H              OH
   |              |
   C = O          C = O
   |              |
   N - OH         HCNH₂
   |              |
   CH₂            CH₂
   |              |
   COOH           COOH
Hadacidin   L-Asparaginsäure
```

Abb. 4.3. Hadacidin, ein Antibiotikum, das ein Analogon der L-Asparaginsäure darstellt

Hadacidin hemmt den Einbau verschiedener Vorläufer in die Adeninnukleotide, während die Verbindung auf die Biosynthese von Guaninnukleotiden nicht wirkt. Tatsächlich hemmt das Antibiotikum die Umwandlung von IMP in Adenylbernsteinsäure. Die Hemmung kann durch L-Asparaginsäure teilweise aufgehoben werden. Diese Ergebnisse wurden mit Präparaten aus Tumorzellen von Säugetieren erhalten. Gereinigte Adenylsuccinatsynthetase aus *Escherichia coli* ist ebenfalls Hadacidin gegenüber sensitiv. Das Antibiotikum wirkt auch hier als kompetitiver Hemmstoff von L-Asparaginsäure. In dieser Reaktion ist der K_m-Wert für L-Asparaginsäure 1.5×10^{-4}M (pH 8.0), während K_i für Hadacidin 4.2×10^{-6}M ist. Hadacidin stellt daher bei der Umwandlung von IMP in Adenylbernsteinsäure einen ziemlich wirksamen kompetitiven Antagonisten der L-Asparaginsäure dar. Um so erstaunlicher ist es, daß Hadacidin bei anderen Reaktionen, an denen L-Asparaginsäure beteiligt ist, nur geringe oder gar keine antagonistische Wirksamkeit gegen diese Aminosäure entwickelt. Hadacidin beeinflußt z.B. nicht die Umwandlung von 1-(5'-Phosphoribosyl)-5-Aminoimidazol-4-carboxylat in das entsprechende Amid, wozu ebenfalls L-Asparaginsäure erforderlich ist. Auch bei der Pyrimidinbiosynthese wirkt Hadacidin nur sehr schwach kompetitiv gegenüber L-Asparaginsäure. Auch auf die Proteinbiosynthese zeigt es keine direkte Wirkung. Offenbar wirkt Hadacidin als Antagonist von L-Asparaginsäure nur unter den spezifischen Bedingungen, die für die Amidierung von IMP gegeben sind. Bis jetzt konnte noch keine molekulare Erklärung für diese einzigartige Spezifität von Hadacidin gefunden werden.

c) Psicofuranin

Psicofuranin ist ein interessantes Beispiel für ein natürlich vorkommendes Antibiotikum (aus *Streptomyces hygroscopicus* var. *decoyicus*) mit einer Nukleosidstruktur (Abb. 4.4). Es zeigt ebenfalls sowohl antibakterielle als auch cytostatische Wirkung. Da jedoch Psicofuranin Pericarditis beim Menschen verursachen kann, ist seine Anwendung als Heilmittel gegen Krebs stark eingeschränkt. Diese Art von Toxizität konnte unter experimentellen Bedingungen bei Versuchstieren einschließlich Primaten jedoch nicht beobachtet werden. Ungeachtet seiner strukturellen Ähnlichkeit mit Adenosin hemmt Psicofuranin die Nukleinsäuresynthese in Bakterien durch Blockierung des letzten Schritts in der Biosynthese von GMP, d.h. die Aminierung von XMP. Das Enzym, das diese Reaktion in der *E. coli*-Zelle katalysiert, wird von Psicofuranin und ebenso von dem eng verwandten Antibiotikum Decoyinin (Abb. 4.4) nicht-kompetitiv gehemmt. Diese Hemmung wird durch Adenosin aufgehoben, das seinerseits die XMP-Aminase nicht-kompetitiv hemmen kann. Die Hemmung durch Psicofuranin kann weder von Xanthosin

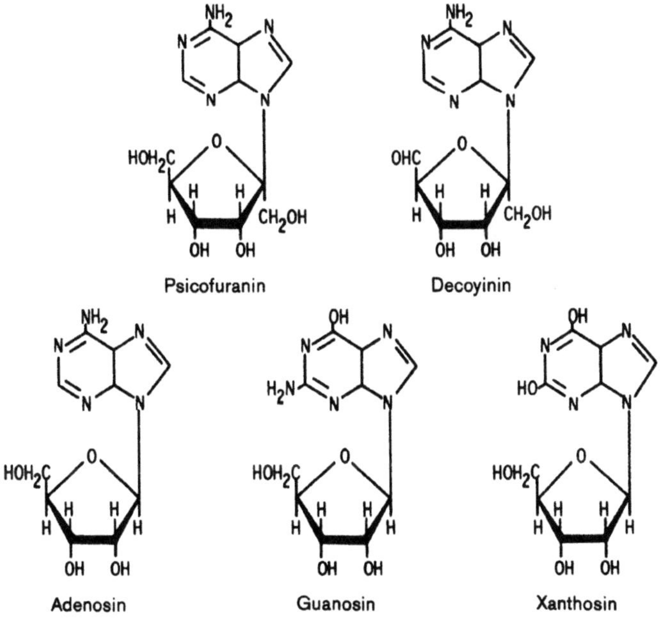

Abb. 4.4. Zwei Nukleosid-Antibiotika, Psicofuranin und Decoyinin, verglichen mit normalen Purinnukleosiden

noch von Guanosin reversibel gemacht werden. Durch Behandlung mit bestimmten Reagentien wie Harnstoff und 2-Mercaptoäthanol läßt sich die XMP-Aminase gegen die Wirkung von Psicofuranin und Decoyinin unempfindlich machen, wobei die katalytische Aktivität des Enzyms erhalten bleibt. Daraus kann man schließen, daß diese Antibiotika nicht am aktiven Zentrum des Enzyms eingreifen, sondern an einem *allosterischen* Ort, der eine negative Kontrollfunktion auf das native Enzym ausübt. Man nimmt an, daß die Desensitivierung den allosterischen Ort so verändert, daß die hemmende Wirkung der Nukleosidderivate aufgehoben wird, möglicherweise dadurch, daß sie nicht mehr an dieser Stelle gebunden werden können. Adenosin übt vermutlich durch die Hemmung der XMP-Aminase eine Kontrollfunktion im Purinnukleotid-Metabolismus aus.

Man sollte sich vor Augen halten, daß diese Untersuchungen über die Wirkungsweise von Psicofuranin an bakterieller XMP-Aminase durchgeführt wurden. Während jedoch das bakterielle Enzym Ammoniak als Donor für die Aminogruppe direkt verwendet, braucht das Enzym der Säugetierzelle Glutamin. Es wäre interessant zu wissen, ob Psicofuranin und Decoyinin die gleiche hemmende Wirkung auf das Enzym der Säugetierzelle wie auf das *E. coli*-Präparat ausüben.

d) Mycophenolsäure

Dieses Antibiotikum gehört zu den ältesten dieser Verbindungen, denn es wurde bereits im Jahr 1896 als ein Produkt von *Penicillium stoliniferum* entdeckt. Chemische Untersuchungen gaben schließlich, etwa 50 Jahre später, Aufschluß über seine Struktur (Abb. 4.5). Die antibakterielle Wirksamkeit der Mycophenolsäure ist sehr begrenzt. Mehr Erwähnung verdient seine Wirksamkeit gegenüber einer Reihe von Pilzen.

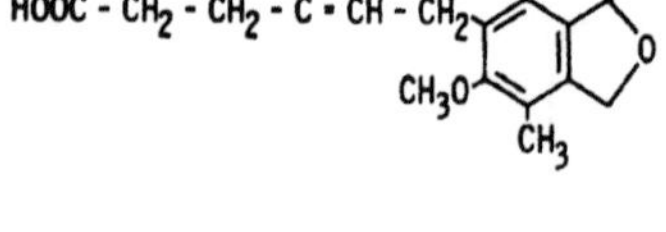

Abb. 4.5. Mycophenolsäure

Die eigentliche Bedeutung dieses Antibiotikums liegt jedoch in seiner cytostatischen Wirkung, seitdem kürzlich die Entdeckung gemacht wurde, daß Mycophenolsäure gegenüber vielen experimentell induzierten Tumoren bei Nagetieren eine ausgezeichnete Wirkung zeigt. Gegenwärtig prüft man Mycophenolsäure auf ihre Wirkung gegenüber vielen Arten von bösartigen Geschwulsten beim Menschen.

Mycophenolsäure hemmt stark die DNS-Synthese und bei kultivierten Säugetierzellen in geringerem Maße auch die RNS-Synthese. Die Hemmung der Nukleinsäuresynthese wird durch Guanin, nicht jedoch durch Adenin, Hypoxanthin oder Xanthin aufgehoben. Die Wirkungsweise des Antibiotikums beruht auf der Hemmung des Enzyms, das IMP in XMP verwandelt, d. h. der IMP-Dehydrogenase (IMP-NAD-Oxidoreduktase). Alle bis jetzt in diesem Kapitel beschriebenen Hemmstoffe sind Strukturanaloge und Antagonisten der natürlichen Zwischenprodukte in der Biosynthese der Purinnukleotide. Bei der Mycophenolsäure läßt sich jedoch nur schwer irgend eine bezeichnende strukturelle Ähnlichkeit mit IMP oder NAD oder einem sonstigen Zwischenprodukt im Purinnukleotid-Metabolismus erkennen. Wenn auch der Phthalanring der Mycophenolsäure eine gewisse Ähnlichkeit mit dem Purin-Ringsystem aufweist, so ist es doch unwahrscheinlich, daß diese Ähnlichkeit bei der Hemmung der IMP-Dehydrogenase eine Rolle spielt. Die Kinetik der Hemmung dieses Enzyms durch Mycophenolsäure läßt sich nicht mit der Wechselwirkung durch eine strukturanaloge Verbindung von IMP erklären. Präparate von IMP-Dehydrogenase aus *E. coli* sind Mycophenolsäure gegenüber nicht sensitiv, während das Ribonukleotid von 6-Mercaptopurin beispielsweise einen starken Hemmstoff für das Enzym aus Säugetier- und Bakterienzellen darstellt. Diese gegensätzliche Wirkung der Mycophenolsäure auf die IMP-Dehydrogenasen von Bakterien- und Säugetierzellen könnte ein Hinweis auf signifikante strukturelle Unterschiede dieser Enzyme in prokaryotischen und eukaryotischen Zellen sein.

Der eigentliche Mechanismus, nach dem die Mycophenolsäure die IMP-Dehydrogenase von Säugetierzellen hemmt, ist unbekannt. Möglicherweise wirkt diese Substanz auf die stufenweise Addition von IMP, NAD$^+$ und K$^+$ an das Enzym, die zur Bildung aktiver Enzym-Substrat-Komplexe führt, oder auf die nachfolgenden Dissoziationen. Es ist denkbar, daß Mycophenolsäure Konformationsänderungen des Enzyms herbeiführen kann, welche die normalen Funktionen negativ beeinflussen. Für diese Annahme gibt es jedoch keine experimentellen Beweise.

3. Hemmstoffe der Nukleinsäuresynthese mit Wirkung auf der Polymerisationsebene

Die Nukleosidtriphosphate werden in der Endphase der Nukleinsäuresynthese zu einer Polynukleotidkette kondensiert, in der die Nukleosidbestandteile durch 3'—5' Phosphodiesterverknüpfungen verbunden werden. Während der Polymerisation wird anorganisches Phosphat gebildet. Unter der Katalyse der entsprechenden Polymerase werden die Nukleosidtriphosphate sequentiell verknüpft. Die Biosynthese des Polynukleotids verläuft in 5′–3′ Richtung. Die Reihenfolge, in der die Nukleotide zusammengefügt werden, ist durch Basenpaarung mit dem als Matrize dienenden Strang der DNS genau bestimmt. Bei der DNS-Synthese verlangt die Initiierung des neuen Stranges noch einen Starter (Primer), d.h. einen Strang, der mit einer freien 3′-Hydroxylgruppe endet, an die das erste Nukleotid kondensiert werden kann. Die RNS-Synthese braucht zur Initiierung keinen Starter. Während der Replikation von doppelsträngiger helikaler DNS werden möglicherweise beide Stränge gleichzeitig, aber in entgegengesetzter Richtung kopiert. Bei der RNS-Synthese wird nur der sog. „Plusstrang" der DNS als Matrize verwendet.

Inhibitoren der Polynukleotid-Polymerisation wirken entweder durch Störung der Matrizenfunktion der Nukleinsäure oder direkter durch Hemmung der spezifischen Polymerase. Substanzen, welche die Matrizenfunktion stören, interkalieren auf irgendeine Art mit der Nukleinsäure. Diese Wechselwirkung von Hemmstoff und Nukleinsäure führt gewöhnlich zu tiefgreifenden Veränderungen der physikalischen Eigenschaften des Makromoleküls. Während die Hemmung der Polymerasefunktion indirekt aus der Wechselwirkung zwischen dem Hemmstoff und dem Matrizenmolekül resultieren kann, kann die Hemmung der Polymeraseaktivität von einem direkten Angriff des Hemmstoffs auf das Enzym oder auf den spezifischen subzellulären Ort des Matrizen-Enzym-Komplexes herrühren. Es wird angenommen, daß sich, zumindest bei Bakterien, dieser subzelluläre Ort an der Zellmembran befindet.

a) Actinomycin D

Dieses kompliziert aufgebaute Antibiotikum wurde vor nahezu 30 Jahren entdeckt. Actinomycin D ist eine überaus toxische Substanz und daher als antimikrobieller Wirkstoff therapeutisch nicht zu gebrauchen.

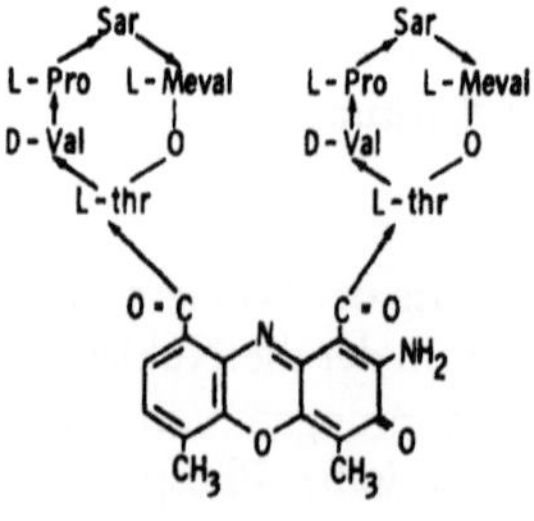

Abb. 4.6. Actinomycin D, manchmal als Dactinomycin bezeichnet.
Thr = Threonin, Val = Valin, Pro = Prolin, Sar = Sarcosin, Meval = N-Methylvalin

3. Hemmstoffe der Nukleinsäuresynthese

Durch die rasche Entwicklung der Molekularbiologie in den letzten Jahren hat jedoch Actinomycin D große Bedeutung erlangt, und zwar sowohl in der Forschung wie auch als therapeutischer Wirkstoff für die Behandlung bestimmter Arten von Krebs, insbesondere für die Behandlung eines Nierentumors bei Kindern, der unter der Bezeichnung Wilmscher Tumor bekannt ist.

Die Bedeutung, die Actinomycin D jetzt erlangt hat, verdankt es seiner Fähigkeit, die DNS-abhängige RNS-Synthese zu unterdrücken, und zwar in Konzentrationen, die beträchtlich unter denen liegen, die die DNS-Replikation hemmen. Eine interessante Versuchsreihe hat ergeben, daß Actinomycin D auf äußerst ungewöhnliche und spezifische Weise eine Verbindung mit der Doppelstrang-DNS eingeht. Es ist so gut wie sicher, daß diese Bindung für die Fähigkeit des Antibiotikums verantwortlich ist, die DNS-abhängige RNS-Synthese zu hemmen. Die Wechselwirkung zwischen DNS und Actinomycin D läßt sich leicht demonstrieren. Die Zugabe von DNS zu Lösungen des Antibiotikums führt zu einer sofortigen Veränderung im Spektrum von Actinomycin D. Gibt man dagegen RNS zu, so tritt diese Wirkung nicht auf. Wenn DNS zu Lösungen von biologisch inaktiven Derivaten von Actinomycin D gegeben wird, so treten keine Veränderungen in deren Spektren auf. Aufgrund dieser Beobachtung konnte man die hauptsächlichen strukturellen Merkmale des Actinomycin D-Moleküls, die für die Wechselwirkung mit DNS von Bedeutung sind, weitgehend erklären.

(I) Die intakten, zyklischen Pentapeptidlaktone sind notwendig. Auf die Reihenfolge der Aminosäuren kommt es scheinbar nicht an, wird jedoch L-N-Methylvalin durch L-Valin ersetzt, so geht die Fähigkeit verloren, mit DNS in Wechselwirkung zu treten.

(II) Jede Veränderung der Aminogruppe des Chromophors (außer Monomethylierung) zerstört die biologische Aktivität des Wirkstoffs.

(III) Das Sauerstoffatom des Chinonringes ist für die Wirksamkeit dieser Verbindung ebenfalls wesentlich.

Außer den Veränderungen im Spektrum von Actinomycin D, die bei der Wechselwirkung mit DNS auftreten, werden die physikalischen Eigenschaften der Nukleinsäure selbst weitgehend verändert.

(I) Durch die Bindung von Actinomycin D an DNS wird die Schwimmdichte der Nukleinsäure erniedrigt.

(II) DNS mit hohem Molekulargewicht bildet aufgrund der starren, gestreckten Beschaffenheit der Doppelhelix sehr viskose Lösungen. Ein Zusatz von Actinomycin D verringert die Viskosität der DNS-Lösung.

(III) Mißt man die optische Dichte von Lösungen von helikaler DNS bei 260 nm bei kontinuierlicher Temperaturerhöhung, so läßt sich bei einer für die jeweilige DNS charakteristischen Temperatur ein plötzliches und deutliches Ansteigen der optischen Dichte erkennen. Dieser *hyperchrome Effekt* verläuft parallel zu der Trennung der beiden Stränge der Doppelhelix. Diese Trennung erfolgt, wenn die zugeführte Wärmeenergie die Wasserstoffbrückenbindungen aufbricht, die die Stränge zusammenhalten. Die Temperatur, bei welcher die halbe maximale Extinktionszunahme erreicht ist, bezeichnet man als T_m-Wert („Schmelzpunkt" T_m). Zusatz von Actinomycin D zu einer DNS-Lösung erhöht den T_m-Wert um 12—15°. Daraus kann man schließen, daß die Doppelhelix durch die Bindung zwischen DNS und dem Antibiotikum stabiler wird, da zur Trennung der Stränge eine höhere Wärmeenergie notwendig ist.

Die Struktur des Actinomycin D-DNS-Komplexes. Alles deutet eindeutig auf eine molekulare Wechselwirkung zwischen Actinomycin D und DNS hin. Befaßt man sich jedoch mit der Natur dieser Wechselwirkung etwas näher, befindet man sich schon auf weniger sicherem Boden. Einige wesentliche Eigenschaften der DNS müssen dazu erklärt werden: (I) Es ist allgemein anerkannt, daß die DNS Guanin enthalten muß, damit die Wechselwirkung mit dem Antibiotikum zustande kommt. Bei synthetischen DNS-Polymeren kann die Wechselwirkung auch über die verwandte Base 2,6-Diaminopurin (Abb. 4.7) anstelle von Guanin er-

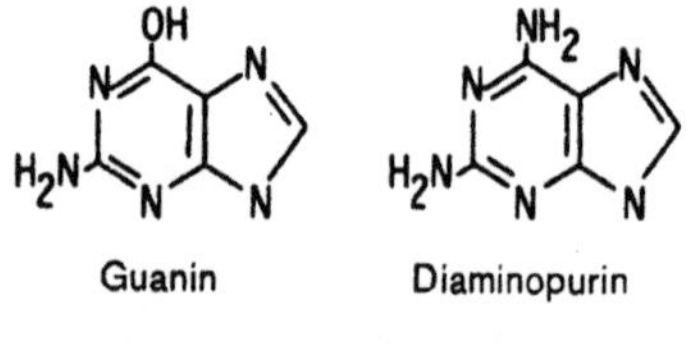

Abb. 4.7. Ersatz von Guanin durch 2,6-Diaminopurin in Doppelstrang-DNS führt ebenfalls zur Wechselwirkung mit Actinomycin D

folgen. (II) Die DNS muß eine doppelsträngige helikale Struktur besitzen. Wahrscheinlich ist das noch beobachtete geringe Bindungsvermögen zwischen Actinomycin D und hitzedenaturierter DNS auf die begrenzten helikalen Bereiche zurückzuführen, die beim schnellen Abkühlen der DNS entstehen. (III) Die Zuckereinheit muß Desoxyribose sein; doppelsträngige RNS (die Guanin enthält) geht keine Bindung mit Actinomycin D ein.

3. Hemmstoffe der Nukleinsäuresynthese

Vor einigen Jahren stellte man eine Theorie auf, um den DNS-Actinomycin D-Komplex zu beschreiben. Die Theorie gründete sich auf Modellstudien und auf der Röntgenanalyse des Komplexes, obwohl letztere allein nicht ausreicht, um die Struktur des Komplexes eindeutig festzulegen. In doppelsträngiger helikaler DNS treten zwei Spiralrillen auf (Abb. 4.8). Man nimmt an, daß Actinomycin D sich in die kleinere Rille

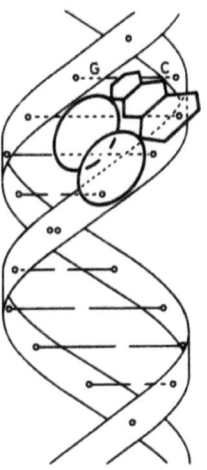

Abb. 4.8. Darstellung von Actinomycin D, wie es in der kleineren Rille von Doppelstrang-DNS vorliegt. Nachgedruckt mit freundlicher Genehmigung von Herrn Dr. M. J. WARING und den Herausgebern von „Nature". (*Nature, London, 219* (1968) 1320)

einschiebt und bis zu sieben Wasserstoffbrückenbindungen mit den angrenzenden Teilen des DNS-Moleküls bildet. Abb. 4.9 zeigt die Geometrie eines Teils dieser Wechselwirkung. Mit diesem Modell werden die für die Wechselwirkung notwendigen strukturellen Merkmale von Actinomycin D und der DNS ausgezeichnet erklärt. Ein unreduzierter, chinoider Sauerstoff des Antibiotikums ist beispielsweise unentbehrlich, wenn dieses als Akzeptor von Wasserstoffbrückenbindungen dienen soll. Zur Wasserstoffbrückenbindung ist auch eine freie, chromophore Aminogruppe notwendig. Vermutlich bilden die Peptidlaktonringe Wasserstoffbrückenbindungen zwischen den Stickstoffatomen der Peptidbindungen und den Sauerstoffatomen der Phosphodiesterbindungen des DNS-Stranges, der dem DNS-Strang mit dem Guanosinrest gegenüberliegt. Der Guanosinrest tritt mit dem Chromophor des Antibiotikums in Wechselwirkung.

Die Anwesenheit von Guanin in der DNS als Voraussetzung für diese Wechselwirkung wird in diesem Modell auf sehr elegante Art erklärt: Nur diese Base kann in natürlich vorkommender DNS ein Wasserstoff-

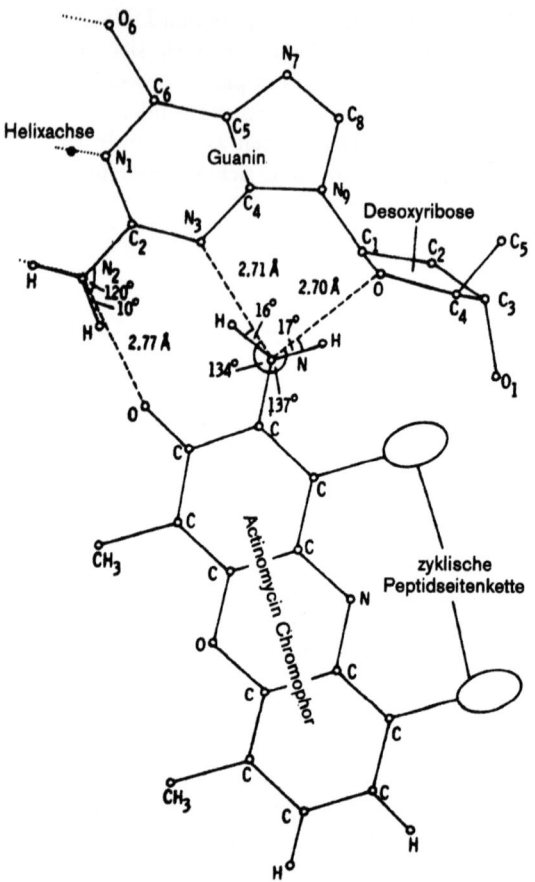

Abb. 4.9. Darstellung der Geometrie der vermuteten Wechselwirkung zwischen dem Chromophor von Actinomycin D und der Desoxyguanosin-Einheit der DNS in der kleineren Rille. Die gestrichelten Linien bezeichnen Wasserstoffbrückenbindungen zwischen Actinomycin D und DNS; die punktierten Linien Wasserstoffbrückenbindungen zwischen den Guanin- und Cytosinbasenpaaren der DNS. Nachgedruckt mit freundlicher Genehmigung von Herrn Dr. E. REICH und den Herausgebern von „Nature". (*Nature, London, 198* (1963) 538)

atom in der kleineren Rille bereitstellen, das an den chinoiden Sauerstoff des Antibiotikums bindet. 2,6-Diaminopurin, obwohl genau genommen eine analoge Verbindung von Adenin und weniger von Guanin, kann ebenfalls das entscheidende Wasserstoffatom in der kleineren Rille beitragen. Auf diese Weise ermöglicht es ebenfalls die Wechselwirkung

3. Hemmstoffe der Nukleinsäuresynthese

zwischen Actinomycin D und synthetischen DNS-Polymeren, in denen Guanin durch 2,6-Diaminopurin ersetzt ist. Schließlich zeigen Modellstudien, daß nur doppelsträngige helikale DNS in der hydratisierten B-Konfiguration die besondere sterische Anordnung besitzt, in der diese Art von Wechselwirkung stattfinden kann. Vielleicht geht Actinomycin D auch deshalb keine Wechselwirkung mit der Doppelstrang-RNS ein, weil dieses helikale Makromolekül in der A-Konfiguration vorliegt.

Interkaliert Actinomycin D? Obwohl das soeben geschilderte Modell die Hauptmerkmale der DNS-Actinomycin D-Wechselwirkung recht befriedigend erklären kann, stellt es nicht das einzig mögliche Modell dar. Ein anderer Vorschlag sieht vor, daß das Antibiotikum mit dem DNS-Molekül möglicherweise interkaliert. Die Vorstellung des Interkalierens hat, wie wir später noch sehen werden, am meisten Zustimmung als Erklärung für die Wechselwirkung zwischen Acridin- oder Phenanthridinverbindungen und DNS gefunden. Interkalieren bedeutet, daß planare Moleküle mit kondensierten Ringsystemen an DNS binden können, indem sie ihr kondensiertes Ringsystem zwischen die angrenzenden übereinandergeschichteten Basenpaare der Doppelhelix schieben.

Ein Modell jüngeren Datums zeigt, daß das planare chromophore Ringsystem von Actinomycin D aus der kleineren Rille der DNS, die einem Guanin-Cytosin-Basenpaar gegenüberliegt, so eingeschoben wird, daß der chromophore Stickstoff auf diese Weise direkt unter die 2-Aminogruppe des Guanins zu liegen kommt. Die Peptidlaktonringe können in die kleinere Rille hineinragen, obwohl in bezug auf ihre genaue Anordnung noch Ungewißheit herrscht. Obwohl das Interkalierungsmodell von der Struktur her gesehen möglich ist, sprechen doch nur wenige physikalische Befunde dafür. Acridin und Phenanthridin erhöhen deutlich die Viskosität der DNS-Lösungen. Zwar nimmt auch die Viskosität der Lösungen von niedermolekularer DNS bei Zugabe von Actinomycin D zu, in Lösungen von hochmolekularer DNS sinkt die Viskosität jedoch ab. Vorausgesetzt, Actinomycin D interkaliert mit DNS, so sollte man erwarten, auf den Röntgenbeugungsaufnahmen der DNS bestimmte charakteristische Veränderungen zu entdecken. Derartige Veränderungen konnten jedoch nicht beobachtet werden. Die genaue Art der Wechselwirkung zwischen Actinomycin D und DNS steht noch nicht endgültig fest, obwohl physikalische Messungen eher das Modell der „kleineren Rille" als die Theorie des Interkalierens stützen.
Welche Erklärung auch immer für die DNS-Actinomycin-Wechselwirkung zutreffen mag, fest steht, daß sie die Verlängerung der RNS-Ket-

ten, die an der DNS-Matrize synthetisiert werden, blockiert. Andererseits ist die Initiierung neuer RNS-Ketten gegenüber dem Antibiotikum sehr viel weniger empfindlich. Actinomycin D verhindert die Bindung der RNS-Polymerase an die DNS-Matrize nicht. Die Hemmung der RNS-Kettenverlängerung ist daher vermutlich mit einer gestörten Bewegung der Polymerase durch den Bereich der DNS, an den das Antibiotikum bindet, zu erklären. Verglichen mit der alle Einzelheiten erfassenden Analyse der Wechselwirkung zwischen Actinomycin D und DNS ist der Mechanismus, nach dem das Antibiotikum die RNS-Polymerisation hemmt, relativ wenig erforscht. Wir werden dieses Problem wohl erst dann besser verstehen, wenn wir mehr über den Wirkungsmechanismus der RNS-Polymerase wissen.

Wie bereits erwähnt, wird durch die Bindung von Actinomycin D an DNS die thermische Stabilität der DNS verbessert. Es überrascht daher vielleicht, daß Konzentrationen dieses Antibiotikums, die zur Hemmung der RNS-Synthese ausreichen, nicht auch die DNS-Replikation blockieren, da bei diesem Prozeß eine Trennung der Stränge unbedingt erforderlich ist. Tatsächlich haben auch Konzentrationen, die die Schmelztemperatur der DNS deutlich erhöhen, einen hemmenden Einfluß auf die DNS-Replikation. Vermutlich kann die DNS-Replikase in Gegenwart der kleinen Mengen von DNS-gebundenem Actinomycin D, die bereits die RNS-Polymerase hemmen, noch normal arbeiten.

b) DNS-Interkalierung durch Acridine und Phenanthridine

Die Geschichte der Anwendung von Acridin-Farbstoffen in der Medizin reicht 50 Jahre zurück, als während des ersten Weltkriegs Proflavin (Abb. 4.10) zum ersten Mal als Desinfektionsmittel bei Verwundungen benutzt wurde. Proflavin ist zu toxisch, um als antibakterieller Wirkstoff für den Organismus geeignet zu sein. Die verwandte Acridinverbindung, Mepacrin (Abb. 4.10) fand dagegen als Heilmittel gegen Malaria weitverbreitete Anwendung. Die Phenanthridinverbindung Ethidium (Abb. 4.10) ist ein brauchbarer trypanozider Wirkstoff.

Alle diese Verbindungen binden an die Nukleinsäuren lebender Zellen, eine Eigenschaft, die die eigentliche Grundlage für die Lebendfärbung bildet, da die Nukleinsäure-Farbstoff-Komplexe unter dem Fluoreszenz-Mikroskop charakteristisch gefärbt sind. Acridine und Phenanthridine binden auch leicht an Nukleinsäuren *in vitro*, und die im sichtbaren Bereich liegenden Absorptionsspektren der gebundenen Moleküle werden *metachrom* nach höheren Wellenlängen verschoben. Zwei Arten von Bindungen an DNS lassen sich deutlich erkennen: eine feste *Primär-*

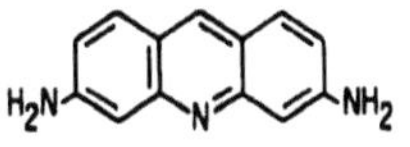

3. Hemmstoffe der Nukleinsäuresynthese   83

Proflavin

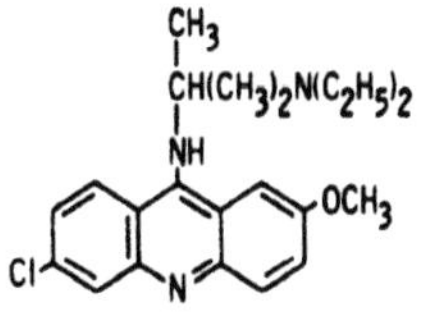

Mepacrin

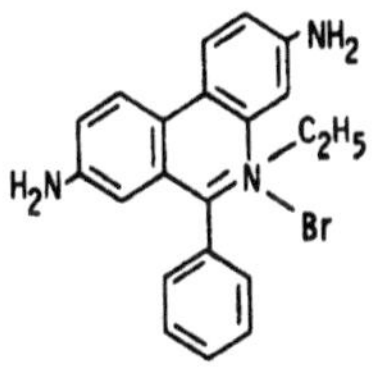

Ethidium

Abb. 4.10. Drei Moleküle, die mit DNS interkalieren

bindung und eine schwache *Sekundär*bindung. Die feste Primärbindung erfolgt immer nur mit DNS, während viele andere Polymere Acridine und Phenanthridine durch den Sekundärprozeß binden. Die Fähigkeit der Acridine und Phenanthridine, mit der Nukleinsäuresynthese in Wechselwirkung zu treten, beruht in erster Linie auf der festen Primärbindung an DNS. Bei der Wechselwirkung von Acridinen und Phenanthridinen mit DNS treten auffallende physikalische Veränderungen auf.

Die *Viskosität* der DNS-Lösungen nimmt stark zu, während der *Sedimentationskoeffizient** der DNS abnimmt. Die *thermische Stabilität* der DNS-Doppelhelix wird durch die Wechselwirkung erheblich größer. Das Ausmaß dieser Veränderungen ist proportional zu der Menge an DNS gebundenem Farbstoff.

Vor einigen Jahren wurde ein interessantes Modell für die Bindung vorgeschlagen, das eine befriedigende Erklärung für die physikalischen Veränderungen in der DNS anbietet. Dieses Modell ist bereits bei der Diskussion der Wechselwirkung von Actinomycin D mit DNS kurz erwähnt worden. In dem Modell *interkalieren* Acridine und Phenanthridine aufgrund der planaren Anordnung ihrer kondensierten Ringsysteme zwischen die übereinanderliegenden Basenpaare der DNS. Um diese Art der Interkalierung zu ermöglichen, muß sich die Doppelhelix vorübergehend lokal entwinden, damit zwischen den übereinanderliegenden

---

* Funktion der Geschwindigkeit, mit der Moleküle in der Ultrazentrifuge sedimentieren.

Basenpaaren Zwischenräume entstehen, in die das planare polyzyklische Molekül hineinpaßt. Dieses Aufwinden der Doppelhelix kann ein normal auftretender Vorgang der DNS sein. Abb. 4.11 ist ein häufig reproduziertes Schaubild, das schematisch zeigt, wie die polyzyklischen Strukturen zwischen den·übereinanderliegenden Basenpaaren interkalieren können. Die Wasserstoffbrückenbindung zwischen den Basenpaaren bleibt trotz der Verzerrung des Zucker-Phosphat-Rückgrats der Spirale unverändert. Die Lage des interkalierten Moleküls kann durch Elektronen-Wechselwirkung zwischen seinem kondensierten Ringsystem und den heterozyklischen Basen der DNS, die über und unter ihm liegen, stabilisiert werden. Der Komplex kann auch durch Wasserstoffbrückenbindung zwischen den Aminogruppen der gebundenen Moleküle und den geladenen Sauerstoffatomen der Phosphatgruppen im Zucker-Phosphat-Rückgrat stabilisiert werden.

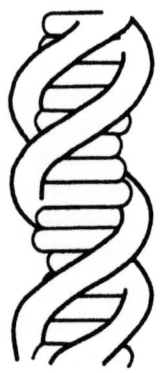

Abb. 4.11. Diese Schaubilder zeigen die Sekundärstruktur von normaler DNS (links) und von DNS, die interkalierte Moleküle enthält (rechts). Die übereinanderliegenden Basenpaare werden hin und wieder von interkalierten Molekülen unterbrochen, wodurch eine gewisse Verzerrung des Zucker-Phosphat-Rückgrats der DNS entsteht. Mit freundlicher Genehmigung von Herrn Dr. L. LERMAN und Wistar Press. (*Journal of Cellular and Comparative Physiology*, 64, Supplement 1 (1964 1)

Die Viskositätserhöhung von DNS-Lösungen nach Behandlung mit Acridinen und Phenanthridinen läßt sich möglicherweise dadurch erklären, daß durch das Interkalieren die DNS verlängert und dadurch die unregelmäßige tertiäre Verdrillung eingeschränkt wird, die die Doppelhelix erfahren kann. Der DNS-Farbstoff-Komplex ist aus diesem Grund starrer als die freie Nukleinsäure. Die Viskosität der Lösung wird durch diese zusätzliche Steifheit des DNS-Moleküls erhöht. Die Abnahme des Sedimentationskoeffizienten und der Schwimmdichte der DNS nach der Interkalierung beruht auf der Abnahme der Masse pro Längeneinheit der Nukleinsäure. Ein Proflavinmolekül z.B. verlängert die DNS genauso wie ein zusätzliches Basenpaar. Da Proflavin aber weniger als die halbe Masse eines Basenpaares besitzt, wird die Masse pro Einheitslänge der komplexierten DNS natürlich kleiner. Vermutlich ist die erhöhte thermische Stabilität von interkalierter DNS teilweise auf die Energie zurückzuführen, die zusätzlich zur Energie für die Trennung der Stränge erforderlich ist, um die gebundenen Moleküle aus der Doppelhelix zu entfernen. Zweifellos können auch elektrostatische Wechselwirkungen zwischen dem interkalierten Molekül und den beiden DNS-Strängen zur Stabilisierung der Doppelhelix beitragen.

Hemmung der Nukleinsäuresynthese nach der Interkalierung. Die interkalierenden Verbindungen hemmen in intakten Mikroorganismen und in zellfreien Extrakten *in vitro* sowohl die DNS-Synthese als auch die DNS-abhängige RNS-Synthese. Proflavin hemmt DNS-Polymerase und RNS-Polymerase gleich gut, während Ethidium bevorzugt DNS-Polymerase hemmt. Da die Trennung der Stränge ein entscheidender Vorgang bei der DNS-Replikation ist, kann die erhöhte Thermostabilität der Doppelhelix nach der Interkalierung einen wesentlichen Faktor bei der Hemmung der DNS-Replikation darstellen. Die Hemmung der DNS-abhängigen RNS-Synthese beruht wahrscheinlich auf einer gestörten Bindung der RNS-Polymerase an die DNS-Matrize durch die interkalierten Moleküle, mit dem Ergebnis, daß die Anzahl der Initationen von neuen RNS-Molekülen wesentlich herabgesetzt wird. Ist der Start der RNS-Synthese erfolgt, dann ist die Polymerisationsgeschwindigkeit jedoch beinahe normal.

Mutagene Wirkung des Acridins. Mutationen sind das Ergebnis von Basensubstitutionen oder von Insertionen und Deletionen von Basenpaaren in der DNS. Solche Veränderungen in der DNS können folgende Auswirkungen auf die Proteinbiosynthese haben: (I) Einbau einer einzigen „falschen" Aminosäure (*Missense*-Mutation) (II) Auslassen einer Aminosäure — ein Vorgang, der zum vorzeitigen Kettenabbruch führt — (*Nonsense*-Mutation) (III) Einbau vieler „falscher" Aminosäuren (*Frameshift*-Mutation). Basensubstitutionen führen entweder zu Missense- oder Nonsense-Mutationen, während Insertionen oder Deletionen von Basenpaaren Frameshift-Mutationen auslösen.

Von den Acridinen ist bekannt, daß sie in DNS-Bakteriophagen, wie z. B. T4, Mutationen auslösen. Um Mutanten zu erhalten, müssen die

Acridine zu einer Bakterienkultur während des Phagenreplikationszyklus zugefügt werden. Die Farbstoffe haben außerhalb der Bakterienzelle keine Wirkung auf den Bakteriophagen. Bis vor kurzem hat man keine eindeutige mutagene Wirkung der Acridine auf Bakterien nachweisen können, obwohl diese Verbindungen die Fähigkeit besitzen, an Bakterien-DNS zu binden. Die Erklärung dafür ist, daß Acridine offenbar nur dann mutagen sind, wenn die DNS an genetischer Rekombination beteiligt ist. Von geraden T-Phagen, wie z. B. T4, ist bekannt, daß sie während der Infektion von Bakterien rekombinieren. Hier lösen Acridine leicht Mutationen aus. Phagen, wie z. B. der Bakteriophage λ, die relativ selten an Rekombinationsvorgängen beteiligt sind, sind gegenüber der mutagenen Wirkung von Acridinen viel weniger empfindlich. Rekombination erfolgt gewöhnlich nicht während des normalen Wachstumszyklus der Bakterien. Aus diesem Grunde läßt sich die Mutagenität der Acridine bei Bakterien nur schwer nachweisen. Rekombination kann jedoch während der Konjugation von Gram-negativen Bakterien stattfinden. Betrachtet man den Bereich des Bakteriengenoms, in dem die Rekombination während der Paarung gewöhnlich stattfindet, so zeigt sich, daß Acridine auch in Bakterien Mutationen auslösen. Acridine lösen in Bakterien und Bakteriophagen eindeutig Frameshift-Mutationen aus. Nach dem Interkalationsmodell bewirkt das interkalierte Molekül bei dem Rekombinationsprozeß zwischen zwei gepaarten Chromosomen, daß der Raster immer da um die Länge eines Basenpaares verschoben wird, wo ein Acridin-Molekül im einen, aber nicht im anderen Chromosom vorhanden ist.

c) Quervernetzung der DNS-Stränge: Mitomycin und Porfiromycin

Mitomycin C und Porfiromycin (Abb. 4.12) gehören einer Reihe von chemisch verwandten Substanzen an, die von verschiedenen Arten von Streptomyceten produziert werden. Sie sind starke Mitosehemmer und töten sowohl Mikroorganismen als auch Säugetierzellen rasch ab. Daher finden sie nur in der Krebstherapie Anwendung.

Abb. 4.12. Mitomycin C (R = H) und Porfiromycin (R = CH_3)

Wie bereits erwähnt, erfolgt beim Erhitzen einer Lösung von doppelsträngiger DNS bei einer bestimmten Temperatur eine plötzliche Ab-

3. Hemmstoffe der Nukleinsäuresynthese 87

sorptionssteigerung bei 260 nm, da die Wasserstoffbrückenbindungen, die die komplementären Basenpaare der beiden Stränge verbinden, gebrochen werden. Sind die Polynukleotidketten einmal getrennt, verlieren sie ihre korrekte komplementäre Paarung. Die ursprüngliche Doppelhelixstruktur wird nur dann wiederhergestellt, wenn der Abkühlungsprozeß sehr langsam vor sich geht (das gilt für Bakterien- und Virus-DNS; bei Säugetierzellen-DNS wird der alte Zustand nur selten wiedererlangt). Vollzieht sich dagegen der Abkühlungsprozeß rasch, wird die vollständige Wiederherstellung des alten Zustandes nicht erreicht, da sich die komplementären Basenpaare nicht in ihrer richtigen Anordnung gruppieren können.

Dies gilt für normale DNS. DNS, die aus Bakterien isoliert wurde, die vorher mit Mitomycin-ähnlichen Verbindungen behandelt worden waren, zeigt ein abweichendes Verhalten. Das Absorptionsprofil ist bei Temperaturerhöhung im wesentlichen normal. Jedoch kann auch bei schnellem Abkühlen eine weitgehende Renaturierung der DNS beobachtet werden. Diese Eigenschaft der DNS von Mitomycin-behandelten Zellen ist offenbar auf das Vorhandensein hitzestabiler, kovalenter Quervernetzungen zwischen den komplementären Strängen zurückzuführen. Obwohl die Wasserstoffbrückenbindungen beim Erhitzen der DNS aufgehen, werden die kovalenten Quervernetzungen nicht gebrochen und halten die beiden Stränge zusammen. Während des Abkühlens wird dadurch die Wasserstoffbrückenbindung zwischen den richtigen Basenpaaren leichter ausgebildet, und die Doppelhelix kann sich ohne weiteres wieder neu bilden (Abb. 4.13). Gibt man *in vitro* zu DNS-Lösungen Mitomycin, so lassen sich keine Quervernetzungen nachweisen. Zweifellos ist irgend eine Art metabolische Aktivierung des Wirkstoffs erforderlich. Tatsächlich findet *in vivo* eine NADPH-abhängige, enzymatische Reduktion von Mitomycin zu dem Hydrochinon-Derivat statt. Eine chemische Reduktion *in vitro* mit Agentien wie z.B. Borhydrid oder Dithionit überführt Mitomycin ebenfalls in eine Verbindung, die DNS quervernetzen kann. Sehr wahrscheinlich nimmt der Aziridinring des reduzierten Mitomycins an der Bildung einer kovalenten Verknüpfung mit DNS teil, obwohl die Art der zweiten Verknüpfung noch ungewiß ist. Das Carboniumion in der C_{10}-Stellung könnte jedoch ebenfalls eine alkylierende Funktion ausüben. Die Bindungsstellen am DNS-Molekül sind noch weniger bekannt. Zur Erklärung für die geringfügige Verzerrung der DNS-Struktur bei der Wechselwirkung zwischen DNS und den Mitomycinen käme als Angriffspunkt am ehesten das O_6-Atom von Guanin in Betracht. Bis jetzt spricht jedoch noch nichts für diese Annahme, und eine Beweisführung dürfte schwierig sein, da die vom Mitomycin bewirkten Quervernetzungen in den DNS-Molekülen relativ selten vorkommen, nämlich in einem Verhältnis von nicht mehr als einer Quervernetzung je 1000 Nukleotidpaare. Die Mitomycine können gelegentlich auch die eine oder andere Kette der DNS alkylieren, ohne eine Quervernetzung zwischen den Strängen zu bilden.

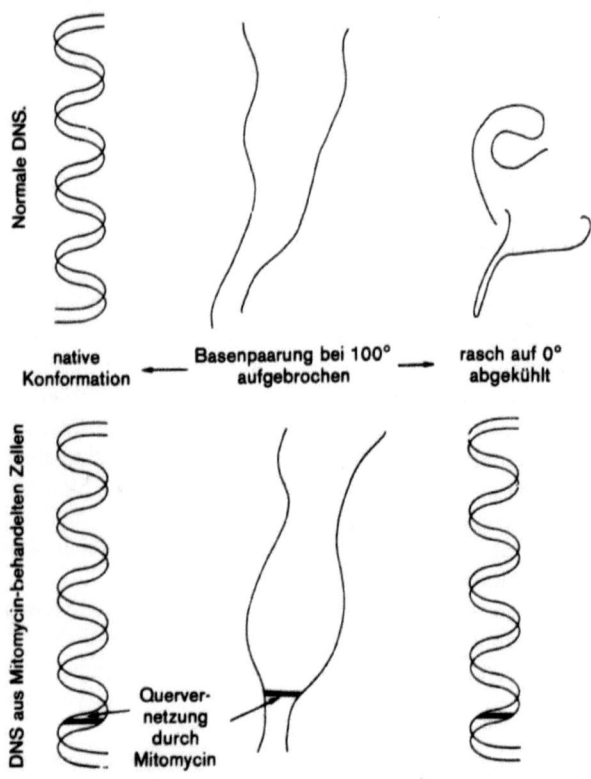

Abb. 4.13. Hitze-denaturierte DNS wird bei schnellem Abkühlen nicht wieder renaturiert. Die kovalente Quervernetzung in der DNS aus Mitomycin-behandelten Zellen hält die Stränge jedoch beim Erhitzen zusammen und ermöglicht bei schnellem Abkühlen die Renaturierung

Beinahe alle biochemischen Prozesse, die von Mitomycinen in Zellen ausgelöst werden, lassen sich mit ihrer charakteristischen Wirkung auf die DNS erklären. Die DNS-Synthese bricht ab, sobald der Replikationspunkt auf eine Mitomycin-Quervernetzung stößt. Der Abbau der DNS, der schließlich auf die Behandlung der Zellen mit Mitomycin folgt, ist auf das Ausschneiden der quervernetzten Bereiche und das Auftreten von Nukleasen zurückzuführen. Diese Nukleasen sind vermutlich auf lysogene Bakteriophagen zurückzuführen, die durch Mitomycine induziert werden*. RNS- und Proteinsynthese werden erst eine geraume Zeit nach der Hemmung der DNS-Synthese durch die Mitomycine eingestellt. Vermutlich hören die DNS-Transkription und damit die RNS-Synthese allmählich auf, wenn die alkylierte DNS abgebaut wird.

d) Rifamycine

Alle Hemmstoffe, die bis jetzt behandelt wurden, wirken auf der Polymerisationsebene und binden in irgendeiner Weise an die DNS. Erwartungsgemäß lassen wenige dieser Wirkstoffe eine brauchbare Selektivität zwischen Säugetierzellen und Mikroorganismen erkennen. Kürzlich wurde jedoch nachgewiesen, daß die Antibiotika der Rifamycingruppe die DNS-abhängige RNS-Synthese hemmen, indem sie spezifisch die Funktion der RNS-Polymerase sensitiver Bakterienzellen beeinflussen, während sie auf das entsprechende Enzym von Säugetierzellen keine Wirkung ausüben. Die klinische Anwendung der Rifamycine beruht auf dieser ungewöhnlichen Selektivität der Enzymhemmung. Die Rifamycine wurden zuerst in Italien entdeckt und bilden eine Gruppe eng verwandter Antibiotika, die von einem Streptomyceten, *S. mediterranei*, produziert werden. Sie wirken gut gegen Gram-positive Bakterien und gegen *Mycobacterium tuberculosis*, während sie gegen Gram-negative Bakterien viel weniger wirksam sind, vermutlich weil die letztere Gruppe eine geringe Permeabilität für Rifamycine besitzt. Chemisch gesehen sind die Rifamycine komplizierte und mit keinem bekannten Antibiotikum vergleichbare Verbindungen (Abb. 4.14). Sie hemmen stark die RNS-Synthese in sensitiven Bakterien und auch in zellfreien Extrakten. Mit der DNS scheinen sie keine Wechselwirkung einzugehen und zumindest bei Rifampicin deutet einiges darauf hin, daß das Antibiotikum an die DNS-abhängige RNS-Polymerase bindet und diese hemmt. Eine Anzahl von Bakterienmutanten wurde isoliert, die Rifampicin gegenüber in hohem Maße resistent sind. In diesem Fall war auch die RNS-Polymerase dieser Zellen dem Antibiotikum gegenüber resistent. Das ist

---

* *Anmerkung des Übersetzers:* Ein Abbau der DNS vom Replikationspunkt aus scheint immer stattzufinden, wenn die DNS-Synthese gehemmt wird, ohne daß dazu eine Induktion von lysogenen Phagen notwendig ist. So beobachtet man diese Degradation bei der restriktiven Temperatur in Temperatur-sensitiven DNS-Replikationsmutanten, bei Thymin-Aushungerung, nach längerer Behandlung mit Chloramphenicol usw., wobei eine Induktion von lysogenen Phagen nicht zu beobachten ist.

offenbar auf den Verlust der Bindungsaffinität des Enzyms zu Rifampicin zurückzuführen.

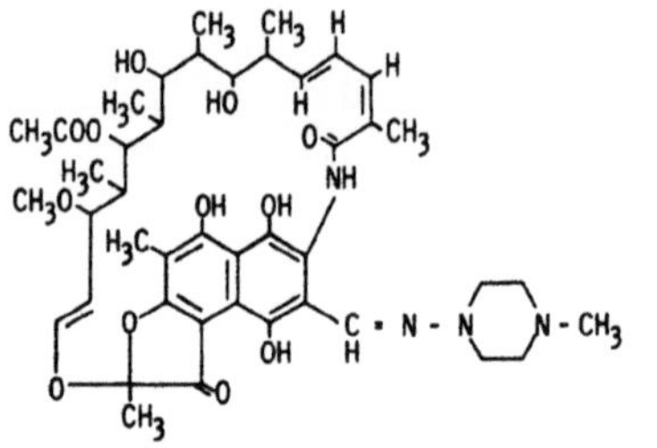

Abb. 4.14. Rifampicin, ein halb-synthetisches Antibiotikum der Rifamycinreihe, dessen Wirkungsweise auf biochemischer Ebene bis ins einzelne untersucht wurde

Wie hemmt nun Rifampicin die DNS-abhängige RNS-Polymerase? Ein großer Teil der damit zusammenhängenden Fragen konnte in den letzten Jahren aufgeklärt werden. Die RNS-Polymerase von *Escherichia coli* besteht aus mehreren Untereinheiten: aus je einer β- und einer β'-Untereinheit, aus zwei α-Untereinheiten und der σ-Untereinheit. Dieses so zusammengesetzte Enzym ($\alpha^2\beta\beta'\sigma$) bezeichnet man als Holoenzym. Das Holoenzym läßt sich in zwei funktionelle Teile zerlegen (z. B. an Phosphocellulosesäulen). Das „Core-Enzym" (oder Minimalenzym) mit der Zusammensetzung $\alpha_2\beta\beta'$ kann die RNS-Synthese durchführen, kann aber diese Synthese nicht spezifisch initiieren. Der „Sigma" (σ)-Faktor wirkt katalytisch auf die Initiation der RNS-Synthese an spezifischen Stellen der DNS. Dieser Faktor ist für den normalen Start der RNS-Synthese *in vivo* und *in vitro* unerläßlich. In Gegenwart des σ-Faktors bindet die RNS-Polymerase an wenige spezifische Stellen an der DNS, während ohne ihn eine weitgehend statistische Bindung des Enzyms an die DNS zu beobachten ist. Der Sigmafaktor scheint also spezifische Startstellen an der DNS (Promotoren) zu erkennen, an denen die Initiation der RNS-Synthese durch die RNS-Polymerase erfolgt.

Rifampicin hemmt die Initiation der RNS-Synthese. Eine Bindung dieses Antibiotikums an die DNS-Matrize erfolgt jedoch nicht. Andererseits hemmt Rifampicin auch nicht die Bindung der gesamten RNS-Polymerase (Holoenzym) an die DNS. Eine Reihe von Untersuchungen hat vielmehr eindeutig gezeigt, daß eine direkte Bindung des Antibiotikums an das Enzym erfolgt. Die Hemmung kann nämlich erstens nur durch steigende Mengen an Enzym, nicht aber durch andere Komponenten, die an der Reaktion beteiligt sind, aufgehoben werden. Zweitens wurden Rifampicin-resistente Mutanten isoliert, die eine RNS-Polymerase besitzen, die resistent gegen Rifampicin ist und radioaktives Rifampicin nicht mehr binden kann. Trotz der Schlüsselfunktion des Sigmafaktors bei der Initiation der RNS-Synthese ist er aber nicht der Bindungsort für Rifampicin. Die oben genannte Mutation, die zur Rifampicin-Resistenz führt, betrifft nämlich das Core-Enzym und nicht den σ-Faktor. Da sich nur ein Molekül Rifampicin pro Molekül Core-Enzym bindet, sind die in je einer Einheit pro Core auftretenden β und β'-Untereinheiten als Angriffsorte wahrscheinlicher als die zwei α-Untereinheiten. Tatsächlich konnte kürzlich gezeigt werden, daß die RNS-Polymerase einer Rifampicin-resistenten Mutanten eine veränderte β-Untereinheit besitzt. Diese Veränderung beruht wahrscheinlich auf dem Austausch einer geladenen Aminosäure. Damit dürfte wohl die β-Untereinheit der RNS-Polymerase die Bindungsstelle für Rifampicin tragen. Hat sich erst einmal der Initiationskomplex (bestehend aus Holoenzym, DNS und Purintriphosphat) gebildet, ist das Antibiotikum weniger wirksam. Wird Rifampicin erst zugesetzt, nachdem die RNS-Polymerisation bereits in Gang gekommen ist, so findet überhaupt keine Hemmung mehr statt.

Rifampicin (und das gilt wahrscheinlich auch für die anderen Rifamycine) hemmt also die Initiation der RNS-Synthese nach der Bindung der RNS-Polymerase an die DNS-Matrize, aber vor der Bildung der ersten Nukleotidbindung.

Die Tatsache, daß der polymerisierende Komplex immun gegen Rifampicin ist, kann nicht darauf zurückgeführt werden, daß Rifampicin sich nicht an diesen Komplex binden kann. Es scheint eher so zu sein, daß unter diesen Bedingungen das Antibiotikum nicht mehr die Fähigkeit besitzt, die RNS-Polymerase zu modifizieren, vielleicht durch Änderung der Konformation.

Ähnlich wie die Rifamycine wirkt auch das *Streptovaricin* (Abb. 4.15). Rifamycin-resistente Mutanten sind auch gegen Streptovaricin resistent.

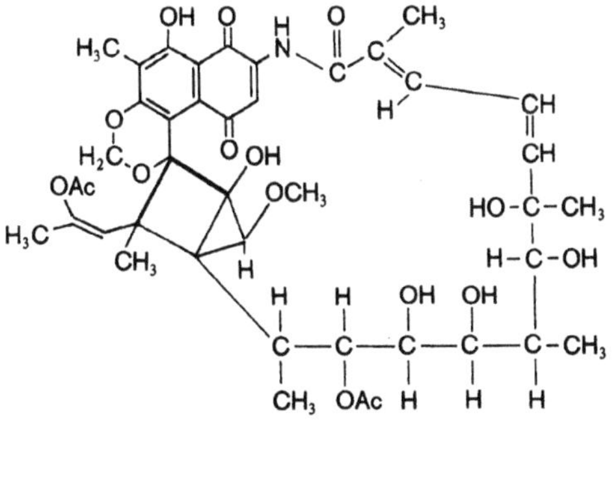

Abb. 4.15 Streptovaricin A

Streptolydigin (Abb. 4.16) hemmt ebenfalls die katalytische Funktion der RNS-Polymerase von Bakterien. Im Gegensatz zu den Rifamycinen und dem Streptovaricin hemmt dieses Antibiotikum die RNS-Synthese auch nach dem Start. Die Hemmung beruht nicht auf einer Konkurrenzreaktion zwischen den Nukleosidtriphosphaten und dem Antibiotikum um das aktive Zentrum der RNS-Polymerase. Streptolydigin-resistente Mutanten besitzen, ähnlich wie Rifamycin-resistente Stämme, einen resistenten Core-Teil. Der genetische Ort für die Streptolydigin-Resistenz liegt auf der Genkarte von *E. coli* in der Nähe des Ortes für die Rifampicin- und Streptovaricin-Resistenz.

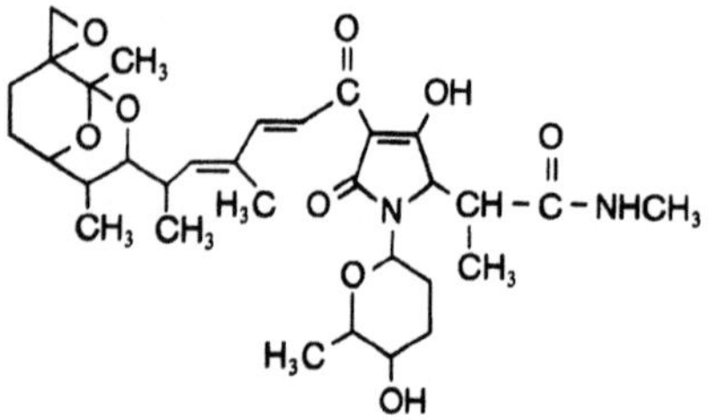

Abb. 4.16 Streptolydigin

e) α-Amanitin

Obwohl α-Amanitin keine antibakteriell wirkende Substanz darstellt, soll es wegen seines Wirkungsmechanismus hier genannt werden. Dieses hochtoxische, schwefelhaltige, bicyclische Polypeptid (Abb. 4.17) kann aus dem giftigen Pilz *Amanita phalloides* isoliert werden. Es übt auf eukaryotische RNS-Polymerasen eine ähnliche Wirkung aus wie die zuletzt behandelten Antibiotika auf prokaryotische Polymerasen. Schon extrem niedrige Konzentrationen von α-Amanitin hemmen spezifisch die nukleare, von Mn^{2+} und $(NH_4)_2SO_4$ aktivierte RNS-Polymerase von Säugetierzellen, während die RNS-Polymerase des Nukleolus und bakterielle RNS-Polymerasen auch bei Anwendung hoher Dosen dieses Toxins nicht gehemmt werden. α-Amanitin inaktiviert das Enzym und bildet einen stabilen, wahrscheinlich stöchiometrisch zusammengesetzten Komplex mit ihm. In seiner Wirkungsweise ähnelt es mehr dem Streptolydigin als dem Rifampicin, da es ebenfalls die laufende, bereits initiierte RNS-Synthese hemmen kann.

Die Wirkung von Rifampicin in Virus-infizierten Säugetierzellen. Rifampicin ist ein brauchbarer antibakterieller Wirkstoff, da es die RNS-Synthese in Bakterien stark hemmt, ohne auf die RNS-Synthese des

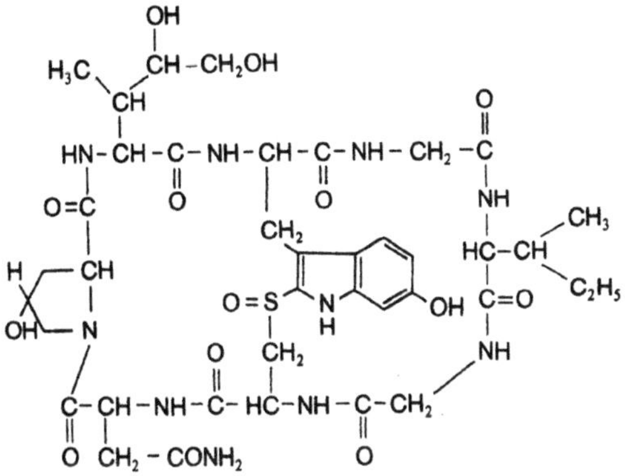

3. Hemmstoffe der Nukleinsäuresynthese

Abb. 4.17 α-Amanitin

Wirts einen Einfluß auszuüben. Kürzlich wurde die Entdeckung gemacht, daß Rifampicin die Vermehrung einer Anzahl von Viren in Säugetierzellen selektiv hemmt. Zu den betreffenden Viren zählen Vaccinia-, Kuhpocken-, Adenoviren und der Trachom-Virus. Jedoch müssen die Konzentrationen von Rifampicin in diesen Fällen viel höher als die gegen Bakterien angewendeten. Es erhebt sich die Frage, ob Rifampicin auch hier das Wachstum der Viren durch eine Blockierung ihrer RNS-Polymerase hemmt. Das scheint offensichtlich nicht der Fall zu sein. Rifampicin scheint die Proteinsynthese in virusinfizierten Zellen direkt und zwar in einer späten Phase des Viruszyklus zu hemmen, wodurch die Infektion abortiv wird. Eine andere Möglichkeit könnte darin bestehen, daß sich das Antibiotikum an ein Virus-spezifisches Protein in den infizierten Zellen bindet und dadurch den Prozeß des Zusammenbaus von Viruspartikeln unterbindet. Für die Wirkungsweise von Rifampicin gegenüber Bakterien und gegenüber Viren gibt es zweifellos verschiedene biochemische Erklärungen.

f) Nalidixinsäure

Nalidixinsäure ist eine relativ einfache synthetische Verbindung mit antibakteriellen Eigenschaften (Abb. 4.18). Sie kommt zur Anwendung bei der Behandlung von Infektionen im Genitalbereich. Ihre Wirkungsweise ist ungewöhnlich, denn sie scheint auf einer selektiven Hemmung der DNS-Synthese in den infizierenden Mikroorganismen zu beruhen. Die Verbindung übt auf die DNS-Synthese in Säugetierzellen keine Wirkung aus. Sie hemmt die DNS-Synthese in unversehrten Bakterien, was leicht nachzuweisen ist. Versuche, ihren Wirkungsort zu bestimmen, verliefen bisher erfolglos, da eine Hemmung der DNS-Synthese durch die

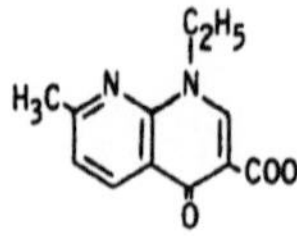

Abb. 4.18. Nalidixinsäure. Eine synthetische Verbindung mit spezifischer Wirkung auf die DNS-Synthese in Bakterien

Verbindung in zellfreien Präparaten aus sensitiven Zellen nicht festzustellen war. Es ist jedoch ungewiß, inwieweit die zur Untersuchung der DNS-Synthese benutzten zellfreien Systeme mit dem Synthesevorgang in intakten Zellen zu vergleichen sind. Das Antibiotikum inaktiviert vielleicht eine Zellstruktur, deren Funktion für die DNS-Synthese *in vivo* entscheidend ist, die aber auf die DNS-Synthese *in vitro* keinen Einfluß ausübt. Andererseits könnte Nalidixinsäure die Reduktion der Ribonukleotide zu den entsprechenden Desoxyverbindungen hemmen, oder aber die Aktivität der DNS-Ligase beeinflussen, die an der gleichzeitigen Replikation der antiparallelen DNS-Stränge beteiligt sein könnte.

Weiterführende Lektüre

KORNBERG, A. "Active center of DNS polymerase", in *Science, 163* (1969) 1410.
RNA-Polymerase and Transcription. Lepetit Colloquia on Biology and Medicine, 1. (North Holland Publishing Co., Amsterdam, 1970).
FOX, J. J., WATANABE, K. A. and BLOCH, A.: "Nucleoside antibiotics", in *Progr. Nucleic Acid Res. Mol. Biol., 5* (1966) 251.
WARING, M. J.: "Cross-linking and intercalation in nucleic acids", in *Biochemical Studies of Antimicrobial Drugs*, 16th Symposium, Society for General Microbiology (Cambridge University Press, 1966), S. 235.
REICH, E.: "Binding to DNA and inhibition of DNA functions by actinomycin", in *ibid*, S. 266.
MÜLLER, W. and CROTHERS, D. M.: "Studies of the binding of actinomycin and related compounds to DNA", in *J. Mol. Biol., 35* (1968) 251.

Kapitel V. Hemmung der Genfunktion 2.
Beeinflussung der Translation der genetischen Information: Hemmstoffe der Proteinsynthese

Es ist beachtlich, wie viele antimikrobielle Substanzen die Proteinbiosynthese hemmen. In allen bisher untersuchten Fällen scheint die Hemmung den einen oder anderen Vorgang zu betreffen, der sich an den Ribosomen abspielt. Dagegen wurde noch keine antimikrobielle Substanz beschrieben, die die Aktivierung der Aminosäuren oder die Bindung der aktivierten Aminosäure an den endständigen Adenylsäurerest der Transfer-RNS (tRNS) hemmt. Unter den Hemmstoffen der Proteinsynthese gibt es viele unterschiedliche chemische Verbindungen. Diese Tatsache hat es noch schwerer gemacht, die molekulare Wirkung dieser Hemmstoffe zu verstehen. Während die inhibierte Reaktion in einigen Fällen mit ziemlicher Genauigkeit festgelegt werden konnte, ist die molekulare Wechselwirkung zwischen dem Wirkungsort und dem Hemmstoff im allgemeinen immer noch schwer zu erfassen.

Der Grund dafür ist teilweise der komplizierte Ablauf der Reaktionen, die zur Bildung der richtigen Polypeptidsequenz am Ribosom führen. Die bis Mitte der sechziger Jahre allgemein akzeptierte Auffassung über die Proteinbiosynthese war trügerisch einfach. Sie resultierte weitgehend aus Untersuchungen über die Proteinsynthese in zellfreien Extrakten unter sehr künstlichen Bedingungen. Neuerdings hat eine gründliche Untersuchung dieser Bedingungen ergeben, daß das Zusammenwirken einer Vielzahl von Proteinfaktoren die Voraussetzung für den Ablauf der Proteinbiosynthese ist. Dadurch wurde das Bild sehr kompliziert. Außerdem werden jetzt in vielen Labors die Zusammensetzung und die komplizierten Strukturen von Ribosom und tRNS eingehend untersucht. Unsere Absicht ist es, den gegenwärtigen Stand der Kenntnisse von den einzelnen Schritten der Proteinbiosynthese, die auf der ribosomalen Ebene ablaufen, kurz zu umreißen. Dabei soll besonderes Gewicht auf die von den Hemmstoffen der Proteinbiosynthese blockierten spezifischen Reaktionen gelegt werden.

Die beiden bekannten Ribosomenarten unterscheiden sich durch ihre Sedimentationskoeffizienten. Die 80S-Ribosomen kommen offensichtlich nur in eukaryotischen Zellen vor, während die 70S-Ribosomen sowohl in prokaryotischen als auch in eukaryotischen Zellen anzutreffen sind. Das 80S-Partikel dissoziiert reversibel in 60S- und 40S-Untereinheiten und das 70S-Partikel in 50S- und 30S-Untereinheiten, wenn die Mg^{2+}-Konzentration der Lösung abnimmt. Sowohl 80S- als auch 70S-Ribosomen setzen sich ausschließlich aus Protein und RNS im Verhältnis 50:50 bzw. 40:60 zusammen. In Ribosomen kommen drei unterschiedliche Arten von RNS vor, mit Sedimentationskoeffizienten von 29S, 18S und 5S in den 80S-Partikeln tierischer Zellen, von 25S, 16S und 5S in den 80S-Partikeln pflanzlicher Zellen und von 23S, 16S und 5S in den 70S-Partikeln. Die Proteinzusammensetzung der Ribosomen ist äußerst komplex. Ungefähr 30 verschiedene Proteine wurden in der 50S-Untereinheit und zwischen 19 und 22 in der 30S-Untereinheit von 70S-Ribosomen festgestellt. Zweifellos wird sich die Proteinzusammensetzung der 80S-Partikel als mindestens ebenso komplex erweisen. Außer diesen „strukturellen" Proteinen gibt es mehrere Proteine, die lose mit Ribosomen verbunden sind und deren Funktion während der Proteinsynthese zur Zeit noch eingehend untersucht wird. An diesen komplexen Partikeln wird die genetische Information in Form von messenger-RNS in Proteine übersetzt (Abb. 5.1). Die Reihenfolge der Vorgänge, die zu dieser Synthese führen, läßt sich zweckmäßig in drei Phasen unterteilen.

1. Die Phasen der Proteinbiosynthese

a) Start

Gegenwärtig beschränken sich unsere Kenntnisse vom Start noch weitgehend auf das 70S-Ribosomensystem. Zunächst wird ein Startkomplex gebildet, wobei messenger-RNS (mRNS) und der spezifische Starter *N*-Formyl-Methionyl-tRNS (f-Met-tRNS$_F$) und die 30S-Untereinheit gebunden werden. Der Anticodonbereich der f-Met-tRNS$_F$ tritt mit dem Startcodon AUG der mRNS in Wechselwirkung. Gleichzeitig wird die 50S-Untereinheit an das 30S-Partikel angelagert. Bei der Entstehung des Startkomplexes spielen eine Anzahl von Proteinfaktoren eine Rolle, die lose mit den Ribosomen verbunden sind. Das zur Bezeichnung dieser Faktoren benutzte Formelzeichen ist irreführend, da die Faktoren in manchen Labors mit F_1, F_2, F_3 und in anderen mit A, C und B bezeichnet werden. Im folgenden soll die Bezeichnung F gewählt werden. Es scheint, daß für die Bindung von natürlicher mRNS (z. B. f2 Phagen RNS) an die Ribosomen der Faktor F_3 erforderlich ist, obwohl kein Bedarf für F_3 festzustellen ist, wenn ein künstlicher messenger wie Poly U verwendet wird. Die Faktoren F_1 und F_2 stimulieren zusammen mit

1. Die Phasen der Proteinbiosynthese

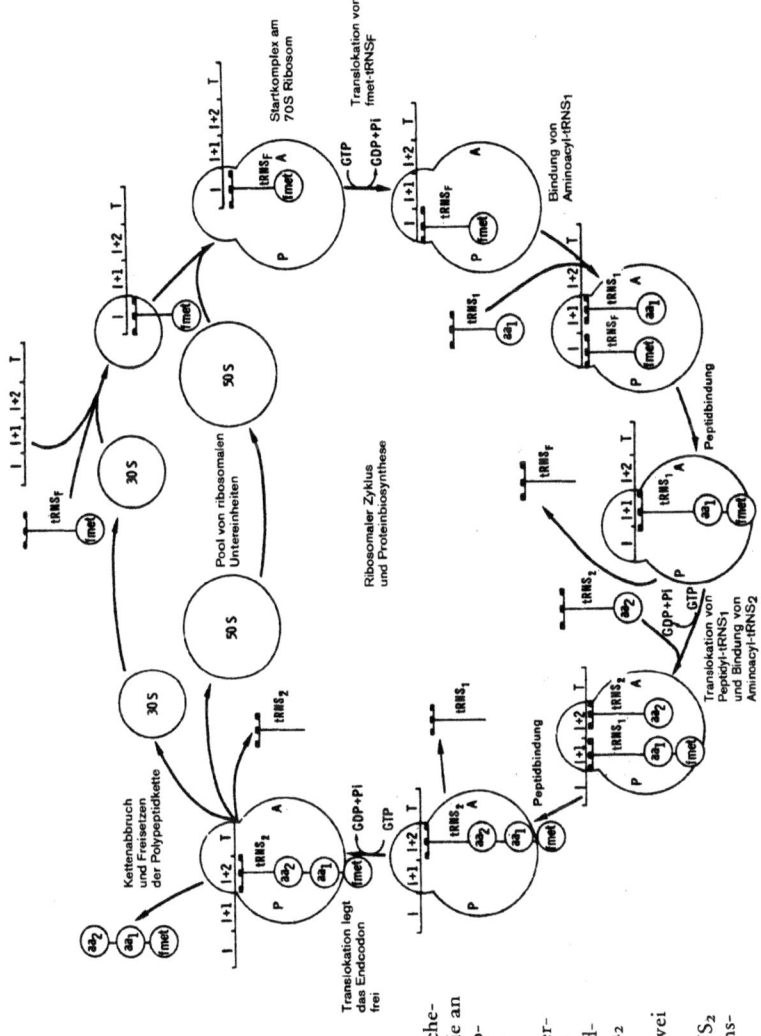

Abb. 5.1. Graphisches Schema der Hauptschritte, die an der Bildung von Polypeptiden an 70S-Ribosomen beteiligt sind. 1, 1 + 1, 1 + 2 stellen aufeinanderfolgende Codons auf der mRNS dar; T ist ein Endcodon; f-met, aa$_1$ und aa$_2$ bezeichnen N-Formylmethionin und jeweils zwei andere Aminosäuren; tRNS$_F$, tRNS$_1$ und tRNS$_2$ sind die spezifischen transfer-RNS-Moleküle

Guanosintriphosphat (GTP) die Bindung von f-Met-tRNS$_F$ an den Startkomplex. Seltsamerweise hat es den Anschein, als ob F$_1$ in dieser Reaktion allein unwirksam ist, aber für die Aktivität von F$_2$ gebraucht wird. Über die Rolle, die GTP in dieser Reaktion spielt, herrscht Unklarheit. Während eine Spaltung in GDP und anorganisches Phosphat für das Zustandekommen der Bindung nicht unbedingt erforderlich ist, scheint sie notwendig zu sein, um von der Bindungsreaktion zum nächsten Schritt zu gelangen.

b) Ausbildung der Peptidbindung und Kettenverlängerung

Das Modell der Polypeptidsynthese beruht weitgehend auf der Vorstellung, daß auf dem Ribosom zwei unterschiedliche reaktive Stellen vorhanden sind, die gewöhnlich den Namen Akzeptor- (oder Aminoacyl-)stelle und Donor- (oder Peptidyl-)stelle tragen. Die Akzeptorstelle ist der primäre Decodierungsort, wo das Codon der messenger-RNS zum erstenmal mit dem Anticodonbereich der spezifischen Aminoacyl-tRNS in Wechselwirkung tritt. Nach der allgemein vertretenen Theorie bindet die f-Met-tRNS$_F$ während der Bildung des Startkomplexes an die Akzeptorstelle und wird dann zur Donorstelle verschoben (Translokation). Einige Autoren sind jedoch der Meinung, daß das Startcodon und das Anticodon während des Startes an der Donorstelle in Wechselwirkung miteinander treten können. Da die Codon-Anticodon-Wechselwirkung während der Translokation bestehen bleibt, müssen das Ribosom und die messenger-RNS sich gegeneinander bewegen, um das nächste Codon der mRNS an der Akzeptorstelle freizulegen. Die Bindung der nächsten spezifischen Aminoacyl-tRNS an die Akzeptorstelle erfordert einen Faktor „T" und GTP. Damit steht der ersten Peptidbindung nichts mehr im Weg. Die Carboxylgruppe des N-Formylmethionins, das mit der Donorstelle über seine tRNS verknüpft ist, reagiert mit der Aminogruppe der Aminosäure an der Akzeptorstelle und bildet die erste Peptidbindung. Gleichzeitig wird die tRNS$_F$ an der Donorstelle vom Ribosom abgehängt und kann wieder verwendet werden. Die Bildung der Peptidbindung wird durch die Peptidyl-Transferase katalysiert, die vermutlich ein Protein der 50S-Untereinheit ist. Das dabei entstehende Dipeptid bleibt über sein C-terminales Ende mit der zweiten tRNS an die Akzeptorstelle gebunden. Wiederum bleibt die Codon-Anticodon-Wechselwirkung erhalten, die Dipeptidyl-tRNS wird von der Akzeptorstelle zur Donorstelle verschoben, und das dritte nachfolgende Codon der mRNS wird an der Akzeptorstelle freigelegt. Diese Verschiebung (Translokation) erfordert einen Faktor „G", der wahrscheinlich eine hydrolytische Spaltung von GTP in GDP und anorganisches Phosphat katalysiert. Die mRNS wird von den Ribosomen abgelesen, indem diese vom 5'OH-Ende zum 3'-Ende auf der mRNS abrollen.

c) Abschluß und Freisetzung der Polypeptidkette

Diese Reaktionsfolge wiederholt sich zyklisch, wobei nacheinander die Trinukleotidcodons der mRNS übersetzt werden, bis eines der drei Terminationscodons UAA, UAG und UGA an der Akzeptorstelle erscheint. Das ist das Signal dafür, daß das fertige Polypeptid von der tRNS abgehängt wird, die mit der C-terminalen Aminosäure verbunden ist. An diesem Schritt ist der Ablösungsfaktor „R" beteiligt. Der Faktor „R" stellt vermutlich einen Komplex aus mindestens zwei Faktoren dar, „R_1" und „R_2", die spezifische Stop-Codons erkennen. R_1 erkennt UAA und UAG und R_2 UAA und UGA. Das eigentliche Stop-Codon *in vivo* scheint, zumindest bei Mikroorganismen, jedoch UAA zu sein; UAG und UGA werden vermutlich nur selten benutzt. Die Formylgruppe des f-Met-Endes des Polypeptids wird von einem spezifischen Enzym entfernt. Nach Freisetzung des fertigen Polypeptids wird auch das Ribosom von der mRNS freigegeben und dissoziiert offensichtlich in seine 30S- und 50S-Untereinheiten, die dann einen Untereinheitenpool eingehen, der für die weitere Proteinsynthese bereitsteht.

Diese Übersicht über den gegenwärtigen Stand der Kenntnisse von dem außerordentlich komplizierten Prozeß der Proteinbiosynthese beruht hauptsächlich auf Ergebnissen von Versuchen mit Bakterien, insbesondere mit *Escherichia coli*. Sie gilt jedoch wahrscheinlich auch allgemein für die Proteinbiosynthese, an der 80S-Ribosomen beteiligt sind, obwohl die Start- und Freisetzungsmechanismen bei diesen Partikeln bis jetzt noch nicht aufgeklärt werden konnten. Die Tatsache, daß einige Hemmstoffe spezifisch die Proteinbiosynthese entweder von 70S- oder von 80S-Ribosomen beeinflussen, läßt aber bereits darauf schließen, daß einige der Prozesse an diesen beiden Partikeln im einzelnen beträchtlich voneinander abweichen müssen.

2. Puromycin

Das Antibiotikum Puromycin ist mit keinem anderen Hemmstoff der Proteinbiosynthese zu vergleichen, da es selbst mit dem C-Ende der wachsenden Peptidkette eine Peptidbindung am Ribosom eingeht. Dadurch erfolgt ein vorzeitiger Kettenabbruch. Durch diese ungewöhnliche Eigenschaft hat Puromycin entscheidend zur Aufklärung des Mechanismus der Bildung von Peptidbindungen und der Wirkungsweise vieler anderer Hemmstoffe der Proteinbiosynthese beigetragen. Wenn wir die Wirkungsmechanismen anderer Hemmstoffe beschreiben, werden wir noch häufig auf Puromycin zu sprechen kommen. Auf die strukturelle Ähnlichkeit von Puromycin mit dem endständigen Aminoacyladenosinteil der tRNS wurde bereits vor vielen Jahren hingewiesen (Abb. 5.2). Es hat sich erwiesen, daß diese Analogie den Schlüs-

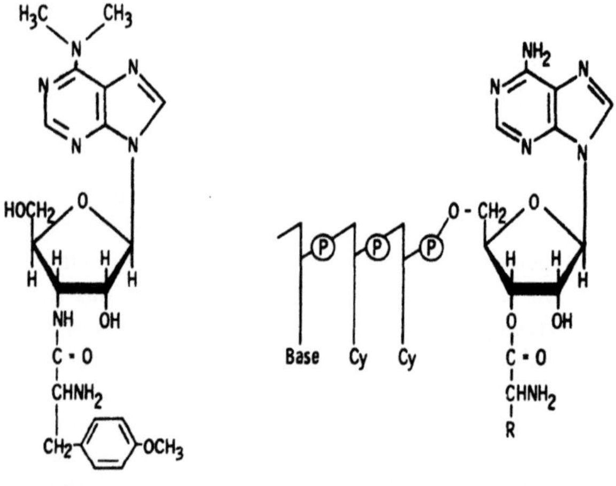

Puromycin

Aminoacylende der tRNS

Abb. 5.2. Strukturelle Analogie zwischen Puromycin und dem Aminoacylende der Transfer-RNS. Cy bedeutet Cytosin und R den Rest des Aminosäuremoleküls

sel zum Verständnis von der Wirkung des Puromycins bildet. Da das Aminoacyladenosin-Ende der tRNS in prokaryotischen und eukaryotischen Organismen gleich ist, überrascht es nicht, daß Puromycin die Proteinbiosynthese an 70S- und an 80S-Ribosomen gleichermaßen abbricht. Nachdem die strukturelle Analogie von Puromycin mit Aminoacyladenosin erkannt war, konnte man zeigen, daß die Aminogruppe des Antibiotikums mit der Acylgruppe des endständigen Aminoacyladenosinteils der Peptidyl-tRNS, die am Ribosom hängt, eine Peptidbindung bildet. Die tRNS wird vom Ribosom entlassen. Es kann keine weitere Peptidbindung stattfinden, weil die C-N-Bindung, die den p-Methoxyphenylalaninteil des Puromycins mit dem Nukleosidrest verknüpft, sehr stabil ist. Peptidylpuromycin wird als freies Peptid vom Ribosom abgelöst.

2. Puromycin

Wenn die Peptidyl-tRNS sich an der *Donor*stelle des Ribosoms befindet, erfordert die Reaktion mit Puromycin (die „Puromycinreaktion") kein GTP und keine Faktoren. Ist die Peptidyl-tRNS jedoch an der Akzeptorstelle, so reagiert Puromycin nicht mit ihr. Der „G"-Faktor und GTP müssen dann zugesetzt werden, um die Translokation der Peptidyl-tRNS zur Donorstelle zu bewirken. Erst dann wird Peptidyl-Puromycin gebildet und vom Ribosom abgelöst. Die Puromycinreaktion setzt bereits bei 0° ein, während eine normale Peptidkettenverlängerung bei dieser Temperatur noch kaum zu beobachten ist. Diese Tatsache zeigt, daß Puromycin einen beträchtlichen kompetitiven Vorteil gegenüber Aminoacyl-tRNS bei der Reaktion mit Peptidyl-tRNS hat. Die Ursachen, die für die raschere Puromycinreaktion im Vergleich zu der normalen Peptidbindung maßgeblich sind, bedürfen noch der Aufklärung. Es ist denkbar, daß dieser Unterschied in der Reaktivität mit der sehr unterschiedlichen Größenordnung von Puromycin und Aminoacyl-tRNS in Zusammenhang steht. Die massige Aminoacyl-tRNS an der Akzeptorstelle muß vielleicht erst in die richtige Stellung gebracht werden, um mit der Peptidyl-tRNS zu reagieren.

Man hat eine Reihe von Puromycin-analogen Verbindungen und von Derivaten dieses Antibiotikums hergestellt und untersucht, ob sie Puromycin in der Puromycinreaktion ersetzen können. Ganz sicher ist ein Benzolring in der Seitenkette erforderlich, damit die Verbindung aktiv wird. Wenn nämlich Prolin, Tryptophan, Benzylhistidin oder eine andere aliphatische Aminosäure das p-Methoxyphenylalanin ersetzen, ist eine deutliche Aktivitätsabnahme die Folge. Die L-Phenylalanin analoge Verbindung ist ungefähr nur halb so wirksam wie Puromycin, während die D-Phenylalanin analoge Verbindung überhaupt keine Wirkung zeigt. Wird der p-Methoxyphenylalaninrest dagegen durch ein S-Benzyl-L-Cystein-Analoges ersetzt, wird die Aktivität nur wenig reduziert. Das mag auf die größere Entfernung zwischen dem Benzolring und der freien Aminogruppe zurückzuführen sein, die durch die zusätzlichen S- und C-Atome verursacht wird. Da Puromycin scheinbar alle Aminoacyl-tRNS-Arten gleichermaßen gut ersetzen kann, läßt sich nur schwer erklären, warum der Benzolring im Aminosäureteil von Puromycin und seinen analogen Verbindungen nicht fehlen darf. In Anbetracht der Struktur des Aminoacyladenosins am Ende der tRNS überrascht es dagegen nicht, daß eine Verknüpfung des Aminosäureteils mit der 3'-Stellung der Ribose von Puromycin erforderlich ist. Es wurde nachgewiesen, daß Puromycin, das in der 5'-Stellung der Ribose durch Cytidylsäure substituiert ist, zu einem wirksamen Peptidkettenabbruch führt. Bei diesem Derivat kann Cytidin nicht ersetzt werden. Vermutlich erhöht diese Substitution lediglich die Strukturanalogie mit tRNS.

Andere Hemmstoffe der Proteinbiosynthese können danach eingeteilt werden, ob sie die Puromycinreaktion unterdrücken oder nicht. Man muß sich jedoch vergewissern, daß eine scheinbare Hemmung dieser Reaktion nicht ein indirekter Effekt ist. Die Hemmung der Translokation verursacht beispielsweise eine Hemmung der Puromycinreaktion, da, wie oben erörtert, Peptidyl-tRNS in der Akzeptorposition nicht mit Puromycin reagieren kann. Bisher scheint es so zu sein, daß die Puromycinreaktion nur von Hemmstoffen gehemmt wird, die auf die 50S-Untereinheit wirken. Hemmstoffe, die auf die 30S-Untereinheit wirken, haben wenig oder gar keinen Einfluß.

3. Hemmung der Bildung des Startkomplexes und der Transfer-RNS-Ribosom-Wechselwirkung

a) Streptomycin

Dieses wichtige Antibiotikum gehört zu der Aminoglycosidgruppe und besitzt eine komplexe chemische Struktur (Abb. 5.3). Obwohl die che-

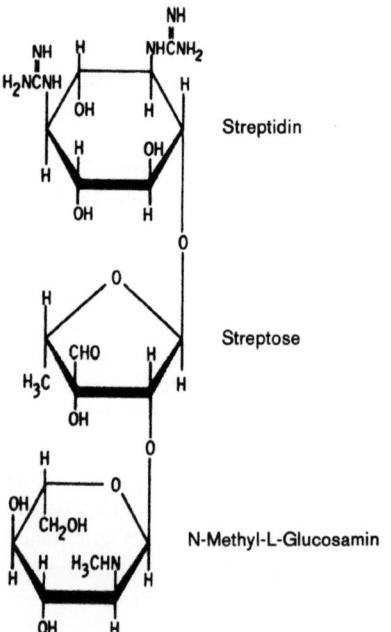

Abb. 5.3. Streptomycin, der erste Wirkstoff gegen Tuberkulose

mische Struktur der verschiedenen Aminoglycoside sehr voneinander abweicht, besitzen sie alle einen Cyclohexanring mit basischen Gruppen in 1- und 3-Stellung und Sauerstoffsubstituenten in 4-, 5- und 6- und manchmal auch in 2-Stellung. Alle diese Gruppen stehen in Äquatorialstellung.
Streptomycin wurde in den frühen vierziger Jahren von Waksman entdeckt und stellte das erste wirklich wirksame Heilmittel gegen Tuberkulose dar. Obwohl es gegenüber einer großen Zahl von Gram-positiven und Gram-negativen Bakterien wirkt, ist es doch aus zwei gewichtigen Gründen in seiner Anwendung begrenzt. Erstens entwickeln die Bakterien schnell Resistenz gegen dieses Antibiotikum; das hat sich bei der Behandlung von Tuberkulosekranken als besonders nachteilig erwiesen. Streptomycin wird daher gewöhnlich, zur Vermeidung dieses Problems (Kapitel 7), zusammen mit p-Aminosalicylsäure und Isoniazid gegeben. Zweitens kann Streptomycin nach Injektion (vom Magen-Darmtrakt wird es nicht absorbiert) zu ständiger Taubheit führen, da es den Hirnnerv VIII beschädigt. Patienten müssen daher während der Behandlung mit Streptomycin ständig beobachtet werden, ob sie Anzeichen von Taubheit zeigen.
Streptomycin ist ein bactericides Antibiotikum. Bevor es jedoch den Zelltod bewirkt, verursacht es eine deutliche Hemmung der Proteinbiosynthese. Es zeigt eine Reihe außergewöhnlich interessanter Auswirkungen auf die Proteinbiosynthese mit isolierten 70S-Ribosomen.

1. In Präparaten mit natürlicher mRNS (z.B. die RNS des Bakteriophagen R17) hemmt Streptomycin die Bindung von f-Met-tRNS und von anderen Aminoacyl-tRNS-Spezies an die Ribosomen. Man nimmt an, daß das Antibiotikum die Bildung des funktionellen Startkomplexes verhindert. Außerdem hemmt Streptomycin rasch und vollständig die Verlängerung der schon initiierten Peptidketten.

2. Zahlreiche Versuche wurden ausgeführt, um den Wirkungsmechanismus von Streptomycin in zellfreien Systemen aufzuklären. Dafür wurden synthetische Polynukleotide als mRNS eingesetzt, und man konnte einige sehr interessante Auswirkungen beobachten. So *hemmt* Streptomycin z.B. a) den von Poly-U gesteuerten Einbau von Phenylalanin, b) den von Poly-(AC) determinierten Einbau von Histidin und Threonin und c) den von Arginin und Glutaminsäure, der durch Poly-(AG) codiert wird, jeweils in das entsprechende Polypeptid. Andererseits *stimuliert* Streptomycin den Einbau von Aminosäuren in Gegenwart von synthetischer mRNS, die normalerweise nicht für diese Aminosäuren codiert. Während Streptomycin beispielsweise den Einbau von Phenylala-

nin in Gegenwart von Poly-U hemmt, stimuliert es den Einbau von Isoleucin und Serin. Außerdem bewirkt Streptomycin, daß Poly-C den Einbau von Threonin und Serin anstelle von Prolin determiniert. Diese Eigenschaft von Streptomycin, einen Doppelsinn oder falsches Ablesen bei der Übersetzung der genetischen Information am Ribosom zu verursachen, könnte eine Erklärung für das Phänomen sein, daß Streptomycin bei bestimmten bakteriellen Mutanten eine phänotypische Suppression bewirkt (siehe unten).

3. Streptomycin bedingt auch, daß Nukleinsäuremoleküle wie denaturierte DNS, ribosomale RNS und tRNS, die unter normalen Umständen nicht am Ribosom abgelesen werden, jetzt ähnlich wie mRNS abgelesen werden. Diese Wirkung von Streptomycin steht wahrscheinlich in Zusammenhang mit seiner Fähigkeit, falsches Ablesen von synthetischer mRNS zu induzieren.

Spezifität und Wirkungsort von Streptomycin. Die oben genannten Auswirkungen zeigen sich nur bei 70S-Ribosomen, während Streptomycin auf 80S-Ribosomen keine feststellbare Wirkung hat. Der Streptomycinempfindliche Ort an 70S-Ribosomen konnte mit einiger Genauigkeit festgelegt werden. Man kennt geeignete Bakterienmutanten, die resistent gegen Streptomycin sind und deren Resistenz auf einer Strukturänderung der Ribosomen beruht. Ihre Ribosomen sind gegen alle bekannten Auswirkungen von Streptomycin völlig resistent. Mit Hilfe der reversiblen Dissoziation in ribosomale Untereinheiten kann der Resistenzort näher bestimmt werden. Ribosomen, die einerseits aus Streptomycin-sensitiven, andererseits aus Streptomycin-resistenten Zellen isoliert wurden, werden durch Erniedrigung der Mg^{2+}-Konzentration im Medium in 30S- und 50S-Untereinheiten aufgespalten. Ein Rekonstitutionsexperiment, wie es in Abb. 5.4 gezeigt ist, läßt erkennen, daß 70S-Partikel, die aus 30S-Untereinheiten von resistenten Zellen und aus 50S-Untereinheiten von sensitiven Zellen bestehen, gegen Streptomycin *resistent* sind. Vereinigt man umgekehrt 30S-Untereinheiten aus sensitiven Zellen mit 50S-Untereinheiten aus resistenten Zellen, so sind die gebildeten 70S-Ribosomen sensitiv gegenüber Streptomycin. Das zeigt, daß der Angriffsort von Streptomycin auf der 30S-Untereinheit liegt. Die Schlußfolgerung wird noch durch die Beobachtung erhärtet, daß Streptomycin die Bindung von Aminoacyl-tRNS nicht nur an 70S-Ribosomen, sondern auch an isolierte 30S-Untereinheiten von sensitiven Zellen hemmt. Außerdem läßt sich bei Verwendung von radioaktivem Streptomycin nachweisen, daß das Antibiotikum spezifisch und irreversibel an die 30S-Untereinheit, aber nicht an die 50S-Untereinheit von

3. Startkomplex und t-RNS-Ribosom Wechselwirkung 105

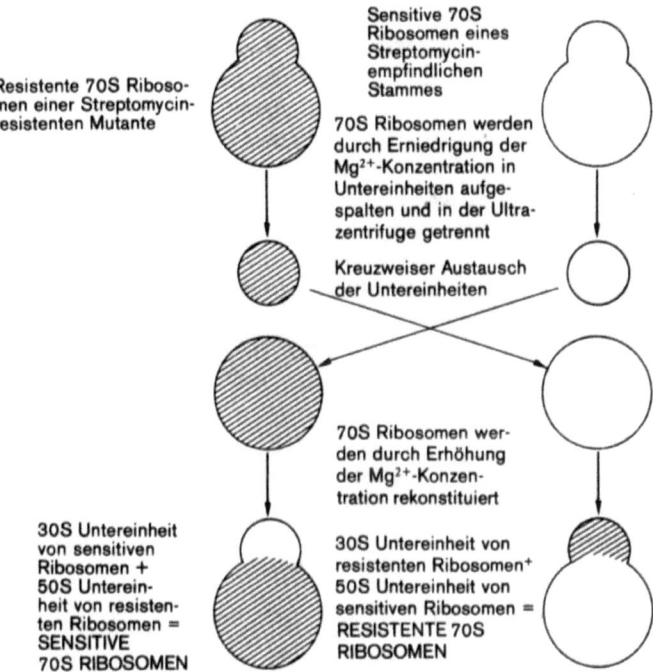

Abb. 5.4. Graphische Darstellung eines Experiments, das zeigt, daß sich der Ort für die Sensitivität und Resistenz gegenüber Streptomycin auf der 30S-Untereinheit des Ribosoms befindet

sensitiven Ribosomen bindet. Dagegen erfolgt keine Bindung von Streptomycin an die 30S-Untereinheit von resistenten Zellen.

Vor kurzem wurde das Protein isoliert, das der 30S-Untereinheit ihre Resistenz verleiht. Es handelt sich um eine veränderte Form des Proteins, an das das Streptomycin bei sensitiven Partikeln bindet. Es ist daher sehr wahrscheinlich, daß die Wechselwirkung zwischen Streptomycin und diesem Protein in sensitiven Ribosomen für die charakteristischen Auswirkungen des Antibiotikums auf die Proteinsynthese maßgeblich ist. Das Protein, an dem Streptomycin angreift, und das mit P_{10} bezeichnet wird, ist offensichtlich an der Bindung der Aminoacyl-tRNS, einschließlich der f-Met-tRNS$_F$, mit dem Ribosom beteiligt. Das P_{10}-Protein bildet daher vermutlich einen integrierten Bestandteil der Akzeptorstelle auf dem Ribosom. Die veränderte Form des P_{10}-Proteins in resistenten Ribosomen ist bei der Proteinbiosynthese voll funktionsfähig.

Trotz großer Fortschritte bei der Bestimmung des Wirkungsortes von Streptomycin auf dem Ribosom, gibt es noch keine molekulare Erklärung für die verschiedenen Auswirkungen des Antibiotikums auf die Proteinbiosynthese. Einiges deutet darauf hin, daß Streptomycin, vermutlich durch Wechselwirkung mit dem P_{10}-Protein, bei sensitiven 70S-Ribosomen weitgehende Veränderungen in der Konformation hervorrufen kann, die an der Akzeptorstelle das richtige Erkennen von Codons störend beeinflussen. Leider sind überhaupt keine stereochemischen Einzelheiten über diese Konformationsänderungen bekannt. Auch über die strukturellen Eigenschaften von Streptomycin, die seine Wechselwirkung mit normalen ribosomalen Funktionen ermöglichen, gibt es keine zuverlässigen Informationen. Die verschiedenartigen Auswirkungen, die Streptomycin auf zellfreie Präparate ausübt, sind vielleicht teilweise auf unterschiedliche Versuchsbedingungen zurückzuführen. In einem späteren Kapitel werden wir die Wirkung von Streptomycin auf die Proteinbiosynthese in zellfreien Präparaten zu der Wirkung des Antibiotikums auf intakte Bakterienzellen in Beziehung setzen.

b) Andere Aminoglycosidantibiotika

Eine Anzahl weiterer Aminoglycosidantibiotika beeinflussen ebenfalls die Proteinbiosynthese. Neomycin (Abb. 5.5), Kanamycin (Abb. 5.5) und Gentamycin (Abb. 5.5) wirken ähnlich wie Streptomycin, obwohl sie sehr viel höhere falsche Ableseraten von mRNS als Streptomycin verursachen.

Das Antibiotikum Spectinomycin wird gewöhnlich zu der Aminoglycosidgruppe gerechnet, obwohl es keinen Aminozuckerrest trägt (Abb. 5.5). Seine Auswirkungen auf die Proteinsynthese unterscheiden sich deutlich von denen der anderen Aminoglycoside. Während es sowohl in intakten Bakterienzellen als auch in zellfreien Systemen mit 70S-Ribosomen die Proteinbiosynthese hemmt, bewirkt Spectinomycin keinen Doppelsinn beim Ablesen der mRNS. Außerdem ist Spectinomycin im Gegensatz zu anderen Aminoglycosiden in seiner Wirkung eher bakteriostatisch als bakterizid und verursacht keine phänotypische Suppression (siehe unten). Spectinomycin hemmt möglicherweise den Translokationsschritt, da es auf Codonerkennung,Ketteninitiierung, Bindung von Aminoacyl-tRNS an das Ribosom, Bildung der Peptidbindung oder Abschluß und Ablösung von Peptidketten keinen Einfluß ausübt. Die Unterschiede zwischen Spectinomycin und den anderen Aminoglycosiden in ihrer Wirkung auf die Proteinbiosynthese könnten teilweise darauf zurückzuführen sein, daß Spectinomycin keinen Aminozuckerbestandteil besitzt.

3. Startkomplex und t-RNS-Ribosom Wechselwirkung

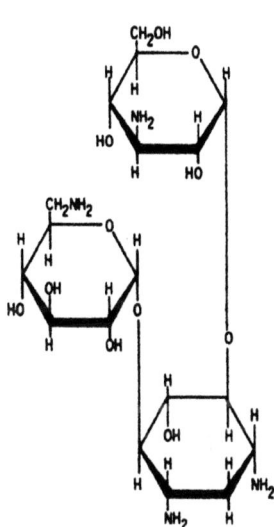

Neomycin

Kanamycin

Spectinomycin

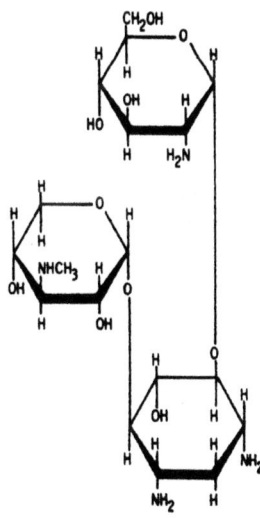

Gentamycin

Abb. 5.5. Vier weitere wichtige Aminoglycosidantibiotika

c) Kasugamycin

Kasugamycin ist ebenso wie Streptomycin und Spectinomycin ein Aminoglycosidantibiotikum, das wie letztere mit der 30S-Untereinheit des bakteriellen Ribosoms in Wechselwirkung tritt. Die Angriffsorte für Streptomycin und Spectinomycin sind, wie bereits ausgeführt wurde, bestimmte ribosomale Proteine der 30S-Untereinheit, während Erythromycin und Fusidinsäure auf ribosomale Proteine der 50S-Untereinheit wirken.

Die Gene, die für die Proteine der beiden ribosomalen Untereinheiten von *E. coli* codieren, liegen eng beieinander (ungefähr zwischen 62 und 64 Minuten auf der zirkulären Genkarte von *E. coli*). Mutationen, die zur Resistenz gegen diese Antibiotika führen, liegen daher ebenfalls in dieser Region der Genkarte.

Im Unterschied dazu ist die Mutation, die Resistenz gegen Kasugamycin bewirkt, in einem ganz anderen Bereich der Genkarte lokalisiert (dicht bei Minute 1). Biochemische Untersuchungen in einem zellfreien Proteinsynthese-System haben gezeigt, daß Kasugamycin die Bindung der für die Initiation der Proteinbiosynthese wichtigen Formylmethionyl-tRNS (f-Met-tRNS) an den Initiationskomplex (mRNS und 30S-Untereinheit) in Gegenwart von β, γ-Methylenguanosintriphosphat hemmt. Diese Art der Hemmung unterscheidet sich ebenfalls deutlich von der Wirkungsweise der anderen besprochenen Aminoglycosidantibiotika, Streptomycin und Spectinomycin. Die analytische Untersuchung der ribosomalen Proteine der 30S-Untereinheit von Kasugamycin-resistenten und -sensitiven Stämmen ließ keine Unterschiede erkennen. Dagegen zeigte die Fingerprintanalyse der 16S ribosomalen RNS von Kasugamycin-resistenten Bakterien einen auffallenden Unterschied gegenüber der von sensitiven. Einem bestimmten Oligonukleotid, das normalerweise zwei dimethylierte Adenine enthält ($m_2^6Am_2^6ACCUG$), fehlen im resistenten Falle die Methylgruppen (AACCUG). Dieses Oligonukleotid tritt nahe am Ende der 16S-RNS auf.

Daraus ist der Schluß gezogen worden, daß der genetische Ort, der die Kasugamycin-Resistenz in *E. coli* bestimmt, eine spezifische Methylase determiniert. Tatsächlich konnte eine derartige Methylaseaktivität, die spezifisch Adenin in 6-Stellung dimethyliert, in Extrakten von sensitiven Stämmen nachgewiesen werden, die in Extrakten von resistenten Bakterien fehlt. Als geeignetes Substrat erwies sich dabei das 21S-„Core-Partikel" der 30S-Untereinheit, das neben der 16S-rRNS noch einige ribosomale Proteine enthält. 16S-RNS selbst, sowie die intakten 30S- und 50S-Untereinheiten des Ribosoms, besaßen keine Substrateigenschaften.

3. Startkomplex und t-RNS-Ribosom Wechselwirkung

Daraus kann geschlossen werden, daß der Angriffsort oder die Bindungsstelle für Kasugamycin anders als für die vorher behandelten Aminoglycosidantibiotika vermutlich in der Nähe des 3'-Endes der 16S-RNS liegt, und daß durch die Bindung von Kasugamycin die 30S-Untereinheit des Ribosoms für die Proteinbiosynthese inaktiv wird.

d) Tetracycline

Die drei wichtigsten Antibiotika dieser Gruppe sind in Abb. 5.6 dargestellt; alle werden von Streptomyceten produziert. Die Tetracycline gehören einer Gruppe von antibakteriellen Wirkstoffen an, die unter der Bezeichnung Breitbandantibiotika bekannt sind und das Wachstum von Gram-negativen und von Gram-positiven Bakterien hemmen. Außerdem sind die Tetracycline noch gegen Rickettsien, Mycoplasma und gegen einige der größeren Viren wirksam. Nach anfänglichen Meinungsverschiedenheiten ist man heute allgemein der Ansicht, daß die hemmende Wirkung der Tetracycline auf die Proteinbiosynthese die Basis für ihre antibiotische Wirksamkeit bildet. Im Gegensatz zu den Aminoglycosidantibiotika hemmen die Tetracycline die Proteinbiosynthese sowohl bei 70S- als auch bei 80S-Ribosomen, obwohl 70S-Ribosomen etwas sensitiver sind. Tetracycline wirken jedoch viel besser auf die Proteinsynthese in intakten prokaryotischen Zellen als in eukaryotischen Zellen.

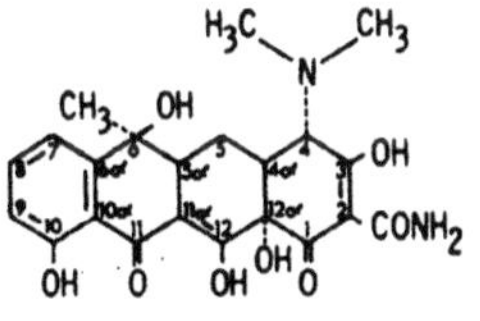

Abb. 5.6. Die drei wichtigsten Tetracyclin-Antibiotika

Tetracyclin

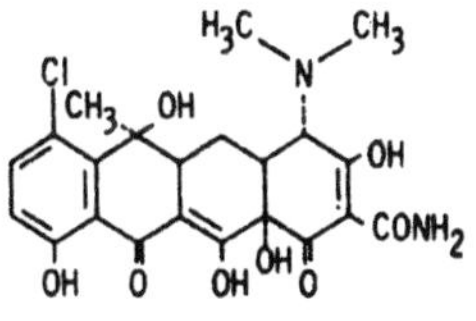

Chlortetracyclin

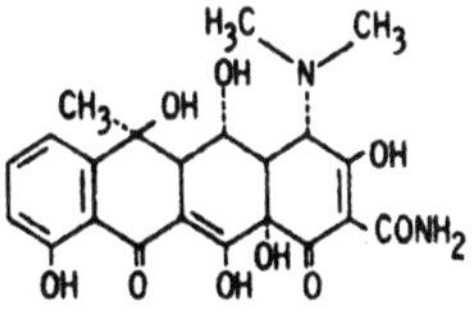

Oxytetracyclin

Die Tetracycline hemmen nicht die Bindung von natürlicher oder synthetischer mRNS an Ribosomen, sie sind aber gleichermaßen wirksam auf die Proteinsynthese, unabhängig davon, ob sie von natürlicher oder synthetischer mRNS gesteuert wird. Untersuchungen über die Wirkung der Tetracycline auf die Wechselbeziehung zwischen tRNS und Ribosom zeigen, daß diese Antibiotika die Bindung der Aminoacyl-tRNS, einschließlich der f-Met-tRNS$_F$, an die Akzeptorstelle des Ribosoms hemmen, die Bindung an die Donorstelle aber nicht beeinflussen. Die Bindung von f-Met-tRNS$_F$ an das Ribosom wird offenbar von Tetracyclin weniger gehemmt ($^1/_{10}$) als die Bindung der anderen Aminoacyl-tRNS. Ältere Arbeiten gaben an, daß Tetracyclinkonzentrationen, die die Polypeptidbildung vollständig hemmten, die Bindung von Aminoacyl-tRNS an das Ribosom zu höchstens 50% hemmten. Diese Untersuchungen machten jedoch keinen Unterschied zwischen der Bindung von Aminoacyl-tRNS an die Akzeptorstelle und an die Donorstelle des Ribosoms. Die Tetracycline hemmen offensichtlich die Peptidbindung oder den Translokationsschritt nicht direkt. Sie üben auch keine Wirkung auf die Hydrolyse von GTP zu GDP aus, die, wie einige Autoren behaupten, für die Bindung der Aminoacyl-tRNS an die Akzeptorstelle erforderlich ist. Möglicherweise entkoppeln die Tetracycline die GTP-Hydrolyse von der Bindungsreaktion. In einem Modellsystem, das entwickelt wurde, um die Reaktionen der Termination und des Ablösens der Peptidkette zu untersuchen, hemmt Tetracyclin die Ablösung von Formylmethionin von 70S-Ribosomen, ein Vorgang, der durch die Faktoren R_1 und R_2 stimuliert wird. Das bedeutet, daß die Reaktionen der Termination und der Ablösung an der Akzeptorstelle auf dem Ribosom ablaufen.

Da die Aminoacyl-tRNS mit dem mRNS-Codon auf der 30S- (oder 40S-)Untereinheit in Wechselwirkung treten, liegt der primäre Angriffsort der Tetracycline wahrscheinlich auf der kleineren der beiden ribosomalen Untereinheiten. Tetracyclin hemmt tatsächlich die mRNS-gesteuerte Bindung von Aminoacyl-tRNS an isolierte 30S-Partikel und an ganze Ribosomen. Um den Wirkungsort festzulegen, wurde radioaktives Tetracyclin eingesetzt. Da das Antibiotikum an die meisten Nukleoproteine bindet, überrascht es nicht, daß es an beide ribosomalen Untereinheiten bindet, allerdings fester an die 30S-Untereinheit als an die 50S-Untereinheit. Obwohl der größte Teil des an die Ribosomen gebundenen Tetracyclins dissoziierbar ist, bindet ein kleiner Teil irreversibel. Nach Behandlung mit *bakteriostatischen* Tetracyclinkonzentrationen fangen die Bakterienzellen in einem Medium, das kein Antibiotikum enthält, wieder an zu wachsen. Auch wenn also Tetracyclin teilweise irreversibel an die Ribosomen bindet, wird die Funktionsweise der Ribosomen dadurch nicht auf die Dauer beeinträchtigt. Da man noch keine Ribosomen erhalten hat, die resistent gegen Tetracycline sind, konnte der Angriffsort für Tetracycline noch nicht so genau wie für Streptomycin bestimmt werden. Eine Mutation, die zu Tetracyclin-resistenten Ribosomen führt, bedingt unter Umständen eine völlige Funktionsunfähigkeit der Ribosomen, d.h. die Mutation ist letal. Das könnte der Grund dafür sein, daß man bisher keine Bakterienmutanten mit Tetracyclin-resistenten Ribosomen isolieren konnte. Da Tetracycline die Bindung von Aminoacyl-tRNS an 70S- und an 80S-Ribosomen hemmen, sollte der Angriffsort bei beiden Klassen von Ribosomen im wesentlichen gleich sein.

Auch hier lassen sich die Hemmeffekte von Tetracyclin molekular nicht erklären. Die Zusammenhänge zwischen der chemischen Struktur und der antibakteriellen Aktivität wurden ziemlich genau aufgeklärt. Offenbar existiert jedoch ein spezifisches Permeasesystem für die Aufnahme von Tetracyclinen in die Bakterienzellen (siehe unten), das an bestimmte strukturelle Voraussetzungen gebunden ist. Einige analoge Verbindungen der Tetracycline können zwar die Proteinsynthese hemmen, jedoch nicht in die Zelle eindringen und entfalten daher keine antibakterielle Wirkung.

Untersuchungen darüber, welche strukturellen Voraussetzungen die Tetracycline erfüllen müssen, um die Proteinsynthese an isolierten Ribosomen zu hemmen, sind nicht so zahlreich. Sie deuten aber darauf hin, daß selbst relativ kleine Veränderungen in der Struktur den Hemmeffekt beträchtlich beeinflussen können:

1. Chlorierung in 7-Stellung erhöht die hemmende Wirkung erheblich.
2. Epimerisierung der 4-Dimethylaminogruppe setzt die Aktivität ziemlich herab.
3. Sowohl 4α, 12α-Anhydro- als auch 5α, 6-Anhydrotetracycline (Abb. 5.7) sind viel weniger aktiv als Tetracyclin.
4. Die Ringöffnung von Chlortetracyclin und Tetracyclin, die zu den Iso-Derivaten (Abb. 5.7) führt, und die von Oxytetracyclin, welche die α- und β-Isomeren von Apo-Oxytetracyclin (Abb. 5.7) ergibt, äußert sich ebenfalls in einem Aktivitätsverlust.

Die Eigenschaft der Tetracycline, mit polyvalenten Kationen Chelatkomplexe zu bilden, könnte für ihre hemmende Wirkung auf die Proteinbiosynthese von Bedeutung sein. Der Gedanke liegt nahe, daß Mg^{2+}-Ionen an den Phosphatgruppen der ribosomalen RNS als Bindeglied zwischen dem Ribosom und den Tetracyclinmolekülen dienen könnten. Der für die Bindung erforderliche Bedarf an $K+$-Ionen ist schwieriger zu erklären. Das 11, 12-β-Diketonsystem sowie die 12α- und 3-Hydroxylgruppen sind als komplexierende Orte für polyvalente Kationen diskutiert worden. Möglicherweise beeinflussen die oben genannten strukturellen Veränderungen des Tetracyclin-Moleküls, die dessen Hemmwirkung auf die Proteinsynthese beeinträchtigen, auch seine Fähigkeit, Metallkomplexe zu bilden.

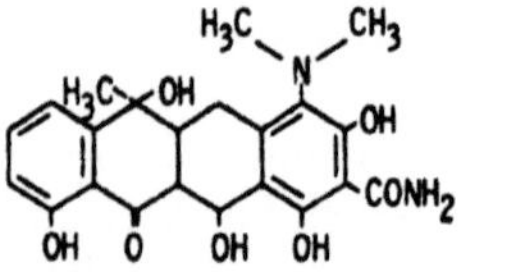

4α, 12α-Anhydrotetracyclin

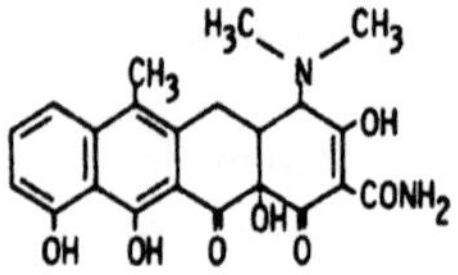

5α, 6-Anhydrotetracyclin

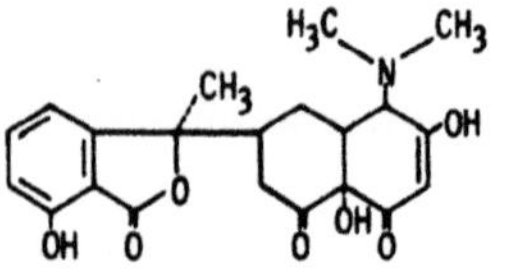

Isotetracyclin

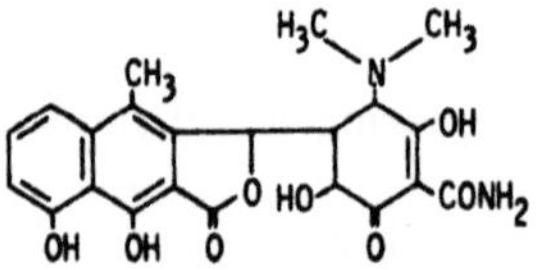

Apo-Oxytetracyclin

Abb. 5.7. Tetracyclinderivate mit stark herabgesetzter antibiotischer Aktivität

4. Hemmstoffe, die auf die Peptidbindung und die Translokation wirken

a) Chloramphenicol

Dieses Antibiotikum (Abb. 5.8) besitzt eine ähnlich breite antimikrobielle Aktivität wie die Tetracycline. In der Medizin wird es in erster Linie zur Behandlung von Typhus verwendet. Jedoch haben, wie noch später geschildert wird, einige ernsthafte Nebenwirkungen die Anwendung von Chloramphenicol als allgemein anwendbaren antibakteriellen Wirkstoff eingeschränkt. Chloramphenicol hat für ein Naturprodukt eine relativ einfache chemische Struktur. Aus diesem Grund ist seine Herstellung durch chemische Synthese auf kommerzieller Basis durch-

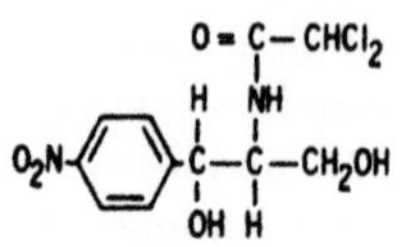

Abb. 5.8. Chloramphenicol. Die aktive Form ist das D-threo Isomer

führbar. Die bakteriostatische Wirkung von Chloramphenicol wird allgemein auf eine spezifische primäre Hemmung der Proteinbiosynthese zurückgeführt. Diese hemmende Wirkung beschränkt sich auf 70S-Ribosomen. Gegen 80S-Ribosomen wirkt Chloramphenicol dagegen überhaupt nicht. Chloramphenicol hemmt die Bildung des Startkomplexes nicht, und auch die Hemmung der Verknüpfung von der Aminoacyl-tRNS mit der Akzeptorstelle des Ribosoms könnte einen indirekten Effekt darstellen. Versuche mit radioaktiv markiertem Chloramphenicol zeigen, daß es ausschließlich an die 50S-Untereinheit bindet, und zwar höchstens 1 Molekül je Untereinheit. Strukturell nicht miteinander verwandte Antibiotika, wie Erythromycin und Lincomycin, von denen bekannt ist, daß sie ebenfalls die Funktion der 50S-Untereinheit negativ beeinflussen, konkurrieren mit Chloramphenicol um die Bindungsstelle. Die Aminoglycoside, die ausschließlich an die 30S-Untereinheit binden, üben dagegen keinen Einfluß auf die Bindung von Chloramphenicol an die 50S-Untereinheit aus. Tetracyclin, das auf die 30S-Untereinheit wirkt, jedoch an beide Untereinheiten bindet, beeinflußt die Bindung von Chloramphenicol ebenfalls nicht.

Zwei Hinweise sprechen für eine Hemmung der Peptidverknüpfungsreaktion durch Chloramphenicol: 1. Das Antibiotikum hemmt die Puromycin-bedingte Ablösung der wachsenden Peptidketten von 70S-Ribosomen. 2. Seine Wirkung auf die Peptidbindungsreaktion konnte in einem einfachen System, bestehend aus Formylmethionyl-ACC AAC, dem endständigen Hexanukleotidrest der f-Met-tRNS$_F$, der 50S-Untereinheit und Puromycin, nachgewiesen werden. In Gegenwart von Äthanol (eine seltsame und noch unverstandene Voraussetzung) wird die Dipeptid-analoge Verbindung N-Formylmethionyl-Puromycin gebildet und von den Ribosomen abgelöst. GTP ist bei dieser Reaktion nicht notwendig. Chloramphenicol verhindert die Bildung des Dipeptids vermutlich, indem es die Peptidyltransferase hemmt, einen offenbar strukturellen Bestandteil der 50S-Untereinheit. Bei der Peptidbindungsreaktion könnte Chloramphenicol als kompetitiver Antagonist von Puromycin oder von Aminoacyl-tRNS wirken. Bevor jedoch über die Natur der Peptidyltransferase und über ihre Rolle bei der Peptidbindungsreaktion nicht mehr bekannt ist, wird es schwierig sein, die hemmende Wirkung von Chloramphenicol genauer zu verstehen.

b) Erythromycin

Dieses komplexe Antibiotikum (Abb. 5.9) zählt zu der Makrolidgruppe. Diese Gruppe ist dadurch gekennzeichnet, daß ihre molekularen Struk-

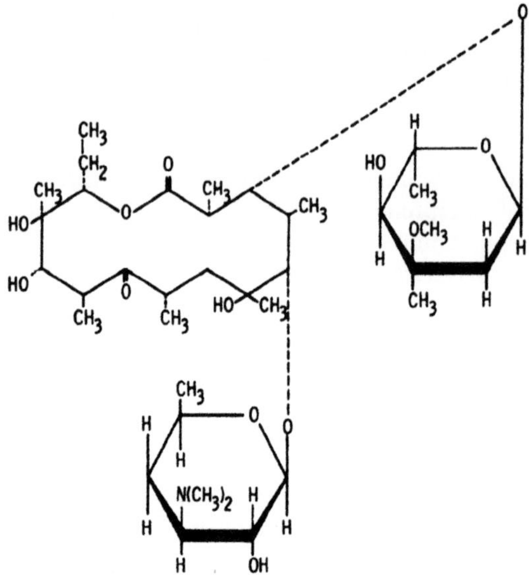

Abb. 5.9. Erythromycin, ein Makrolidantibiotikum

turen große Lactonringe enthalten, die über Glycosidbindungen mit Aminozuckern verknüpft sind. Erythromycin wird manchmal als ein antibakterieller Wirkstoff mittlerer Bandbreite beschrieben, da es zwar gegen viele Gram-positive Bakterien, aber gegen relativ wenige Gramnegative Organismen wirkt. Wie bei Chloramphenicol ist auch die Wirkung von Erythromycin auf 70S-Ribosomen beschränkt. Untersuchungen über das Bindungsvermögen von ^{14}C-Erythromycin deuten darauf hin, daß es ebenfalls ausschließlich an die 50S-Untereinheit bindet. Wie Experimente über die Wirkung von Erythromycin auf die Puromycinreaktion gezeigt haben, hemmt Erythromycin im Gegensatz zu Chloramphenicol nicht die Peptidbindungsreaktion, sondern den nachfolgenden Translokationsschritt, bei dem die Peptidyl-tRNS von der Akzeptorstelle zurück zur Donorstelle verlagert wird. Da Erythromycin auf diese Weise die Peptidyl-tRNS an der Akzeptorstelle festhält, kann Puromycin nicht mit ihr unter Bildung von Peptidylpuromycin reagieren. Auch in einem System, das f-Met-tRNS$_F$, Puromycin, 70S-Ribosomen und das Startcodon AUG enthält, hemmt Erythromycin im Gegensatz zu Chloramphenicol nicht die Bildung von Formylmethionylpuromycin. Das könnte man erklären, wenn die f-Met-tRNS$_F$ direkt an die Donorstelle binden würde, so daß kein Translokationsschritt an dem Vorgang

4. Peptidbindung und Translokation

beteiligt sein müßte. Eine solche Erklärung steht jedoch im Widerspruch zu der Ansicht, daß f-Met-tRNS$_F$ vor der Translokation zur Donorstelle zuerst an die Akzeptorstelle gebunden wird.

c) Lincomycin

Dieses Antibiotikum (Abb. 5.10) wirkt gegen viele Gram-positive Bakterien, aber nicht gegen Gram-negative. Es findet bei der Behandlung Gram-positiver Infektionen Anwendung. Da Lincomycin auf die Ribosomen von Gram-negativen Bakterien wirkt, aber nicht das Wachstum Gram-negativer Arten hemmt, besteht die Möglichkeit, daß das Antibiotikum nicht in die Zellen von Gram-negativen Bakterien eindringen kann. Lincomycin bindet ausschließlich an die 50S-Untereinheit der 70S-Ribosomen, und die Bindungsstelle ist vermutlich mit den entsprechenden Stellen für Chloramphenicol und Erythromycin verwandt, da Lincomycin die Bindung von Chloramphenicol verhindert, und Erythromycin gebundenes Lincomycin verdrängen kann. Lincomycin gleicht Chloramphenicol insofern, als es die Bildung von Formylmethionylpuromycin an 70S-Ribosomen stark hemmt. Trotz der bemerkenswerten chemischen Verschiedenartigkeit der beiden Antibiotika läßt sich die Wirkungsweise von Lincomycin bisher nicht mit Bestimmtheit von der des Chloramphenicols unterscheiden.

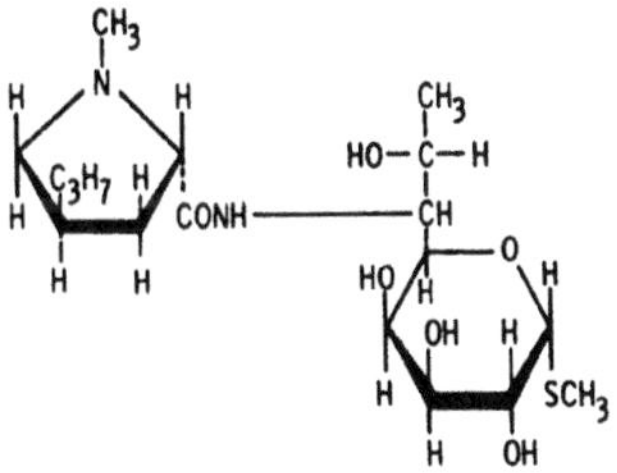

Abb. 5.10. Lincomycin

d) Fusidinsäure

Bei dieser Säure handelt es sich um ein besonders interessantes Antibiotikum, da eine steroidähnliche Struktur bei Antibiotika ungewöhnlich ist (Abb. 5.11). Fusidinsäure hemmt das Wachstum von Gram-positiven, jedoch nicht von Gram-negativen Bakterien. Es findet klinische Anwendung bei der Behandlung Gram-positiver Infektionen, die sich gegen gebräuchlichere Wirkstoffe als resistent erwiesen haben. Seine Unwirksamkeit gegen Gram-negative Bakterien mag darauf zurückzuführen sein, daß das Antibiotikum nicht zu ihren Ribosomen gelangen kann. *In vitro* hemmt es nämlich die Proteinsynthese mit Ribosomen von Gram-negativen und Gram-positiven Bakterien. Es hemmt auch die Proteinsynthese in Präparaten aus Hefe und aus Reticulocyten, die beide bekanntlich 80S-Ribosomen enthalten. Fusidinsäure hemmt die Translokation der Peptidyl-tRNS von der Akzeptor- zur Donorstelle nach der Peptidbindungsreaktion. Außerdem verhindert sie die Spaltung von GTP zu GDP durch den G-Faktor (in Gegenwart von Ribosomen), die an der Translokation beteiligt sein soll. Der G-Faktor, der aus Fusidinsäureresistenten Bakterien isoliert wird, ist selbst gegen das Antibiotikum resistent. Die Hemmung des nicht-resistenten G-Faktors durch Fusidinsäure kann durch Zugabe eines Überschusses an G-Faktor rückgängig gemacht werden. Fusidinsäure hemmt auch die Funktion des T_2-Faktors in dem Reticulocytensystem, der offenbar dem Bakterienfaktor G entspricht. Fusidinsäure hemmt dagegen nicht die GTP-Spaltungsreaktion, die wahrscheinlich für die Bindung von Aminoacyl-tRNS an die Akzeptorstelle des Ribosoms erforderlich ist.

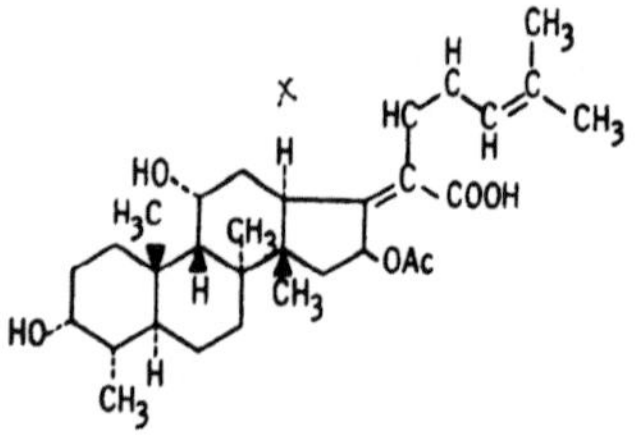

Abb. 5.11. Fusidinsäure. Ein Antibiotikum mit einer steroidähnlichen Struktur

e) Cycloheximid

Alle bisher beschriebenen Hemmstoffe der Proteinbiosynthese sind entweder für 70S-Ribosomen spezifisch oder wirken sowohl auf 70S- als auch auf 80S-Partikel. Cycloheximid (Abb. 5.12) scheint einzig in seiner Art zu sein, weil es spezifisch die Funktion von 80S-Ribosomen hemmt, aber keine Wirkung auf 70S-Ribosomen ausübt. Die 80S-Ribosomen der verschiedenen biologischen Systeme sind jedoch gegen Cycloheximid unterschiedlich sensitiv. So werden z.B. die Ribosomen von *Saccharo-*

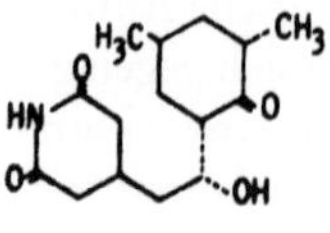

Abb. 5.12. Cycloheximid, ein spezifischer Hemmstoff von 80S-Ribosomen

myces cerivisiae von Cycloheximid stark gehemmt, während die Ribosomen von *Saccharomyces fragilis* resistent sind. Dieser Unterschiede hat man sich bedient, um die Angriffsorte von Cycloheximid zu lokalisieren. Kreuzungsversuche mit 60S- und 40S-Untereinheiten von *S. cerevisiae* und *S. fragilis* zeigen, daß der Ort der Sensitivität gegen Cyclohexamid in der 60S-Untereinheit liegt. Resistente Ribosomen haben offensichtlich veränderte 60S-Untereinheiten, die mit dem Antibiotikum nicht reagieren.

Einiges spricht dafür, daß Cycloheximid die Translokation von Peptidyl-tRNS von der Akzeptor- zur Donorstelle auf dem Ribosom beeinflußt. Wie bei anderen Verbindungen, welche die gleiche Wirkung zeigen, liegt der Angriffspunkt auf der größeren der beiden ribosomalen Untereinheiten. Die Spaltung von GTP zu GDP und anorganischem Phosphat, die mit der Translokationsreaktion verbunden ist, wird — ausgenommen bei sehr hohen Konzentrationen — von Cycloheximid, im Gegensatz zur Fusidinsäure, nicht gehemmt. In dieser Hinsicht gleicht die Wirkung von Cycloheximid der von Erythromycin, obwohl sich die beiden Antibiotika im Hinblick auf ihre Spezifität für 80S- und 70S-Ribosomen unterscheiden. Neuere Befunde deuten darauf hin, daß Cycloheximid die Translokation hemmt, indem es auf irgendeine Weise mit der SH-Funktion des Translokasesystems reagiert. Cycloheximid hemmt jedoch außer der Translokation an 80S-Ribosomen auch den Start der Proteinsynthese. Der Mechanismus der Initiation an 80S-Ribosomen ist unbekannt, und das Antibiotikum könnte bei der Untersuchung dieser Reaktion eine wertvolle Hilfe sein.

5. Folgen der Störung der Proteinbiosynthese

a) *Auswirkungen auf prokaryotische Zellen*

Die meisten Hemmstoffe der Proteinbiosynthese verhindern das Zellwachstum und die Zellteilung und sind daher cytostatisch. Werden die Zellen in ein Medium umgesetzt, das keinen Wirkstoff enthält, so fangen sie nach einer Verzögerung, in der der Hemmstoff aus den Zellen ausgeschieden wird, gewöhnlich wieder an zu wachsen. Streptomycin macht eine auffallende Ausnahme von dieser allgemeinen Regel, denn es wirkt stark bakterizid. Der Mechanismus der bakteriziden Wirkung von Streptomycin ist heftig umstritten, und es bestehen einige Zweifel darüber, ob diese Wirkung ausschließlich auf die Hemmung der Proteinbiosynthese durch das Antibiotikum zurückzuführen ist. Andererseits spricht die Existenz von Streptomycin-resistenten Mutanten mit resistenten Ribosomen dafür, daß die Auswirkungen von Streptomycin auf die Ribosomen in nicht resistenten Zellen wesentlich zu seiner bactericiden Wirkung beitragen. Auch könnte die durch Streptomycin hervorgerufene irreversible Hemmung der Proteinsynthese im Endeffekt eine tödliche Wirkung bedeuten.

Streptomycin besitzt zusammen mit bestimmten anderen Aminoglycosiden eine weitere auffallende Eigenschaft: Es kann bestimmte Mutationen in Bakterien durch phänotypische Suppression verändern. Normalerweise kann ein mutierter Bakterienstamm ohne einen bestimmten Wuchsstoff nicht wachsen. Bei Zugabe einer noch nicht letal wirkenden Konzentration von Streptomycin können diese Zellen jedoch auch ohne den entsprechenden Wuchsstoff weiterwachsen, wenn auch im allgemeinen langsamer als unter normalen Bedingungen. Diese Bakterienmutanten weisen also eine bedingte Abhängigkeit von Streptomycin auf. Eine Erklärung für diese phänotypische Suppression gibt es noch nicht. Möglicherweise bewirkt die Fähigkeit von Streptomycin, falsches Ablesen des Codes am Ribosom zu verursachen, daß Nonsense- oder Missense-Mutationen als sinnvoll gelesen werden und auf diese Weise ein funktionelles Protein gebildet wird. Diese Erklärung setzt jedoch voraus, daß bestimmte Codons bevorzugt falsch abgelesen werden.

Andere Mutanten sind vollständig von Streptomycin abhängig und können ohne es nicht wachsen. In diesen Zellen ist Streptomycin, aufgrund seiner kationischen Eigenschaften, vielleicht für die Aufrechterhaltung der strukturellen Integrität von sonst instabilen Ribosomen notwendig. Andererseits könnte diese Mutation darauf zurückzuführen sein, daß das Ribosom seine Fähigkeit, genetische Information abzulesen, verloren hat und diese nur durch Streptomycin wiederhergestellt werden kann. Es mag von Bedeutung sein, daß andere Substanzen, die ebenfalls falsches Ablesen verursachen, wie Neamin, Paromomycin und verdünntes Äthanol, das Wachstum von Streptomycin-abhängigen Stämmen fördern.

Nukleinsäuresynthese während der Hemmung der Proteinsynthese. In Gegenwart von Hemmstoffen der Proteinbiosynthese, die keine abtötende Wirkung auf die Zelle ausüben, können die RNS- und DNS-Synthese zumindest noch für eine begrenzte Zeit weiterlaufen. In einigen Fällen hat die weiterlaufende Nukleinsäuresynthese wertvolle indirekte Hinweise auf eine selektive Wirkung des Antibiotikums auf die Proteinsynthese geliefert. Früher war man beispielsweise der Ansicht, daß die Hemmung der Proteinbiosynthese durch die Tetracycline lediglich ein Nebeneffekt sei und ihre primäre Wirkung auf der Hemmung der energieerzeugenden Reaktionen in der Zelle beruhe. Mit dem Nachweis, daß

5. Folgen der Störung der Proteinbiosynthese

die Nukleinsäuresynthese auch nach der Hemmung der Proteinsynthese durch die Tetracycline weiterläuft, war gleichzeitig bewiesen, daß die Hemmung der Proteinsynthese nicht auf die Hemmung der Energieerzeugung zurückgeführt werden kann. Die Nukleinsäuresynthese benötigt nämlich ebenfalls Energie. Gleichzeitig machte diese Beobachtung einigermaßen deutlich, daß ein Antibiotikum die Proteinsynthese nicht dadurch hemmt, daß es die mRNS-Synthese beeinflußt.

Ursprünglich war man der Ansicht, daß die Hemmung der Proteinsynthese wenig oder gar keinen Einfluß auf die DNS-Synthese ausübt. Letztere läuft nämlich nach Zugabe der Proteinsynthesehemmer noch längere Zeit weiter. Mittlerweile aber hat man jedoch erkannt, daß die Hemmung der Proteinsynthese nur noch das Zu-Ende-führen einer bereits initiierten Replikationsrunde des Bakterienchromosoms gestattet. Nach Beendigung dieser Runde hört die DNS-Synthese auf. Vermutlich ist die fortlaufende Biosynthese eines hypothetischen Initiatorproteins erforderlich, um eine neue Runde der DNS-Replikation einzuleiten. Wird die Biosynthese dieses Proteins blockiert, kann die Initiierung eines neuen Zyklus der DNS-Replikation nicht stattfinden.

Die Auswirkungen der Hemmung der Proteinsynthese auf die RNS-Synthese sind eingehend untersucht worden. Der größte Anteil (75%) an RNS, die unter diesen Bedingungen synthetisiert wird, hat ähnliche Sedimentationseigenschaften wie die ribosomale RNS. Die restlichen 25% scheinen tRNS zu sein. Die Hauptfraktion der RNS besteht aus Partikeln, die nur wenig Protein enthalten und in der Zentrifuge etwas langsamer sedimentieren als die 30S-ribosomale Untereinheit. Im Gegensatz zu intakten Ribosomen und ihren Untereinheiten sind diese Partikel sehr empfindlich gegenüber Ribonuklease und Ultraschall. Über die Natur und die Bedeutung dieser Partikel gab es schon viele Spekulationen und Kontroversen, besonders im Hinblick darauf, was mit diesen Partikeln geschieht, wenn sich die Zellen von der Hemmung der Proteinbiosynthese erholen. Zellen, die in ein Antibiotikum-freies Medium gebracht werden, synthetisieren bevorzugt ribosomale Proteine, die sich mit der RNS der Antibiotika-induzierten Partikel verbinden und neue Ribosomen bilden. Im Verlauf dieses Prozesses verschwinden diese RNS-Partikel. Sind sie Vorläufer reifer Ribosomen, die in ihrer Entwicklung gehemmt wurden, oder sind sie anormale Partikel, deren Existenz nur auf die Wirkung des Antibiotikums zurückzuführen ist? Obwohl man Partikel aus Zellen, die mit Chloramphenicol behandelt worden waren, sehr genau untersucht hat, steht eine endgültige Antwort auf diese Frage noch aus. Das Protein, das in kleinen Mengen in den Antibiotikum-induzierten Partikeln gefunden wurde, hat viel Aufsehen erregt. Wenn es sich bei diesen Partikeln wirklich um ribosomale Vorläufer handelt, müßte dieses Protein zumindest einige der rund 50 Proteine enthalten, die in reifen Ribosomen vorkommen. Über die Frage, welcher Art dieses Protein ist, sind die Meinungen geteilt. Elektrophoretische Untersuchungen deuten darauf hin, daß das Protein tatsächlich ribosomalen Charakter hat. Andererseits widersprechen kinetische Untersuchungen mit radioaktiv markiertem Material dieser Ansicht. Sie weisen eher darauf hin, daß es sich nicht um ribosomale, sondern um basische Proteine handelt, die aus dem Zellpool stammen und sich unspezifisch an die abkumulierte RNS binden. Vielleicht haben beide Ansichten etwas für sich, denn möglicherweise enthalten die Antibiotikum-induzierten Partikel Spuren von echten ribosomalen Proteinen und unspezifische basische Proteine.

Auswirkungen der Hemmstoffe der Proteinbiosynthese auf den ribosomalen Zyklus. Die 50S- und 30S-Untereinheiten des 70S-Ribosoms sind wahrscheinlich in intakten Zellen an einem zyklischen Prozeß von Dissoziation und Assoziation beteiligt (Abb. 5.1). Am Anfang werden die Untereinheiten einem Untereinheitenpool entnommen und verbinden sich mit mRNS und f-Met-tRNS$_F$ zu einem Startkomplex. Das 70S-Ribosom rollt dann auf der mRNS entlang und Polypeptidbindungen werden gebildet, solange, bis das Ribosom durch ein Terminationssignal aus der Polysomen-Struktur entlassen wird. Das 70S-Ribosom dissoziiert anschließend, und die 30S- und 50S-Partikel begeben sich wieder in den Untereinheitenpool.

Wird Streptomycin zu wachsenden Bakterienzellen gegeben, beobachtet man eine deutliche Akkumulation von 70S-Ribosomen, die noch mRNS tragen, während die Polysomen stark abnehmen. Möglicherweise verursacht Streptomycin aufgrund seiner Wechselwirkung mit der Akzeptorstelle die Dissoziation der Polysomen. Die Ribosomen werden entlassen und in 30S- und 50S-Untereinheiten aufgespalten. Die Untereinheiten vereinigen sich dann wieder mit mRNS und bilden 70S-Ribosomen, die sich rasch in der Zelle anhäufen.

Chloramphenicol, Erythromycin und Spectinomycin beeinflussen offensichtlich den ribosomalen Zyklus nicht, während die Synthese der Polypeptidkette weitgehend eingestellt wird. Diese Antibotika verursachen möglicherweise eine Entkopplung des ribosomalen Zyklus von seiner eigentlichen Funktion in der Proteinbiosynthese. Fusidinsäure, die den Translokationsschritt und damit auch das Entlangrollen des Ribosoms an der messenger-RNS hemmt, blockiert erwartungsgemäß den ribosomalen Zyklus. Fusidinsäure „friert" dadurch quasi die Polyribosomen ein.

5. Folgen der Störung der Proteinbiosynthese 121

b) Auswirkungen auf eukaryotische Zellen

Hemmstoffe der 70S-Ribosomen. Von den Hemmstoffen der 80S-Ribosomen ist anzunehmen, daß sie cytotoxisch gegen eukaryotische Zellen wirken. Es überrascht jedoch, daß auch einige Hemmstoffe der 70S-Ribosomen toxische Auswirkungen auf diese Zellen haben. Man sollte jedoch nicht vergessen, daß bestimmte subzelluläre Organellen von eukaryotischen Zellen, z. B. Mitochondrien und Chloroplasten, 70S-Ribosomen enthalten, die an den biosynthetischen Vorgängen in diesen Organellen beteiligt sind. Verschiedene Cytochrome von Hefezellen, die in Gegenwart von Chloramphenicol, Erythromycin oder Lincomycin gewachsen sind, gehen durch die gestörte Biogenese der Mitochondrien verloren. Falls Streptomycin und Erythromycin die Funktionen der 70S-Ribosomen der Chloroplasten hemmen, läßt sich damit vielleicht auch die Eigenschaft dieser Antibiotika erklären, photosynthetisierende Organismen wie *Chlamydomonas* und *Euglena* zu bleichen.

Chloramphenicol soll auch die Antikörperbildung von Lymphzellen hemmen und den Verlust an Cytochrom C-Reduktase in Zellen von Rattenherzen bewirken, die *in vitro* gezüchtet wurden. Diese Auswirkungen von Chloramphenicol sind äußerst interessant, da sie möglicherweise mit den toxischen Auswirkungen auf das Knochenmark in Verbindung gebracht werden können, die gelegentlich während oder nach einer klinischen Behandlung mit diesem Antibiotikum auftreten. Chloramphenicol verursacht zwei verschiedene Arten von Knochenmarktoxizität: Eine relativ harmlose Toxizität, die an einer Abnahme der Erythrozyten erkennbar ist, von der Dosis abhängt und wieder abklingt, sobald die Chloramphenicolbehandlung abgesetzt wird. Die andere Art, die ungefähr bei einem von 20 000 Patienten vorkommt, ist dagegen irreversibel und verläuft fast immer tödlich. In diesem Fall werden alle Knochenmarkzellen angegriffen, und die klinischen Symptome entwickeln sich in 2 bis 8 Wochen, selbst wenn das Antibiotikum abgesetzt wurde. Ob die Knochenmarktoxizität von Chloramphenicol auf irgendeine Art mit der Wirkung des Antibiotikums auf die 70S-Ribosomen der blutbildenden Elemente in Zusammenhang steht oder nicht, auf jeden Fall setzt das seltene Vorkommen dieser Art von Toxizität eine besondere Empfindlichkeit bei den wenigen Menschen voraus, die von ihr betroffen werden.

Hemmstoffe der 80S-Ribosomen. Während einige Hemmstoffe der 80S-Ribosomen, z. B. Puromycin und Cycloheximid, für Säugetierzellen sehr toxisch und deshalb klinisch nicht von Bedeutung sind, besitzen die Tetracycline bei klinischer Anwendung eine sehr geringe Toxizität. Veränderungen in der Leberfunktion werden auf die Fähigkeit dieser Antibiotika zurückgeführt, die Funktionen von 80S-Ribosomen in zellfreien Systemen zu hemmen. Genauere Untersuchungen darüber, wie Chlortetracyclin (der wirksamste Hemmstoff ribosomaler Funktion *in vitro*) auf die Enzymsynthese und den Aminosäureeinbau in Leberproteine bei der lebenden Ratte wirkt, ergaben keinen signifikanten Hemmeffekt mit diesem Antibiotikum. Die selektive therapeutische Wirkung von Tetracyclinen bei Infektionen könnte durchaus mit der außergewöhnlichen Fähigkeit von Gram-positiven wie auch von Gram-negativen sensitiven Bakterien in Beziehung stehen, diese Antibiotika aktiv intrazellulär zu akkumulieren. Die meisten Säugetierzellen akkumulieren dagegen Tetracycline nicht, so daß im Gegensatz zu den Bakterienzellen die intrazelluläre Konzentration des Antibiotikums selten den Spiegel erreicht, der für eine deutliche Hemmung der Ribosomen erforderlich ist. Unter besonderen Umständen können die Tetracycline aufgrund ihrer Chelatbildenden Eigenschaft in Knochen und Zähnen abgeschieden werden. Z. B. kann die Verabreichung von Tetracyclin an schwangere Frauen zu einer Ablagerung des Antibiotikums in den sich entwickelnden Zähnen des Fötus führen und eine Verfärbung und Deformierung der Zähne verursachen. Da Fusidinsäure gegen 80S-Ribosomen aktiv ist, aber nicht toxisch wirkt, ist zu vermuten, daß sie *in vivo* nicht bis zu diesen Partikeln gelangen kann.

Zusammenfassend kann man sagen, daß die erfolgreiche Chemotherapie von bakteriellen Infektionen mit Hemmstoffen der Proteinbiosynthese auf zwei Hauptfaktoren beruht: 1. einem spezifischen Angriff auf die 70S-Ribosomen der Bakterienzellen, wobei die 80S-Ribosomen des Wirtsorganismus unberührt bleiben, 2. im Falle von Wirkstoffen, die sowohl 70S- als auch 80S-Ribosomen hemmen, muß die Substanz bevorzugt in die Bakterienzelle eindringen.

6. Colicine

Eine interessante Klasse von antibiotisch wirksamen Proteinen, die ebenfalls auf die Synthesen der Makromoleküle einwirken, stellen die Colicine dar. Sie werden von einer großen Anzahl von *E. coli*-Stämmen produziert. Ihre antibiotische Wirkung beschränkt sich auf andere sensitive *E. coli*-Stämme und eng verwandte *Enterobacteriaceae*, wie *Proteus* und *Shigella*. Die Bildung dieser Colicine wird, ähnlich wie die später zu besprechende multiple Antibiotika-Resistenz, durch extrachromosomale DNS-Faktoren (Plasmide oder Episome) determiniert, die als Colicinogene (Col-) Faktoren bezeichnet werden. Diese Col-Plasmide sind z.T.

isoliert und charakterisiert worden. Es handelt sich dabei um ringförmige DNS-Moleküle mit unterschiedlichen Molekulargewichten. Die beiden Col-Faktoren, Col V und Col B, sind F-ähnliche Transferfaktoren, die wie der F-Faktor Pili ausbilden, die mit den F-Pili identisch sind. Der Col I-Faktor dagegen gibt Anlaß zur Bildung von spezifischen I-Pili, die sich morphologisch, durch ihre Antigeneigenschaften und durch ihre Fähigkeit zur Adsorption von spezifischen Phagen von den F-Pili unterscheiden. Diese Col-Faktoren, die durch Zellkontakt auf andere *E. coli*-Stämme und verwandte Enterobakterien übertragbar sind, sind große DNS-Moleküle mit Molekulargewichten von ungefähr 60×10^6 Daltons. Im Gegensatz dazu stellen die Col-Faktoren, Col E_1, Col E_2 und Col E_3, kleine Plasmide dar (Molekulargewichte $4.2 - 5 \times 10^6$ Daltons), die keine Transfereigenschaften besitzen. Alle Col-Plasmide kodieren gleichzeitig für einen Immunitätsfaktor gegen das von ihnen produzierte Colicin. Dadurch werden die colicinogenen Bakterien gegen dieses Colicin resistent. Diese Immunität kann allerdings durch hohe Dosen an Colicin durchbrochen werden, die dann zur Abtötung der colicinogenen Bakterienzellen führen.

Bis heute sind über 20 Colicine beschrieben und z.T. isoliert und gereinigt worden.

Sensitive Zellen besitzen spezifische Rezeptorstellen für die verschiedenen Colicine, die sich vermutlich an der Zellmembran befinden. Colicine werden gewöhnlich aufgrund ihrer Rezeptorspezifität klassifiziert und dann weiter immunologisch unterteilt. Die Colicine E_1, E_2 und E_3 unterscheiden sich zwar in ihren Antigeneigenschaften, besitzen aber alle einen gemeinsamen Rezeptor und werden deshalb zur E-Gruppe gerechnet.

Das gleiche trifft für die Colicine Ia und Ib zu, die ebenfalls denselben Rezeptor, aber unterschiedliche Antigeneigenschaften besitzen.

Die gereinigten Colicine stellen im Falle der Colicine E_1, E_2, E_3 und D reine Proteine dar, während in anderen Fällen (Colicine A, Ia, K) zusätzlich zur Proteinkomponente noch Lipopolysaccharidanteile festgestellt wurden. Vermutlich ist aber auch in den letzteren Fällen der Proteinanteil das wirksame Prinzip.

Colicin E_1 ist ein extrem basisches Protein mit einem Molekulargewicht von 40 000 Daltons. Die Colicine E_2 und E_3 ähneln sich weitgehend in ihren Eigenschaften: Beide besitzen Molekulargewichte von 60 000 Daltons und auch ihre Aminosäurespektren sind sehr ähnlich. Der isoelektrische Punkt von Colicin E_3 liegt mit pH 6.64 etwas tiefer als der von Colicin E_2, das in 2 reversiblen Formen existieren kann. Diese beiden Formen von Colicin E_2 unterscheiden sich in ihren isoelektrischen Punkten: pH 7.63 und pH 7.41. Beide Colicine zeigen außerdem einen hohen Grad an Kreuzimmunität.

Colicin D, das ähnlich wie Colicin E_3 wirkt, ist ebenfalls als reines Protein mit einem Molekulargewicht von 89 000—96 000 (Bestimmung durch SDS-Polyacrylamid-Gel-Elektrophorese bzw. Sephadex G 200 Filtration) isoliert worden. Es scheint aus einer Polypeptidkette zu bestehen. Antigenhomologien mit Colicin E_3 konnten nicht festgestellt werden. Colicin K, vermutlich als Komplex mit dem O-Antigen, ist hoch gereinigt worden und enthält, wie bereits erwähnt, neben einem Proteinanteil (18 %) einen Lipopolysaccharidanteil. Andere Autoren konnten dagegen das Colicin K als reines Protein mit einem Molekulargewicht von 75 000 Daltons erhalten, das die volle biologische Aktivität besaß.

Die Colicine treten im allgemeinen unter normalen Wachstumsbedingungen nur in sehr geringer Menge extrazellulär auf. Ihre Bildung läßt sich jedoch in vielen Fällen induzieren. Nach Behandlung der Zellen mit Mitomycin C oder durch Bestrahlung mit UV-Licht kann die Konzentration an ausgeschiedenem Colicin E_1—E_3 um das 100- bis 1000fache ansteigen. Der molekulare Mechanismus dieser Induktion ist noch unbekannt.

a) Wirkungsweise der Colicine

Die einzelnen Colicine haben verschiedene biochemische Angriffsorte. Die Primärwirkung von Colicin E_1 scheint die Hemmung der oxidativen Phosphorylierung und damit die Blockierung der Energiezufuhr zu sein. Die Hemmung von RNS-, DNS- und Proteinsynthesen scheint erst ein sekundärer Effekt zu sein. Colicin E_2 dagegen wirkt primär auf die DNS-Synthese ein und führt zu einem raschen Abbau der DNS. In der ersten Phase treten in der chromosomalen DNS des mit Colicin E_2 behandelten sensitiven Bakteriums Einstrangbrüche auf. Später sind doppelsträngige DNS-Fragmente nachzuweisen, die noch später — vermutlich durch Exonukleasen — zu säurelöslichen Nukleotiden und Oligonukleotiden abgebaut werden.

Colicin E_3 hemmt die Proteinbiosynthese durch Inaktivierung der Ribosomen.

Colicin Ia und Ib und Colicin K verhalten sich in ihrer biochemischen Wirkung ähnlich wie Colicin E_1 und blockieren primär vermutlich ebenfalls die oxidative Phosphorylierung und damit die Energieversorgung in sensitiven Bakterienzellen.

Für den Wirkungsmechanismus der Colicine ist ein Modell vorgeschlagen worden, das eine indirekte Beeinflussung des biochemischen Wirkungsortes durch das Colicin vorsieht. Diese Vorstellung beruht auf folgenden experimentellen Befunden:

1. Colicin-Moleküle adsorbieren sich an spezifische Rezeptoren an der Zelloberfläche (vermutlich an der äußeren Zellmembran). Diese Adsorption ist bei relativ niedriger Ionenstärke irreversibel.
2. Die Abtötungskurve von sensitiven Bakterien durch Colicine folgt einer Ein-Treffer-Kinetik, d. h. ein adsorbiertes Colicinmolekül kann mit einer gewissen Wahrscheinlichkeit die letale Wirkung hervorrufen. Jedoch führen nicht alle adsorbierten Moleküle zum letalen Ereignis. Für Colicin E_3 braucht man beispielsweise ca. 100 Moleküle, um im Durchschnitt einen tödlichen Treffer pro Bakterium hervorzurufen.
3. Die Wirkung der gebundenen Colicinmoleküle läßt sich durch Behandlung mit Trypsin aufheben, wenn diese kurz nach der Adsorption vorgenommen wird.

Aus diesen experimentellen Befunden ist die Schlußfolgerung gezogen worden, daß alle Colicine an der Außenseite der cycloplasmatischen Membran bleiben und von dort indirekt die biochemischen Wirkungsorte beeinflussen. Alle biochemischen Veränderungen, die nach der Adsorption von Colicin in sensitiven Zellen zu beobachten sind, betreffen makromolekulare Prozesse, die gewöhnlich mit der Zellmembran verbunden sind. Daraus hat man geschlossen, daß die Bindung eines Colicinmoleküls an die Membran eine primäre Veränderung an der Rezeptorstelle verursacht, die ihrerseits die Übertragung eines Signals an den betreffenden biochemischen Wirkungsort (Proteinbiosynthese, Nukleinsäuresynthese, oxidative Phosphorylierung) auslöst. Nach dieser Vorstellung gelangt das Colicin nicht in das Zellinnere. Im Einklag mit dieser Vorstellung stand auch die Isolierung von 2 Typen von Colicin-insensitiven Mutanten:

a) Colicin-resistente Mutanten, die durch Mutation die Rezeptorstelle verloren haben und an die sich Colicin deshalb nicht mehr adsorbieren kann.
b) Colicin-tolerante Mutanten, die noch Colicin adsorbieren können, ohne abgetötet zu werden.
  Von diesen Mutanten wird angenommen, daß sie die Fähigkeit zur Übertragung des Signals auf den biochemischen Wirkungsort verloren haben. Tatsächlich konnten bei diesen Mutanten chemische Veränderungen in der Zellmembran nachgewiesen werden.

Auch der Nachweis, daß Colicin E_2 keine Desoxyribonukleaseaktivität *in vitro* besitzt, obwohl es in der sensitiven Zelle zur raschen Degradation von DNS führt, wies auf eine indirekte Wirkung der Colicine hin.

Kürzlich konnte jedoch gezeigt werden, daß gereinigtes Colicin E_3 auch *in vitro* ähnlich wie *in vivo* in der Lage ist, Ribosomen zu inaktivieren. Dabei kommt es zu einer spezifischen Fragmentierung der 16S-RNS der 30S-Untereinheit des Ribosoms, die auch *in vitro* nur in Gegenwart der 30S- und der 50S-Untereinheit des Ribosoms vollständig ist. Ein Immunfaktor, der aus den colicinogenen Bakterien isoliert werden kann, hemmt diese Fragmentierungsreaktion der 16S-rRNS durch Bindung an das Colicin E_3. Zumindest in diesem Fall ist demnach nicht auszuschließen, daß das Colicin in die sensitive Zelle eindringt und direkt mit dem biochemischen Wirkungsort reagiert.

Colicin E_2 scheint dagegen nach neuesten Untersuchungen einen Übertragungsprozeß zu initiieren, an dem die Endonuklease I von *E. coli* beteiligt ist. Dieses Enzym, das normalerweise zwischen Zellmembran und Zellwand lokalisiert ist, soll unter dem Einfluß von Colicin E_2 durch die Zellmembran transportiert werden und dort entweder in freier Form oder als tRNS-Endonuklease-Komplex die Degradation der DNS initiieren.

Außer den von *Escherichia coli* produzierten Colicinen sind auch in anderen Bakterien ähnlich wirkende bactericide Agentien (allgemein als Bakteriocine bezeichnet) nachgewiesen worden, z. B. die Megacine in *Bacillus megaterium,* die Cloacine in *Enterobacter cloaceae,* die Marcescine von *Serratia marcescens* usw. Auch diese Bakteriocine stellen antibiotisch wirksame Proteine dar, für die ein ähnlicher Wirkungsmechanismus wie für die Colicine postuliert wird. Ihre Bildung scheint ebenfalls von extrachromosomalen Faktoren (bakteriocinogenen Faktoren) determiniert zu werden.

Weiterführende Lektüre

LENGYEL, P. and SÖLL, D.: "Mechanism of protein biosynthesis", in *Bacteriol. Rev., 33* (1969) 264.

WEISBLUM, B. and DAVIES, J.: "Antibiotic inhibitors of the bacterial ribosome", in *ibid, 32* (1968) 493.

BEARD, N. S., ARMENTROUT, S. A. and WEISBERGER, A. S.: "Inhibition of mammalian protein synthesis by antibiotics" in *Pharmacol. Rev., 21* (1969) 213.

SCHLESSINGER, D.: "Ribosomes: development of some current ideas", in *Bacteriol. Rev., 33* (1969) 445.

REEVES, P.: "The Bacteriocins", in *Bacteriol. Rev., 29* (1965) 24.

SMARDA, J.: „Bacteriocine und bacteriocinähnliche Substanzen", Fischer, Jena 1971.

Kapitel VI. Folsäure und die Geschichte der Sulfonamide: Antimikrobielle Agentien, die auf andere Weise wirken

1. Sulfonamide als Wirkstoffe gegen Bakterien

Die Sulfonamide waren die ersten Verbindungen gegen bakterielle Infektionen, die entdeckt wurden. Den ersten Hinweis auf eine solche antibakterielle Wirkung gab der Farbstoff Prontosil rubrum (Abb. 6.1). Bald zeigte es sich, daß die Sulfonamidgruppe der wirksame Bestandteil war. Sulfanilamid konnte ein mögliches Abbauprodukt von Prontosil sein und tatsächlich stellte sich heraus, daß es antibakterielle Eigenschaften besaß. Rasch wurde eine Suche nach noch wirksameren Derivaten eingeleitet. Das erste dieser Derivate, das allgemeine Anwendung fand, war Sulfapyridin (M & B 693). Es wurde kurze Zeit später durch Verbindungen ersetzt, die weniger unangenehme Nebenwirkungen aufwiesen. Von diesen ersten Sulfonamiden werden noch mehrere regelmäßig angewendet, z. B. Sulfadiazin und Sulfadimidin, um nur die bekanntesten unter ihnen zu nennen. Sulfafurazol besitzt ganz ähnliche biologische Eigenschaften, hat jedoch den Vorteil, daß es besser löslich ist. Die Struktur dieser Sulfonamide ist in Abb. 6.1 dargestellt. Seither wurden viele andere antibakterielle Sulfonamide entwickelt; sie sind wahrscheinlich nicht wirksamer als die älteren Verbindungen, aber manche halten sich wesentlich länger im Körper und können deshalb in größeren Abständen gegeben werden. Die Sulfonamide wirken gegen viele Bakterienarten, aber ihr größter Erfolg, unmittelbar nach ihrer Entdeckung, war ihre therapeutische Anwendbarkeit gegen Infektionen durch Streptokokken und gegen Lungenentzündung, die durch Pneumokokken hervorgerufen wird. Heute sind sie jedoch weitgehend von den Antibiotika verdrängt worden, teils, weil die natürlichen Produkte wirksamer sind, und teils, weil Sulfonamid-resistente Bakterien entstanden sind. Die Sulfonamide spielen aber noch immer eine gewisse therapeutische Rolle, besonders bei der Behandlung von Infektionen des Harntrakts und verschiedener Formen der Meningitis. Sie werden auch in der Veterinärmedizin häufig angewendet. Die strukturellen Voraussetzungen der Sulfonamide für eine wachstumshemmende Wirkung sind relativ einfach. Ausgehend von Sulfanilamid als Grundkörper bestanden die Veränderungen fast ausschließlich in verschiedenartigen Substitutionen

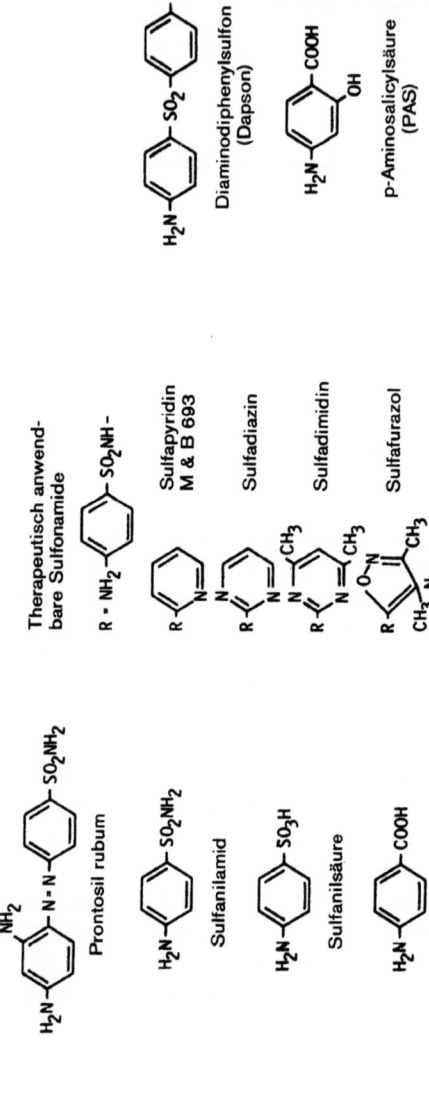

Abb. 6.1. Antibakterielle Sulfonamide und verwandte Verbindungen

am Stickstoff der Sulfonamidgruppe. Eine Substitution an der aromatischen Aminogruppe führt zu einem Aktivitätsverlust.
Auf der Suche nach antibakteriellen Wirkstoffen, die mit den Sulfonamiden verwandt sind, wurden viele Verbindungen hergestellt und wieder fallen gelassen, weil ihre Wirksamkeit nicht ausreichte. Unter diesen Verbindungen war auch 4,4'-Diaminodiphenylsulfon (Dapson) (Abb. 6.1), das zwar nicht gegen die häufig auftretenden bakteriellen Infektionen wirkt, aber, wie sich später herausstellen sollte, ein ausgezeichnetes Mittel gegen die Lepra ist. Tatsächlich ist diese Verbindung beinahe das einzige Medikament, das bei der Therapie dieser Krankheit angewendet wird. Noch auf eine weitere Verbindung, nämlich p-Aminosalicylsäure (PAS) (Abb. 6.1), kann in Zusammenhang mit den Sulfonamiden hingewiesen werden. Auch diese Substanz ist kein allgemein wirksames antibakterielles Agens, wirkt aber gegen den Tuberkelbazillus und ist eines der drei Medikamente, die zur Standardtherapie der Tuberkulose gehören. Man nimmt an, daß der Wirksamkeit von Dapson wie auch von PAS der gleiche biochemische Mechanismus zugrunde liegt wie der Wirksamkeit der Sulfonamide. Die Ursache für ihre Spezifität bei diesen mykobakteriellen Infektionen ist noch unbekannt.
Einige Jahre nach der Entdeckung der antibakteriellen Wirksamkeit der Sulfonamide stellte man fest, daß einige Bakterien p-Aminobenzoesäure als Wachstumsfaktor benötigen (Abb. 6.1). Bei einem Vergleich der Strukturen von Sulfanilamid und p-Aminobenzoesäure fiel sofort die Änlichkeit in der Form der beiden Moleküle auf. Beide Moleküle besaßen einen Benzolring mit einer Aminogruppe. Die in Parastellung zur Aminogruppe befindlichen Gruppen wiesen ebenfalls große Ähnlichkeiten auf. Sie wurden daher als „isostere" Verbindungen bezeichnet. Experimente zeigten, daß p-Aminobenzoesäure und Sulfanilamid oder andere antibakterielle Sulfonamide kompetitive Antagonisten für das Wachstum der Bakterien sind. Das legte bereits den Wirkungsort dieser Verbindungen fest. Von welcher Bedeutung diese Beobachtung für die Biochemie der Bakterien war, erkannte man erst nach und nach. Der erste Schritt in dieser Richtung war die Bestimmung der Struktur von Folsäure, die eine p-Aminobenzoylgruppe enthält. Erwartungsgemäß konnte man zeigen, daß diese Einheit von p-Aminobenzoesäure stammt und daß die Biosynthese der Folsäure durch Sulfonamide gehemmt wird. Die einzelnen Reaktionsschritte wurden später noch genauer aufgeklärt. Die Biosynthese läuft bis zum Dihydropteridinpyrophosphat (Abb. 6.2), das dann mit p-Aminobenzoesäure unter Abspaltung der Pyrophosphatgruppe zu Dihydropteroinsäure reagiert. Sulfanilamid und andere Sulfonamide hemmen die Reaktion kompetitiv. Sulfanilsäure (Abb. 6.1) hemmt das isolierte Enzym ebenfalls stark, besitzt aber keine antibakte-

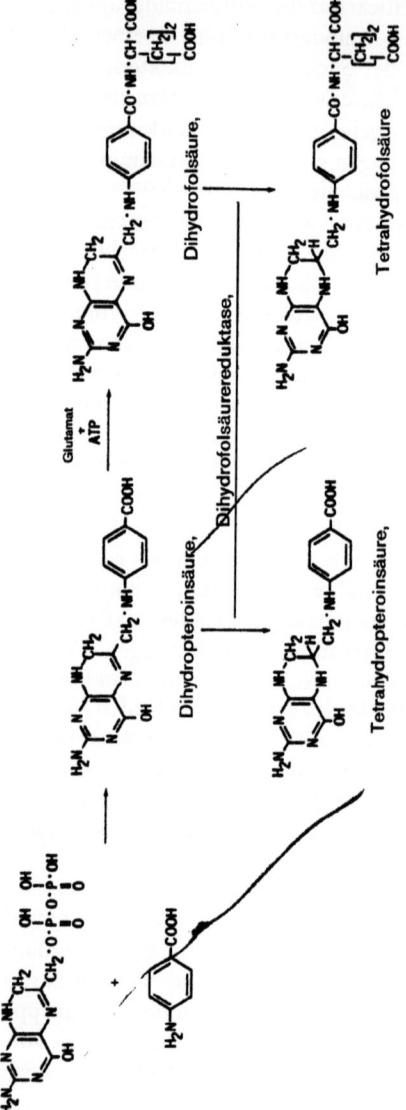

Abb. 6.2. Die letzten Schritte der Folsäurebiosynthese

1. Sulfonamide als Wirkstoffe gegen Bakterien

rielle Wirkung. Als stark anionische Verbindung kann sie nicht in intakte Bakterien eindringen. Sie zeigt jedoch Wirksamkeit, wenn keine Permeabilitätsbarriere vorhanden ist.
Ursprünglich hielt man die Wirkung der Sulfonamide für das klassische Beispiel einer kompetitiven Hemmung einer Enzymreaktion durch ein strukturelles Analog des normalen Substrats. Experimente mit einem isolierten Enzymsystem und ^{35}S-markierter Sulfanilsäure haben aber die Bildung von markierten Produkten nachgewiesen, die vermutlich Addukte von Sulfanilsäure an den Dihydropteridinteil darstellen. Das könnte bedeuten, daß die Wirkung der Sulfonamide zumindest teilweise darauf zurückzuführen ist, daß sie als Substrate angenommen werden. Das hätte die Bildung von falschen Folsäuren in den Bakterien zur Folge. Ein derartiger Wirkungsmechanismus würde den bakteriellen Metabolismus stärker blockieren als eine einfache kompetitive Hemmung, da eine solche Wirkung weniger leicht rückgängig gemacht werden kann.

Der durchschlagende Erfolg der Sulfonamide zusammen mit der frühzeitigen Kenntnis ihres Wirkungsortes stimulierten die Suche nach ähnlich wirkenden Verbindungen. Für jeden nur denkbaren bakteriellen Wachstumsfaktor wurden analoge Verbindungen synthetisiert, in der Hoffnung, genauso erfolgreiche antibakterielle Wirkstoffe zu finden, wie die Sulfonamide es waren. Dieser ungeheure Aufwand war jedoch fast völlig umsonst. Das scheinbar einfache Modell, wie es der Antagonismus zwischen p-Aminobenzoesäure und Sulfanilamid darstellte, erwies sich als völlig irreführend. Es lohnt sich zu fragen, warum. Die Sulfonamide verdanken ihre Wirkung einer günstigen Konstellation von Umständen, die auf andere Systeme nicht ohne weiteres übertragen werden kann. Das natürliche Substrat, die p-Aminobenzoesäure, ist ein Zwischenprodukt einer bakteriellen Biosynthese, die es in tierischen Zellen normalerweise nicht gibt. Daher werden die analogen Sulfonamide durch einen Überschuß an Wachstumsfaktor, der vom Wirtsorganismus produziert wird, nicht inaktiviert. Sie sind auch nicht besonders toxisch, was der Fall wäre, wenn sie kompetitiv zu einem für den tierischen Metabolismus wichtigen Faktor wirken würden. Die Endprodukte der Biosynthese sind Folsäure und ihre verschiedenen Derivate. Die meisten Bakterien sind für diese Verbindungen nicht durchlässig. Deshalb können die infizierenden Bakterien nicht auf die Folsäure des Wirts zurückgreifen, um den durch die Sulfonamide verursachten Mangel auszugleichen. Es stellte sich schon frühzeitig heraus, daß die Zugabe von Folsäure zum Medium die antibakterielle Wirkung der Sulfonamide normalerweise nicht aufheben konnte. Ein weiterer günstiger Umstand ist der, daß die Sulfonamide wie p-Aminobenzoesäure von Bakterienzellen leicht aufgenommen werden können. Viele Biosynthese-Zwischenprodukte dagegen tragen Phosphorsäuregruppen, welche die Aufnahme dieser Zwischenprodukte aus dem Medium in das Bakterium verhindern. Mögliche Hemmstoffe, die analoge Verbindungen zu diesen Zwischenprodukten darstellen, haben genauso große Schwierigkeiten, in das Bakterium einzudringen. Der große Erfolg der Sulfonamide als antibakterielle Agentien beruhte also auf dem glücklichen Zusammentreffen bestimmter Eigenschaften dieser Verbindungsklasse.

2. Antagonisten der Dihydrofolsäure-Reduktase

Als die Struktur der Folsäure bekannt und ihre Verwandtschaft mit der p-Aminobenzoesäure und den Sulfonamiden allgemein anerkannt war, suchte man natürlich nach Antagonisten unter den Strukturanalogen der Folsäure selbst. Man fand sie auch; erwartungsgemäß waren sie aber äußerst toxisch, da die Derivate der Folsäure im Gegensatz zu denen der p-Aminobenzoesäure eine wichtige Rolle im Metabolismus der tierischen Zellen spielen. Die Toxizität von einigen dieser Verbindungen für tierische Zellen ist sogar viel größer als für Bakterien, da die Bakterienmembranen für diese Verbindungen fast ganz undurchlässig sind. Von der cytotoxischen Wirkung einiger Antifolsäureverbindungen, wie z.B. Methotrexat (Abb. 6.3), wurde bei der Behandlung von Leukämie Gebrauch gemacht.

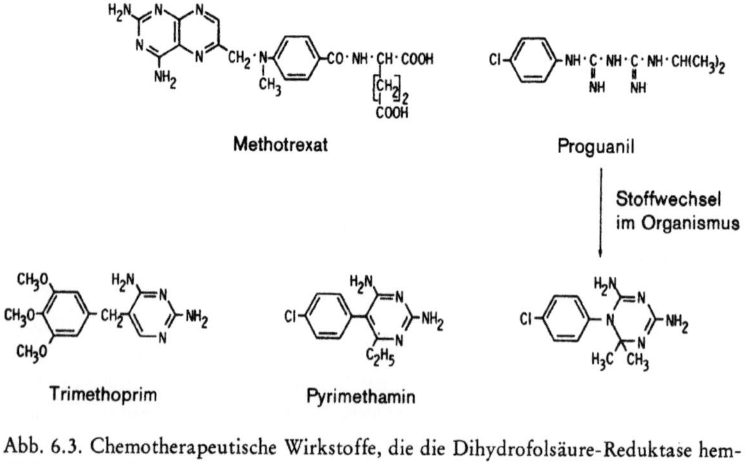

Abb. 6.3. Chemotherapeutische Wirkstoffe, die die Dihydrofolsäure-Reduktase hemmen

2. Antagonisten der Dihydrofolsäure-Reduktase

Obwohl die direkten Analoga der Folsäure als antibakterielle Wirkstoffe wertlos waren, haben andere Verbindungen, die auf ähnliche Weise wirken, bei der Behandlung von bakteriellen Infektionen große Bedeutung erlangt. Diese Möglichkeit wurde zum ersten Mal bei zwei Pharmaka erkannt, die zur Behandlung von Malaria entwickelt wurden: Proguanil und Pyrimethamin (Abb. 6.3). Proguanil ist in seiner ursprünglichen Form inaktiv, wird aber im Körper zu Dihydrotriazin umgewandelt und (siehe Abb. 6.3) wird dadurch aktiv. Dieser Metabolit und Pyrimethamin wirken kompetitiv auf die Biosynthese von Folsäure in *Lactobacillus casei*. Dieses Ergebnis ließ die Folsäurebiosynthese als möglichen Wirkungsort für diese Verbindungen erscheinen. Ein Folsäureantagonismus wurde bei vielen Verbindungen nachgewiesen, die alle 2,4-Diaminopyrimidin oder eine verwandte Ringstruktur mit ähnlichen Substituenten besitzen. Sie sind eindeutig mit dem Aminohydroxypyrimidinteil des Folsäuremoleküls analog.
Der genaue Angriffsort dieser Folsäureantagonisten ließ sich bestimmen, nachdem die Folsäurebiosynthese in allen Einzelheiten aufgeklärt war. Der Schritt, der zur Bildung von Dihydropteroinsäure führt, wurde bereits behandelt. Auf dieser Stufe wird Glutaminsäure angehängt, und es entsteht Dihydrofolsäure. Die Dihydroverbindungen müssen jedoch durch das Enzym Dihydrofolsäure-Reduktase zu den Tetrahydroverbindungen reduziert werden (Abb. 6.2), bevor sie als Cofaktoren bei Reaktionen mitwirken können, bei denen Einkohlenstoffeinheiten übertragen werden. Sowohl die cytotoxischen Analoga der Folsäure als auch die oben erwähnten Verbindungen gegen Malaria hemmen die Dihydrofolsäure-Reduktase. Letztere Verbindungen selbst erwiesen sich nicht als brauchbare antibakterielle Wirkstoffe. Biochemische Untersuchungen an ihnen und an chemisch mit ihnen verwandten Verbindungen ließen einige interessante Anzeichen für Enzymspezifität erkennen. Obwohl die meisten lebenden Zellen das Enzym Dihydrofolsäure-Reduktase brauchen, sind die Strukturen des Enzyms von einem Organismus zum anderen offensichtlich genügend verschieden, so daß selektive Antagonisten erhalten werden können. So ist Pyrimethamin gegen die Reduktase von Bakterien nicht besonders wirksam, besitzt aber eine außergewöhnlich hohe Affinität für das Enzym von *Plasmodium vinckei;* falls es gegen andere Plasmodien gleichermaßen aktiv ist, könnte diese Eigenschaft seine spezifische Wirkung gegen Malaria erklären. Eine hoch selektive Wirkung gegen das Enzym von Bakterien wurde bei dem Pyrimidinderivat Trimethoprim (Abb. 6.3) festgestellt. Diese Verbindung allein wurde noch nicht als antibakterieller Wirkstoff verwendet, ist aber vor kurzem in Verbindung mit dem Sulfonamid Sulfamethoxazol als „Septrin" auf den Markt gekommen. Diese Kombination soll eine

breitere antibakterielle Wirkung entfalten als die Sulfonamide und wird als Alternative zu Ampicillin angewendet. Außerdem sollen die Bakterien bei der Anwendung dieser Kombination weniger leicht gegen den Sulfonamidanteil resistent werden, als wenn dieser allein gegeben wird. Sowohl Sulfonamid als auch Trimethoprim blockieren die Folsäurebiosynthese, jedoch an verschiedenen Stellen. Diese doppelte Blockierung scheint besonders wirksam zu sein, da sie die Versorgung der Bakterienzelle mit Tetrahydrofolsäure vollständig unterbindet.

3. Antimikrobielle Wirkstoffe, die die letzten Schritte der Atmungskette beeinträchtigen

Viele antimikrobielle Wirkstoffe hemmen den Sauerstoffverbrauch von Mikroorganismen. Bei einigen Verbindungen tritt diese Wirkung als Sekundäreffekt auf, wie beispielsweise bei einer Störung der Membranfunktionen, während andere Verbindungen primär auf die Enzymsysteme wirken, die Wasserstoff von den Dehydrogenasen auf molekularen Sauerstoff übertragen. Die bis jetzt beschriebenen Verbindungen, die diese Wirkung haben, zeigen keine Selektivität gegenüber bestimmten Mikroorganismen. Ihre Wirkung auf tierische Zellen bringt es mit sich, daß sie äußerst toxisch und als therapeutische Wirkstoffe nicht geeignet sind. Sie haben sich aber als sehr nützlich für biochemische Untersuchungen erwiesen und sollen daher ausführlicher behandelt werden.

a) Antimycin

Diese Verbindung mit der in Abb. 6.4 gezeigten Struktur hemmt das Wachstum von Hefen und vielen Pilzen, übt aber nur eine geringe Wirkung auf Bakterien aus. Mit Antimycin behandelte Zellen weisen einen sofortigen Abfall in der Sauerstoffaufnahme auf. Subzelluläre Partikel

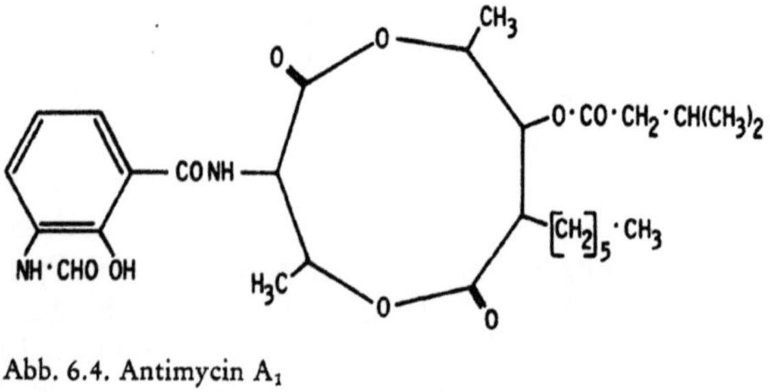

Abb. 6.4. Antimycin A_1

3. Wirkstoffe, die die letzten Schritte der Atmungskette beeinträchtigen

des Pilzes *Piricularia oryzae*, die das Cytochromsystem enthalten, lassen auch eine Hemmung der Atmungsfunktion erkennen. Die Wirkung auf die Hefe *Saccharomyces cerevisia* ist besonders aufschlußreich. Niedrige Antimycinkonzentrationen hemmen die Sauerstoffaufnahme durch die Hefe und stimulieren die Gärung. Der Organismus reagiert dann so, als wäre ihm der Sauerstoff entzogen. Alle diese Ergebnisse weisen auf eine Wirkung auf die Cytochrome hin, und diese Annahme findet sich durch andere Arbeiten an subzellulären Präparationen von tierischen Zellen bestätigt. Es ist bemerkenswert, daß Antimycin sowohl bei *Escherichia coli* als auch bei *Pseudomonas fluorescens* die Sauerstoffaufnahme von ganzen Zellen oder auch von subzellulären Fraktionen nicht hemmt, die das Cytochromsystem enthalten. Die Resistenz von Bakterien gegen diese Verbindung ist folglich nicht darauf zurückzuführen, daß das Antimycin nicht von der Zelle aufgenommen wird, sondern zeigt einen Unterschied in dem biochemischen Mechanismus eines Teils des Cytochromsystems auf.

Der Wirkungsort von Antimycin wurde in erster Linie an den genau definierten subzellulären Partikeln untersucht, die nach verschiedenen Verfahren aus Säugetierzellen gewonnen werden können. Die Reaktionsfolge zwischen den Dehydrogenasen und dem molekularen Sauerstoff ist in Abb. 6.5 dargestellt. Einige Einzelheiten dieser schematischen Darstellung sind noch umstritten. Antimycin hemmt die Atmung unfraktionierter partikulärer Oxydasepräparationen, wirkt aber nicht auf isolierte Dehydrogenasen. Die Tatsache, daß Antimycin in denselben Präparationen die Reduktion von Cytochrom c durch NADH hemmt, die Oxidation von reduziertem Cytochrom c durch molekularen Sauerstoff aber nicht, engt den Angriffsort noch weiter ein. Mit der von Britton Chance entwickelten Differential-Spektroskopie kann das Oxidations- oder Reduktionsstadium aller Cytochromanteile in einer Präparation von Atmungsenzymen ermittelt werden. Wird Antimycin einem atmenden System hinzugefügt, zeigen die Messungen ein Aussetzen der Atmungstätigkeit an, wobei die Cytochrome a_3, a_1, c und c_1 in der oxidierten Form zurückbleiben, während Cytochrom b noch reduziert wird.

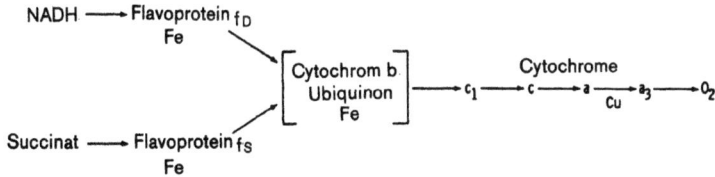

Abb. 6.5. Die Komponenten der Atmungskette

Die Blockierung muß also unmittelbar vor dem Cytochrom c_1 erfolgen. Die molekulare Ursache für diese Blockierung ist nicht bekannt, obwohl eine allosterische Wirkung auf den Enzymkomplex der Mitochondrien vermutet wurde.
Antimycin läßt sich gut für biochemische Forschungszwecke verwenden, da es die Atmung an einem einzigen definierten Punkt blockiert. Seine Toxizität hat zu einer etwas überraschenden Anwendung in der Praxis geführt. In Konzentrationen von weniger als 1 µg/L übt es eine tödliche Wirkung auf Fische aus, und es kann dazu verwendet werden, um abflußlose Gewässer von unbrauchbaren Fischen zu säubern. Zum Abtöten der Fische reichen relativ geringe Mengen des Antibotikums aus, die durch Licht oder biologische Einflüsse rasch wieder abgebaut werden, und innerhalb von ein bis zwei Tagen kann ein See mit kommerziell wertvollen Fischen neu besetzt werden. Dieses Verfahren wurde in Kanada erfolgreich angewandt.

b) Oligomycin

Dieses Antibiotikum zeigt keine nennenswerte Wirkung gegen Bakterien, wirkt aber auf eine begrenzte Anzahl von Pilzarten (daher *Oli-*gomycin) stark hemmend. Es wirkt auch auf Zellen tierischen Ursprungs. Die Struktur von Oligomycin ist noch unbekannt. Ein anderes Antibiotikum, Rutamycin, ist wahrscheinlich ein enger Verwandter von Oligomycin. Oligomycin reduziert die Sauerstoffaufnahme von intakten Zellen und auch von einigen Mitochondrienpräparationen. Im Gegensatz zu Antimycin macht sich eine Wirkung aber nur in Mitochondrien mit fest gekoppelter Atmungskette bemerkbar, die mit anorganischem Phosphat und ADP versorgt sind. Bei der Zugabe von 2,4-Dinitrophenol oder einem anderen die Atmungskette entkoppelnden Wirkstoff zu solchen Präparationen, setzt die Atmung auch in Gegenwart von Oligomycin nicht aus. Das Antibiotikum übt keine Wirkung auf die Sauerstoffaufnahme der Submitochondrienpartikel aus, denen der oxidative Phosphorylierungsmechanismus fehlt. Alle diese Beobachtungen weisen darauf hin, daß Oligomycin indirekt auf die Atmung wirkt, und zwar durch die Hemmung der oxidativen Phosphorylierungsschritte, die in intakten Zellen normalerweise mit der Atmung gekoppelt sind. Oligomycinkonzentrationen, die die Sauerstoffaufnahme nur teilweise hemmen, hemmen in gekoppelten Systemen den Phosphateinbau proportional dazu, so daß das P/O-Verhältnis beinahe unverändert bleibt.
Außer dieser Wirkung auf die oxidative Phosphorylierung hemmt Oligomycin noch die Adenosin-Triphosphatase, die in Mitochondrien durch die Zugabe von 2,4-Dinitrophenol stimuliert wird, ebenso wie die Na^+-

und K⁺-abhängigen Adenosin-Triphosphatasen der Zellmembranen der roten Blutkörperchen, von Herzmuskel- und von Rinderhirnmikrosomen. Das Enzym der Rinderhirnmikrosomen wurde kinetisch sehr genau untersucht. Die Triphosphatasereaktion scheint in drei Phasen abzulaufen (Abb. 6.6). Die erste Na⁺-abhängige Reaktion führt zur Umwandlung von ATP zu ADP und zur Bildung eines phosphorylierten Enzymzwischenprodukts $(E-P)_1$. In der zweiten Phase wird dieses Zwischenprodukt in ein anderes Zwischenprodukt $(E-P)_2$ umgewandelt. Schließlich wird das Enzym zusammen mit anorganischem Phosphat in der K⁺-abhängigen dritten Phase freigesetzt. Oligomycin soll spezifisch die zweite dieser drei Teilreaktionen blockieren. Seine hemmende Wirkung in diesem Enzymsystem erfordert eine etwa 100mal so hohe Konzentration wie sie benötigt wird, um die oxidative Phosphorylierung zu hemmen. Daher bestehen einige Zweifel, ob diese beiden Wirkungen in Beziehung zueinander stehen. Sie betreffen aber eindeutig Reaktionen, die vieles gemeinsam haben. Diese Angelegenheit wird wahrscheinlich nicht eher zu klären sein, bevor der Mechanismus der oxidativen Phosphorylierung nicht im einzelnen bekannt ist. Bis dahin kann man aber mit Sicherheit sagen, daß Oligomycin den Prozeß hemmt, bei dem mit Hilfe der in dem Cytochromsystem freigesetzten Energie anorganisches Phosphat und ADP zu ATP verknüpft wird.

$$ATP + E \xrightleftharpoons{Na^+ \; Mg^{++}} ADP + (E-P)_1$$

$$(E-P)_1 \xrightleftharpoons{Mg^{++}} (E-P)_2$$

$$(E-P)_2 + H_2O \xrightleftharpoons{K^+ \; Mg^{++}} E + Pi$$

Abb. 6.6. Reaktionen bei der Spaltung von ATP durch Na⁺- und K⁺-abhängige Adenosin-Triphosphatase

4. Hemmung der Aufnahme von normalen Metaboliten

Von Zeit zu Zeit wurde von verschiedenen antibakteriellen Wirkstoffen behauptet, daß sie als Antimetaboliten dienten. Ihre Wirkung sollte dann auf einer Störung einer entscheidenden Enzymreaktion beruhen. Es besteht aber auch die Möglichkeit, daß das Transportsystem blockiert wird, das einen wichtigen Metaboliten in die Zelle befördert. Es gilt als sicher, daß viele der von einer Zelle benötigten Nährstoffe durch einen aktiven Prozeß über die Membran aufgenommen werden. Die Strukturen in den Bakterienzellen, die mit der Nahrungsaufnahme beschäftigt sind, werden Permeasen genannt. Diese Permeasen reagieren selektiv mit den transportierten Molekülen, ähnlich wie ein Enzym selektiv mit seinem Substrat reagiert. Sie können ebensogut durch Analoge der Substanz blockiert werden, die sie normalerweise in die Zelle transportieren. Es sind verhältnismäßig wenig Beispiele von antimikrobiellen Verbindungen bekannt, die auf diese Weise wirken, aber zwei können hier angeführt werden.

a) Amprolium

Diese synthetische Verbindung (Abb. 6.7) wurde für die Behandlung von Kokzidiose bei Hühnern entwickelt. Sie ist eindeutig mit Thiamin verwandt, und man nimmt an, daß sie in sehr niedrigen Konzentrationen die Aufnahme von Thiamin in die Kokzidien blockiert. Höhere Konzentrationen verhindern auch die Aufnahme von Thiamin durch den Wirtsorganismus.

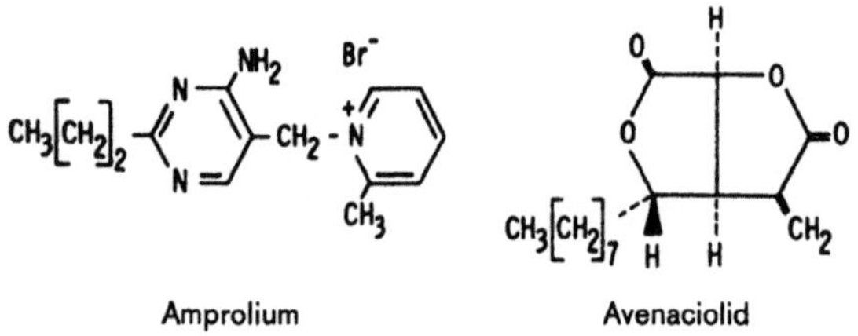

Abb. 6.7. Amprolium und Avenaciolid

b) Avenaciolid

Avenaciolid ist ein Schimmelpilzprodukt, das die Entwicklung von Pilzsporen verhindert. Seine Struktur ist in Abb. 6.7 zu sehen. Niedere Konzentrationen sollen spezifisch den Transport von Glutamat in Lebermitochondrien hemmen.

5. Die Sideromycine

Die Sideromycine bilden eine Gruppe wirksamer und selektiver Antibiotika gegen bakterielle Infektionen und sind für Säugetierzellen nur schwach toxisch. Sie haben nur deshalb als Pharmaka versagt, weil Bakterien außerordentlich leicht Resistenz gegen sie entwickeln. Alle Sideromycine sind Verbindungen, die 3-wertiges Eisen in stabilen Chelatkom-

5. Die Sideromycine

plexen enthalten. Strukturell sind sie mit den Sideraminen verwandt. Die Sideramine sind Eisenkomplexe, die als Wachstumsfaktoren für bestimmte spezialisierte Bakterien dienen können. Die Verwandtschaft zwischen diesen beiden Gruppen kann am Beispiel des Antibiotikums Ferrimycin A_1 erklärt werden, das chemisch gesehen ein Derivat des Wachstumsfaktors Ferrioxamin B (Abb. 6.8) ist. Ferrimycin A_1 unterscheidet sich von Ferrioxamin B nur durch seine ziemlich komplexe Gruppe, die der endständigen Aminogruppe angehängt ist. Das Antibiotikum hemmt das Wachstum Gram-positiver Bakterien wie *Bacillus subtilis*, und Ferrioxamin B wirkt dieser Hemmung kompetitiv entgegen.

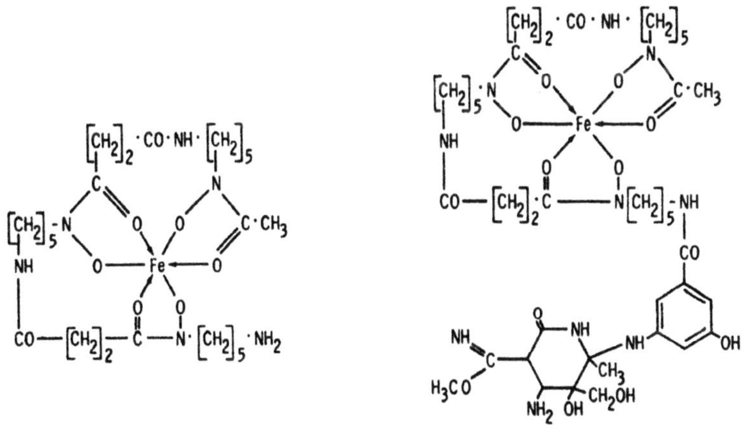

Ferrioxamin B

Ferrimycin A_1

Abb. 6.8. Ferrioxamin B, ein Eisenchelat-bildender Wachstumsfaktor, und Ferrimycin A_1, ein verwandtes Antibiotikum

Die Sideramine, am Beispiel von Ferrioxamin B erläutert, sind unter den Mikroorganismen weit verbreitet und kommen vermutlich auch in allen Aerobiern vor. Über ihre Funktion herrscht noch Unklarheit, aber wahrscheinlich sind sie für den Transport von Eisen in die Zelle zuständig. Sie könnten einen besonderen Mechanismus in der Membran bewirken, der einer Permeasefunktion gleichkommt. Zuerst dachte man, daß die Sideromycine der biochemischen Funktion der Sideramine direkt entgegenwirken. Eine genauere Untersuchung der Wirkung von Ferrimycin A_1 ergibt jedoch, daß sie mit dem Eisenmetabolismus nicht in Zusammenhang stehen. Aufgrund ihrer ausgeprägten strukturellen

Ähnlichkeit mit den Sideraminen benutzen die Sideromycine vermutlich den gleichen Mechanismus wie diese, um in die Zellen einzudringen. Die kompetitive Wirkung zwischen diesen beiden Substanzklassen ist daher eher als Konkurrenz um die Aufnahme in die Zelle zu verstehen und nicht als Konkurrenz um die Besetzung des aktiven Zentrums eines Enzyms, das für den zellulären Metabolismus wichtig ist. Sobald das Sideromycin einmal in das Innere der Zelle gelangt ist, ist seine toxische Wirkung vermutlich ausschließlich der zusätzlichen Gruppe und nicht dem Ferrioxamin-ähnlichen Teil zuzuschreiben. Die biochemische Natur der toxischen Wirkung ist nicht bekannt. Es kann aber gut sein, daß sie von einem Sideromycin zum anderen verschieden ist, da die zusätzlichen Gruppen der zwei Sideromycine, deren Struktur bekannt ist, völlig verschieden sind.

6. Andere Wirkstoffe gegen Bakterien und gegen Pilze

Bis jetzt sind fast alle therapeutisch wertvollen Wirkstoffe gegen Bakterien und Pilze beschrieben worden. Es bleiben noch einige bekannte Verbindungen, die aber nur kurz behandelt werden, weil ihre Wirkungsweise noch nicht aufgeklärt ist.

a) Novobiocin

Die Struktur von Novobiocin ist in Abb. 6.9 dargestellt. Dieses Antibiotikum wirkt sowohl gegen Gram-positive Bakterien als auch gegen Gram-negative Organismen wie *Proteus* und *Klebsiella*. Es findet hin und wieder als antibakterielles Agens Anwendung, wird aber in erster Linie als Reserve-Wirkstoff unter besonderen Umständen gegeben. Eine Gruppe von Antibiotika, bekannt unter dem Namen Koumermycine, ist mit Novobiocin strukturell verwandt. Novobiocin bildet mit dem Magnesiumion Komplexe, aber es steht nicht fest, inwieweit diese Eigenschaft für seine antibakterielle Wirkung von Bedeutung ist.

b) Die Nitrofuranderivate als antibakterielle Wirkstoffe

Viele synthetische antibakterielle Wirkstoffe wurden hergestellt, die auf der 5-Nitro-2-furfurylidenstruktur aufbauen. Einer der bekanntesten von ihnen ist Nitrofurantoin (Abb. 6.9), das häufig bei Infektionen der Blase und der Harnwege angewendet wird. Die Nitrofurane haben eine breitgestreute antibakterielle Wirkung sowohl gegen Gram-positive als auch gegen Gram-negative Organismen. Einige Nitrofurane wurden bei

6. Andere Wirkstoffe gegen Bakterien und gegen Pilze 141

Infektionen im menschlichen Organismus gegeben, was jetzt wegen der toxischen Nebenwirkungen nur selten geschieht.

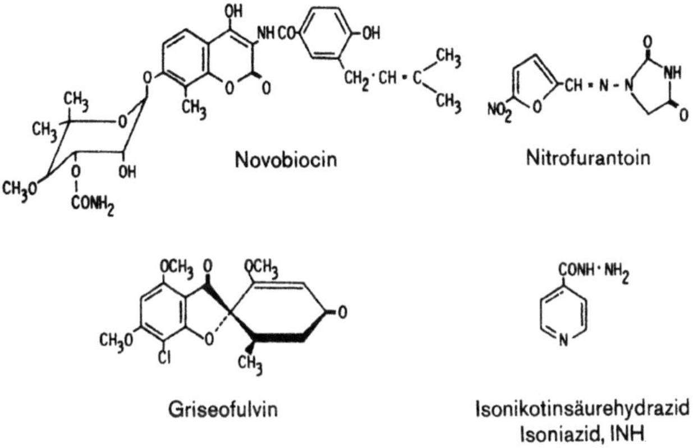

Novobiocin   Nitrofurantoin

Griseofulvin   Isonikotinsäurehydrazid
                 Isoniazid, INH

Abb. 6.9. Therapeutische Wirkstoffe, deren biochemische Wirkungsweise noch unaufgeklärt ist

c) Isonikotinsäurehydrazid (INH)

Diese synthetische Verbindung (Abb. 6.9) ist äußerst wirksam gegen *Mycobakterium tuberculosis* und stellt vermutlich das wichtigste Medikament zur Behandlung der Tuberkulose dar. Um Resistenz zu vermeiden, sollte es immer zusammen mit mindestens einem anderen Mittel gegen Tuberkulose gegeben werden. Die beste Kombination ist INH, Streptomycin und PAS (siehe oben). Für die biologische Aktivität dieser Verbindung wurde bis jetzt noch keine zufriedenstellende Erklärung gefunden.

d) Griseofulvin

Diese Verbindung (Abb. 6.9) übt eine außergewöhnliche Wirkung auf bestimmte Pilzarten aus. Sie bewirkt, daß die wachsenden Enden der Hyphen sich wellen und kräuseln und aufhören zu wachsen. Griseofulvin wird oral verabreicht, und zwar an Patienten, die an Dermatophytose der Füße oder ähnlichen Pilzinfektionen der Haut oder Nägel leiden. Da die Verbindung nur eine wachstumshemmende Wirkung auf die Pilze ausübt und sie nicht abtötet, muß die Behandlung solange fortgesetzt werden, bis der Nagel herausgewachsen ist oder die Keratinschicht der Haut sich abgeschuppt hat und damit das Pilzmycel ganz verschwunden ist.

Weiterführende Lektüre

SHEPHERD, R. G.: "Synthetic antibacterial agents", in *Annual Reports on Mecicinal Chemistry* (1965), S. 119.

HITCHINGS, G. H.: "Chemotherapy and comparative biochemistry", in *Cancer Res.*, 29 (1969) 1895.

HITCHINGS, G. H. and BURCHALL, J. J.: "Inhibition of folate biosynthesis and function as a basis for chemotherapy", in *Adv. Enzymol.*, 27 (1965) 418.

Kapitel VII. Das Problem der Resistenz gegen antimikrobielle Wirkstoffe

Es ist allgemein bekannt, daß die Entwicklung von unschädlichen, antimikrobiellen Wirkstoffen die Medizin innerhalb der letzten 30 Jahre von Grund auf verändert hat. Die Erkrankungs- und Sterblichkeitsziffern, die durch mikrobielle Infektionen verursacht waren, sind dank der modernen Chemotherapie drastisch herabgesetzt worden. Leider ist es aber ebensowenig zu leugnen, daß Mikroorganismen überaus anpassungsfähig sind. Der große Erfolg auf chemotherapeutischem Gebiet ist dadurch etwas geschmälert worden, daß sich Mikrobenstämme breit gemacht haben, denen gegen wachstumshemmende Wirkstoffe ein ganzes Aufgebot an Verteidigungsmaßnahmen zur Verfügung steht. Diese Tatsache sollte uns an sich nicht überraschen, da die gesamte Entwicklungsgeschichte der lebenden Organismen eine Geschichte der Anpassung an ihre Umwelt ist. Auch die Anpassung der Mikroorganismen an die toxischen Bedingungen der antimikrobiellen Agentien läßt sich daher letzten Endes nicht vermeiden.

Den ersten ausführlichen Bericht über die Resistenz von Mikroben gegen antimikrobielle Wirkstoffe verfaßte 1907 Paul Ehrlich, als er mit diesem Problem kurz nach der Entwicklung der Arsen-Chemotherapie gegen Trypanosomiasis konfrontiert wurde. Die Bakterien entwickelten Resistenz gegen Sulfonamide und gegen Antibiotika, als diese Agentien in der Human- und Tiermedizin eingeführt wurden. Die Resistenz von Bakterien gegen wachstumshemmende Agentien ist ein weitverbreitetes Phänomen und eine immer gegenwärtige Gefahr bei der Behandlung einer Infektionskrankheit.

In diesem Kapitel werden die genetischen Grundlagen des Problems der Antibiotika-Resistenz in groben Zügen dargestellt, gefolgt von einer Beschreibung all der biochemischen Mechanismen, die Resistenz hervorrufen. Es werden einige wichtige Beispiele der Resistenz gegen Antibiotika angeführt, um diese biochemischen Mechanismen zu veranschaulichen.

1. Die Genetik der Resistenz gegen antimikrobielle Agentien

Während der vergangenen 25 Jahre wurden auf dem Gebiet der bakteriellen Genetik gewaltige Fortschritte erzielt, die wiederum unsere Kenntnis vom Problem der Resistenz gegen antimikrobielle Wirkstoffe sehr bereichert haben. Wir können uns jetzt ein ziemlich genaues Bild von den genetischen Faktoren machen, die der Entstehung Antibiotikaresistenter Bakterienpopulationen zugrunde liegen.

Die ersten Untersuchungen über die Genetik dieser Resistenz waren von einem zermürbenden Meinungsstreit belastet. Einerseits gab es die Verfechter der Theorie, daß die Entstehung einer resistenten Zellpopulation weitgehend durch die phänotypische Anpassung an die hemmende Verbindung in den Zellen erklärt werden könnte, ohne daß der Genotyp der Zellen dabei unbedingt stark verändert werden müßte. Die Gegenseite war der Ansicht, daß jede große Zellpopulation, die im ganzen einem Wirkstoff gegenüber sensitiv war, wahrscheinlich einige wenige genotypisch resistente Zellen enthalten müßte. Die ständige Gegenwart des antimikrobiellen Agens sollte dann die Entstehung einer neuen Population resistenter Zellen bewirken.

Im Lauf der Jahre deuteten immer mehr Untersuchungsergebnisse auf die zweite dieser beiden Theorien hin. Zwar gibt es, wie wir sehen werden, Beispiele für eine phänotypische Anpassung von Bakterienzellen an wachstumshemmende Wirkstoffe; diese Zellen unterscheiden sich jedoch vom Genotyp her immer von den sensitiven Zellen. Im allgemeinen stellen sie auch nicht die Mehrheit einer Wildtyp-Population dar, falls diese vorher noch nicht mit dem Agens in Berührung gekommen war.

Es ist sogar gut möglich, daß resistente Varianten in einer Umgebung, die keinen antimikrobiellen Wirkstoff enthält, gegenüber den sensitiven Zellen einen Selektionsnachteil haben. Das Vorhandensein von zusätzlichen Mechanismen, die an der Resistenz gegen das antimikrobielle Agens mitwirken, könnte nämlich das Wachstumspotential resistenter Zellen ungünstig beeinflussen.

2. Die Natur der genotypischen Veränderungen, die zu resistenten Varianten führen

a) Spontanmutationen

Man spricht von spontanen Genmutationen, wenn sie nicht durch experimentelle mutagene Behandlungen ausgelöst werden. Spontanmuta-

2. Die Natur der genotypischen Veränderungen

tionen kommen nur selten vor, im Verhältnis von 1 zu 10^7 bis 10^8 je Zellteilung. Berücksichtigt man jedoch die große Zahl der in den Bakterienpopulationen vorhandenen Zellen, so ist die Wahrscheinlichkeit groß, daß in einem Gen eine Mutation ausgelöst wird, die aus einer sensitiven eine resistente Zelle macht. Mit der einfachen und eleganten Stempelmethode kann man überzeugend nachweisen, daß Spontanmutationen, die zu einer Resistenz gegen einen antibakteriellen Wirkstoff führen, in sensitiven Populationen regelmäßig *in Abwesenheit* des betreffenden Wirkstoffs ausgelöst werden (Abb. 7.1). Eine Resistenz kann auf zwei verschiedene Arten erworben werden: Gelegentlich gelangt die

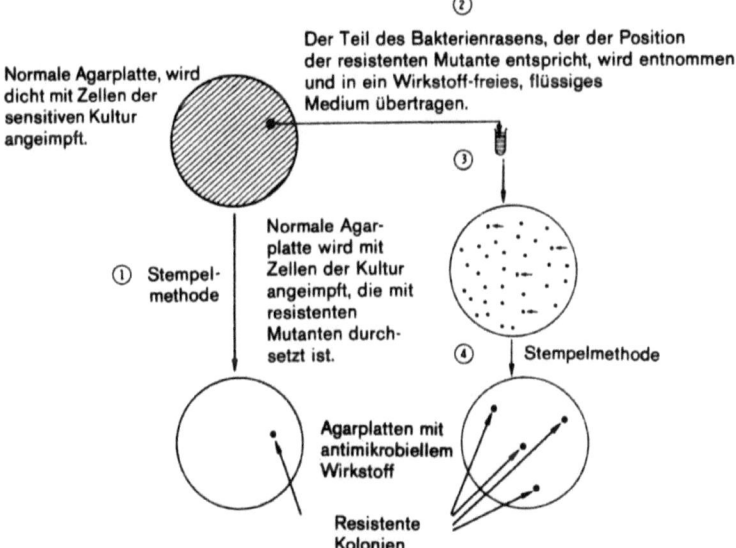

Abb. 7.1. Mit der Stempelmethode läßt sich das Vorhandensein von resistenten Zellen in einer Population nachweisen, die im ganzen dem Wirkstoff gegenüber sensitiv ist. Eine normale Agarplatte wird dick mit Zellen der sensitiven Kultur angeimpft und dann solange bebrütet, bis sie anfangen zu wachsen. Die Zellen werden mit Hilfe eines mit Samt überzogenen Stempels auf eine Platte mit dem Wirkstoff übertragen. Die Platte wird dann bebrütet und die Position aller Kolonien markiert. Der Teil des Bakterienrasens auf der Wirkstoff-freien Platte, der der Position der resistenten Kolonie auf der wirkstoffhaltigen Platte entspricht, wird entnommen und in einem Wirkstoff-freien Medium kultiviert. Obwohl dieses Inokulum noch mit sensitiven Zellen durchsetzt ist, enthält diese Kultur sehr viel mehr resistente Zellen als die Ausgangskultur. Überträgt man eine „angereicherte" Kultur auf eine normale Platte und überstempelt sie dann auf eine wirkstoffhaltige Platte, so ist ein häufigeres Auftreten von resistenten Kolonien zu beobachten

Zelle in einem einzigen Schritt vom Zustand der Sensitivität zum Zustand hochgradiger Resistenz durch eine Mutation in einem einzigen Gen. Häufiger ergibt sich eine Resistenz aus einer Reihe einzelner Schritte, an denen aufeinanderfolgende Mutationen in verschiedenen Genen beteiligt sind. Bei dieser Art von Resistenz entstehen hochresistente Zellen erst, nachdem die Zellpopulation längere Zeit oder wiederholt dem betreffenden Agens ausgesetzt war.

Ursprünglich glaubte man, daß die Genomveränderung durch eine spontane, zur Resistenz führenden Mutation, gefolgt von der Selektion der resistenten Zellen in Gegenwart des betreffenden Wirkstoffs, eine ausreichende Erklärung für die Entstehung von resistenten Populationen bietet. Jedoch hat die Entdeckung, daß Bakterienzellen durch die Vorgänge der Transformation, Transduktion und Konjugation zusätzliches genetisches Material erwerben können, zu der Erkenntnis geführt, daß Spontanmutationen nur einen unwesentlichen Anteil an dem gesamten Resistenzproblem haben dürften.

3. Die Verbreitung der Antibiotikaresistenz durch Übertragung von genetischer Information

a) Transformation

Die Entdeckung, daß DNS die wirksame transformierende Substanz bei Pneumokokken ist, war eines der bedeutendsten Ereignisse in der modernen Biologie. Schließlich erkannte man auch, daß sich die Eigenschaft der Antibiotikaresistenz auf sensitive Zellen übertragen ließ, wenn man diese Zellen mit DNS behandelte, die aus resistenten Mutanten extrahiert worden war. Da sich die Transformation von Pneumokokkenkolonien aus der Glattform in die Rauhform in infizierten Tieren durchführen läßt, ist es denkbar, daß auch die Transformation von sensitiven zu resistenten Pneumokokkenzellen *in vivo* möglich ist. Man sollte jedoch nicht vergessen, daß es sich bei der Transformation um eine relativ unbrauchbare Methode handelt, um genetische Information zu übertragen. Für jeden Resistenzmarker, der von einer sensitiven Zelle erworben würde, müßte eine resistente Zelle lysieren, um ihre DNS freizusetzen. Im Falle einer Mehrschritt-Resistenz ist die Lage etwas günstiger. Hier wird die Resistenz in einzelnen Schritten, von denen jeder eine partielle Resistenz verleiht, auf die sensitiven Zellen übertragen. Dabei ist es möglich, daß mehrere Empfänger-Zellen DNS-Stücke erhalten, die aus einer einzigen Zelle stammen, wobei jedes DNS-Stück eine partielle Resistenz verleiht. Trotz dieser Erwägung steuert die genetische Transformation wahrscheinlich nicht wesentlich zu dem klinischen Problem der Antibiotikaresistenz bei.

b) Transduktion

Während des Vorgangs der Phagentransduktion, die sowohl bei Grampositiven als auch bei Gram-negativen Bakterien möglich ist, wird die genetische Information durch Phagenpartikel von einer Bakterienzelle in eine verwandte, Phagen-empfängliche Zelle übertragen. Bei der Lysogenie wird die DNS des infizierenden temperenten Bakteriophagen in das Bakteriengenom integriert und repliziert dann synchron mit der Bakterien-DNS. Manchmal kann sich der integrierte temperente Phage entweder spontan oder durch Induktion infolge von Bestrahlung mit UV-Licht oder einer Behandlung mit bestimmten Chemikalien virulent vermehren. Dabei werden ganze Phagenpartikel erzeugt, und die Bakterienzelle wird lysiert. Während die lytische Phase eingeleitet wird, kann die Phagen-DNS einen Teil der Wirts-DNS mitnehmen, entweder vom Chromosom oder von einem Plasmid oder Episom, der dann als Teil des Phagengenoms repliziert wird. Der Leser wird an ein geeignetes Lehrbuch über Bakteriengenetik verwiesen, wo die komplizierte Vielfalt der Phagentransduktion ausführlicher beschrieben wird. Aber auch ohne Lehrbuch ist es nicht schwer zu begreifen, wie ein transduzierender Phage während der Induktion ein DNS-Fragment mitnehmen kann, das eine Antibiotikaresistenz-Determinante eines resistenten Bakteriums enthält. Durch die Lysis der Zelle werden viele Kopien des Phagen freigesetzt, von denen jede den Antibiotikaresistenzmarker trägt. Die anschließende Infektion von Phagen-empfänglichen, Antibiotika-sensitiven Zellen unter Bedingungen, die eine Lysogenie begünstigen, hat zur Folge, daß die neu infizierten Zellen gegen das Antibiotikum resistent werden. Vorausgesetzt, die Phagen-DNS wird zusammen mit dem erworbenen Resistenzmarker in das Bakteriengenom integriert und normal repliziert, so entsteht aus jeder mit einem transduzierenden Phagen infizierten Mutterzelle ein Klon von Antibiotika-resistenten Zellen.

Die Verbreitung von Resistenzmarkern durch Transduktion scheint bei *Staphylococcus aureus* von großer Bedeutung zu sein. Dieser Organismus ist befähigt, extrachromosomale genetische Elemente aufzunehmen, die als Plasmide bezeichnet werden. Diese Plasmide übertragen die Resistenz gegen eine Anzahl wichtiger Antibiotika, unter ihnen die Penicilline (vom β-Lactamase-sensitiven Typ), Chloramphenicol, Tetracyclin und Erythromycin. Sie übertragen auch Resistenz gegen bestimmte toxische Metallionen: Cd^{2+}, As^{3+}, Hg^{2+}*. Wenn ein transduzierender Phage in eine *S. aureus*-Zelle gelangt und diese Zelle enthält Plasmide, die ihr Antibiotikaresistenz verleihen, dann kann in diesem Fall die Eigenschaft der Antibiotikaresistenz durch ein Lysat der Zellen auf Antibiotika-sensitive Zellen von *S. aureus* übertragen werden. Einiges spricht dafür, daß die Transduktion von Antibiotikaresistenz übertragenden Plasmiden bei Infektionen von Tieren durch Staphylokokken spontan erfolgt. Außerdem weist das häufige Vorkommen dieser Plasmide in Staphylokokken, die bei Patienten nachgewiesen wurden, eindeutig darauf hin, daß die Transduktion ein wichtiger Faktor bei der Entstehung von Antibiotika-resistenten Stämmen von Staphylokokken zu sein scheint.

c) *Konjugation und R-Faktoren*

In der Verbreitung der Antibiotikaresistenz durch Zellkonjugation in Gram-negativen Bakterien, deren Wirt Tier und Mensch sein können, sieht man heute eine große klinische Gefährdung bei der Behandlung von Krankheiten, die durch Gram-negative Organismen verursacht werden. Das Phänomen der Zellkonjugation in Gram-negativen Bakterien wurde entdeckt, bevor man noch seine Bedeutung für die Antibiotikaresistenz erkannt hatte. Auch hier muß der Leser an ein Lehrbuch über Bakteriengenetik verwiesen werden, um diesen faszinierenden biologischen Prozeß ausführlich geschildert zu bekommen.

Daß eine Antibiotikaresistenz während der Zellkonjugation übertragen werden kann, zeigten erstmalig ausgedehnte epidemologische und bakteriengenetische Untersuchungen in Japan. Den ersten Anhaltspunkt lieferte die Isolierung von *Shigella*-Stämmen bei Patienten, die an der

---

* Diese „Penicillinase-Plasmide" stellen eine Klasse von extrachromosomalen Elementen dar, deren Eigenschaften dem Resistenzdeterminanten-Teil der später zu besprechenden R-Faktoren ähneln. Sie sind ringförmige DNS-Moleküle mit Molekulargewichten im Bereich von $15 - 18 \times 10^6$ Daltons. Sie scheinen keine eigenen Transfereigenschaften zu besitzen. Ihre Übertragung in andere Empfängerzellen erfolgt offenbar ausschließlich durch Transduktion. In Staphylokokken sind bisher mindestens 2 Gruppen von Penicillinase-Plasmiden nachgewiesen worden, die sich aufgrund ihrer gegenseitigen Verträglichkeit (Kompatibilität) in einer Bakterienzelle unterscheiden. Besitzt eine Bakterienzelle bereits ein Penicillinase-Plasmid der einen Kompatibilitätsgruppe, so kann ein Penicillinase-Plasmid der zweiten Gruppe nicht stabil in derselben Zelle etabliert werden. Diese Plasmide von Staphylokokken können ähnlich wie die Sexfaktoren von Enterobakterien (siehe später) nicht nur im extrachromosomalen, autonomen Zustand existieren, sondern sie können auch mit niedriger Wahrscheinlichkeit in das Wirtschromosom oder in ein anderes in der Wirtszelle vorhandenes Plasmid integriert werden.

3. Antibiotikaresistenz durch Übertragung von genetischer Information 149

Ruhr erkrankt waren. Diese Stämme waren gegen einige antibakterielle Wirkstoffe resistent, darunter Sulfonamide, Streptomycin, Chloramphenicol und Tetracyclin. Noch verblüffender war die Entdeckung, daß gelegentlich sowohl sensitive als auch mehrfach-resistente *Shigella*-Stämme von demselben Patienten während einer Epidemie isoliert werden konnten. Bei den meisten Patienten, die mehrfach-resistente Shigellen besaßen, kamen auch mehrfach-resistente *Escherichia coli* im Darmtrakt vor. Diese Tatsache deutete darauf hin, daß die Antibiotikaresistenzmarker von *E. coli* auf Shigella und umgekehrt übertragen werden können. Anschließend entdeckte man, daß Gram-negative Bakterien die Antibiotikaresistenz tatsächlich nicht nur auf Zellen gleicher Art, sondern auch auf Bakterien verschiedener Arten oder sogar verschiedener Gattungen übertragen konnten.

Die Episomen von Bakterien stellen genetisches Material dar, das vom Bakterienchromosom verschieden ist. Sie sind an der Übertragung von Antibiotikaresistenzmarkern durch Zellkonjugation beteiligt und werden als R-Faktoren (Resistenz-Transfer-Faktoren) bezeichnet. Obwohl R-Faktoren in *E. coli*, ähnlich wie die Col-Faktoren, einheitliche, ringförmige DNS-Moleküle darstellen, hat man in einigen Fällen zeigen können, daß diese DNS-Ringe aus 2 Abschnitten zusammengesetzt sind, die sich sowohl funktionell als auch chemisch unterscheiden. Transferiert man nämlich bestimmte R-Faktoren in das mit *E. coli* eng verwandte Enterobakterium *Proteus mirabilis*, so findet eine Dissoziation der ursprünglich einheitlichen R-DNS (MG 63 − 65 × 10^6 Daltons) in zwei ringförmige DNS-Moleküle statt. Die beiden Moleküle haben unterschiedliche Molekulargewichte (10 − 12 × 10^6 Daltons und 55 × 10^6 Daltons) und verschiedene Schwimmdichten. Letztere Eigenschaft weist darauf hin, daß diese beiden DNS-Teile unterschiedlichen GC-Gehalt haben. Das kleinere Molekül bezeichnet man als Resistenz-(R)-Determinante: Dieser DNS-Teil prägt die multiple Antibotika-Resistenz aus (durch Determinierung der später zu besprechenden Antibiotika-inaktivierenden Enzyme), kann diese Eigenschaft aber nicht auf andere Empfängerzellen übertragen. Das größere DNS-Molekül besitzt dagegen nur Transfereigenschaften, prägt aber keine Antibiotikaresistenz aus. Dieser Teil wird deshalb als Resistenz-Transfer-Faktor (RTF) bezeichnet. Er ist in seinen Eigenschaften weitgehend mit dem Sex- oder F-Faktor von *E. coli* analog, der ebenfalls die Befähigung auf Gram-negative Bakterien überträgt, mit Zellen ohne F-Faktor zu konjugieren. Der komplette R-Faktor gleicht dem F'-Faktor, der nicht nur die Konjugation kontrolliert, sondern auch noch Träger genetischer Information ist. Während die zusätzliche genetische Information des F'-Faktors offensichtlich dem Chromosom der Bakterienzelle entnommen wird, wenn diese eine Verbindung mit dem F-Faktor eingeht, gibt es keine Hinweise dafür, daß die R-Faktorgene, die die Antibiotikaresistenz determinieren, auf ähnliche Weise erworben werden. In *Samonella typhimurium* scheint die übertragbare Antibiotikaresistenz von zwei permanent dissoziierten Plasmiden verursacht zu werden, von denen das eine, der Δ-Faktor, wiederum nur Transfereigenschaften besitzt, während das andere die Resistenzgene trägt.

Die chemische Natur der R-Faktoren. Isolierte R-Faktoren bestehen aus ringförmiger Doppelstrang-DNS (Abb. 7.2). Ihr Molekulargewicht beträgt ungefähr 6×10^7 Daltons, verglichen mit dem Molekulargewicht des Chromosoms von *E. coli* von ungefähr 2.5×10^9 Daltons. R-Faktoren aus *E. coli*-Stämmen, die keine Transfereigenschaften besitzen, sind dagegen kleiner, ca. 15×10^6 Daltons. Gegenwärtig herrscht lebhaftes Interesse an der Kontrolle der Replikation und Transkription der R-Faktoren, da ein größeres Verständnis dieser Prozesse vielleicht einen Weg zeigen kann, wie die Funktion des R-Faktors in der Bakterienzelle selektiv gehemmt und der Antibiotika-sensitive Zustand wiederhergestellt werden kann.

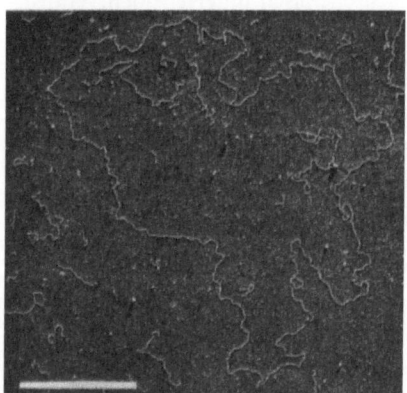

Abb. 7.2. Elektronenmikroskopische Aufnahme der DNS eines R-Faktors, die aus *Proteus mirabilis*-Zellen isoliert wurde, die einen R-Faktor mit Resistenzmarkern für Streptomycin, Sulfonamide und Chloramphenicol tragen. Die Länge des weißen Balkens gibt ein μm wieder; das ringförmige DNS-Molekül hat eine Gesamtlänge von 28.5 μm. Mit freundlicher Genehmigung von Herrn Dr. ROYSTON CLOWES und der American Society for Microbiology (*Journal of Bacteriology*, 97 (1969) 383)

Der Konjugationsprozeß. Zellen, die einen R-Faktor (R⁺) tragen, zeichnen sich durch ihre Fähigkeit aus, Strukturen an der Zelloberfläche zu bilden, die unter der Bezeichnung „Sex-Pili" bekannt sind. Von diesen Sex-Pili gibt es mindestens zwei verschiedene Typen: die Sex-Pili einiger R⁺-Bakterien ähneln weitgehend denen von F⁺-Zellen von *E. coli*. Sie besitzen dieselbe Morphologie, dieselben Antigeneigenschaften und kön-

3. Antibiotikaresistenz durch Übertragung von genetischer Information

nen dieselben F-spezifischen Bakteriophagen adsorbieren. Andere R-Faktoren prägen dagegen Sex-Pili aus, die in den genannten drei Eigenschaften weitgehend den I-Pili gleichen, die vom Col I-Faktor determiniert werden. Man bezeichnet diese R-Faktoren deshalb als F-ähnlich oder I-ähnlich. Werden „männliche" R^+-Zellen mit sensitiven „weiblichen" R^--Zellen vermischt, so bilden sich durch die Pili sofort Paare (Abb. 7.3). Die Übertragung einer Kopie des gesamten R-Faktors, d. h. Transferfaktoren und Resistenzdeterminanten, setzt — möglicherweise durch die Pili — sofort ein. Die weiblichen R^--Zellen werden auf diese Weise rasch in resistente R^+-Zellen umgewandelt und können dann ihrerseits mit anderen R^--Zellen konjugieren. Auf diese Weise wird die Antibiotikaresistenz schnell über die gesamte Bakterienpopulation verbreitet. Die Übertragung eines R-Faktors findet — glücklicherweise — sehr viel seltener statt als die Übertragung eines F-Faktors. Offenbar sammelt sich unmittelbar nach der Infektion einer R^--Zelle durch einen R-Faktor ein Repressor an, der schließlich die Bildung des Sex-Pilus verhindert. Die Fähigkeit zur Konjugation ist daher auf eine kurze Zeitspanne unmittelbar nach der Aufnahme des R-Faktors beschränkt. Im

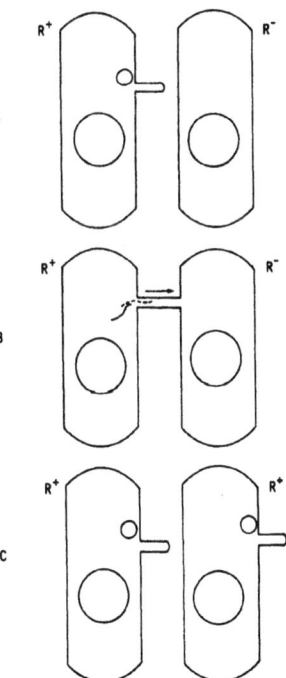

Abb. 7.3. Schematische Darstellung der Konjugation und Übertragung eines R-Faktors in Gram-negativen Bakterien. A. Das Chromosom und der R-Faktor sind jeweils durch große und kleine Kreise dargestellt. Der aus der Oberfläche der R^+-Zellen herausragende Teil stellt den Sex-Pilus dar. B. Die konjugierenden Partner lagern sich zusammen, und eine lineare Kopie des R-Faktors tritt gerade in den Pilus ein. Der Pilus stellt die Verbindungsbrücke zwischen den Paarungspartnern dar. C. Die Übertragung des R-Faktors ist abgeschlossen. Beide Zellen sind jetzt R^+, und die Partner trennen sich. Es sollte noch erwähnt werden, daß die Rolle des Sex-Pilus bei der Übertragung des R-Faktors, wie sie in diesem Schaubild dargestellt ist, nur eine Hypothese ist

Gegensatz dazu unterliegt die Bildung des Sex-Pilus in F$^+$-Zellen nicht der Kontrolle durch einen Repressor, und der Konjugationsvorgang kann daher völlig ungehemmt ablaufen. Die Transfer-Repressoren von R-Faktoren können je nach Art des R-Faktors auf den nicht reprimierten F-Faktor einwirken. R-Faktoren, die die Pilusbildung und die Übertragung von F hemmen, bezeichnet man als R$_{fi}+$-Faktoren (fi$^+$ = fertility inhibition positiv). R-Faktoren, die dagegen die Transfereigenschaften des F-Faktors nicht hemmen können, werden als R$_{fi}^-$-Faktoren bezeichnet (fi$^-$ = fertility inhibition negativ). Es gibt auch R-Faktor-Mutanten, die die Fähigkeit verloren haben, die Bildung des Sex-Pilus zu hemmen. Daher findet bei Bakterien, die diese Art von Episom tragen, eine Übertragung des R-Faktors sehr viel häufiger statt.

Die klinische Bedeutung der R-Faktoren. Man ist sich allgemein darüber einig, daß es bereits vor der Entwicklung der modernen antibakteriellen Wirkstoffe R-Faktoren gab. Dennoch tritt durch den weitverbreiteten Gebrauch und Mißbrauch der Antibiotika die durch R-Faktoren verursachte Antibiotikaresistenz heute sehr viel häufiger auf. Das gilt besonders für den Viehbestand. Hier wurden beträchtliche Mengen von Antibiotika unter das Futter gemischt, um das Wachstum anzuregen und die Futterverwertung zu steigern (Nutritiver Effekt). Auch bei Krankenhauspatienten, die antibakteriell behandelt werden, ist diese Erscheinung zu beobachten.

Bis jetzt ist es noch ungewiß, inwieweit solche R-Faktor-tragenden Gram-negativen Organismen zu der Erkrankungs- und Sterblichkeitsziffer bei Menschen beitragen. Von den Krankheiten, die den Menschen befallen, ist die Neonatale Diarrhöe ein bedeutsames Beispiel, um die Rolle von R-Faktor-tragenden Organismen zu verdeutlichen. Die Diarrhöe wird von bestimmten pathogenen *E.coli*-Stämmen verursacht. Während bei der Behandlung dieser qualvollen Krankheit der kindliche Körper in erster Linie vor der lebensgefährlichen Austrocknung bewahrt werden muß, kann auch die Eliminierung der pathogenen Organismen ein wichtiger Beitrag sein. Diese Eliminierung wird häufig sehr erschwert, wenn eine Mehrfachresistenz gegen die gebräuchlichen Antibiotika besteht. Bei einem kürzlich beobachteten Ausbruch dieser Krankheit wurden die Kinder mit einem pathogenen *E. coli*-Stamm infiziert, der gegen Penicillin, Streptomycin, Chloramphenicol, Tetracyclin, Erythromycin, Neomycin, Novobiocin, Cloxacillin und Ampicillin resistent war. Die Infektion sprach schließlich auf Gentamycin an, das einzige der getesteten Antibiotika, gegen das die pathogenen Bakterien sensitiv waren.

4. Die biochemischen Mechanismen der Antibiotikaresistenz

Vor einigen Jahren führte der amerikanische Mikrobiologe Bernard Davis eine Anzahl möglicher Mechanismen auf, durch die Zellen den toxischen Auswirkungen eines wachstumshemmenden Wirkstoffs widerstehen können. Obwohl dieses Verzeichnis auch heute noch ganz nützlich ist, hat die Erfahrung gelehrt, daß, zumindest bei Bakterien, gewisse Resistenzmechanismen viel häufiger anzutreffen sind als andere.

a) Zusammenfassung der möglichen Mechanismen

1. Umwandlung des wirksamen Hemmstoffes in ein unwirksames Derivat durch Enzyme, die von den resistenten Zellen synthetisiert werden.
2. Veränderung des Wirkstoff-sensitiven Ortes.
3. Verlust der Permeabilität der Zelle für den Wirkstoff.
4. Erhöhte Konzentration des Enzyms, das von dem Wirkstoff gehemmt wird.
5. Erhöhte Konzentration eines Metaboliten, der dem Hemmstoff entgegenwirkt.
6. Ausprägung eines alternativen Biosyntheseweges, der den gehemmten ersetzen kann.
7. Verringerter Bedarf an einem Produkt des gehemmten Systems.

Wir werden für diese verschiedenen Mechanismen geeignete Beispiele anführen und versuchen, ihre relative Bedeutung für das allgemeine Problem der mikrobiellen Resistenz herauszuarbeiten. Selbst wenn ein besonderer Resistenzmechanismus gegen ein spezifisches Antibiotikum unter natürlich vorkommenden resistenten Organismen sehr verbreitet sein mag, schließt das nicht aus, daß gelegentlich andere Mechanismen auftreten können.

1. Umwandlung eines wirksamen Hemmstoffes in ein unwirksames Derivat

Inaktivierung der β-Lactamantibiotika. Das beste Beispiel für diese Art von Resistenz ist die Inaktivierung von Penicillin durch Bakterien, die Penicillinase (β-Lactamase) erzeugen. Bei der Reaktion (Abb. 7.4) wird der β-Lactamring des Penicillins geöffnet, wobei die unwirksame Penicillansäure entsteht. Wie später gezeigt wird, kann die Natur der Seitenkette R entscheidend für die Empfindlichkeit der β-Lactambindung gegen Penicillinase sein. Eine verwandte Gruppe von Antibiotika, die Cephalosporine, werden ebenfalls durch β-Lactamase abgebaut. Penicillin- und Cephalosporin-β-Lactamasen werden von vielen Gram-positiven und Gram-negativen Bakterien erzeugt. Diese Enzyme sind weitgehend für die hochgradige Resistenz gegen Penicillin und Cephalosporin verantwortlich, die bei Gram-positiven Bakterien zu beobachten ist, die β-Lactamasen erzeugen. Einzelne Enzyme zeigen oft eine Spezifität entweder für Penicilline oder Cephalosporine als Substrate, so daß oft keine volle Kreuzresistenz zwischen den beiden Gruppen der β-Lactamantibiotika besteht.

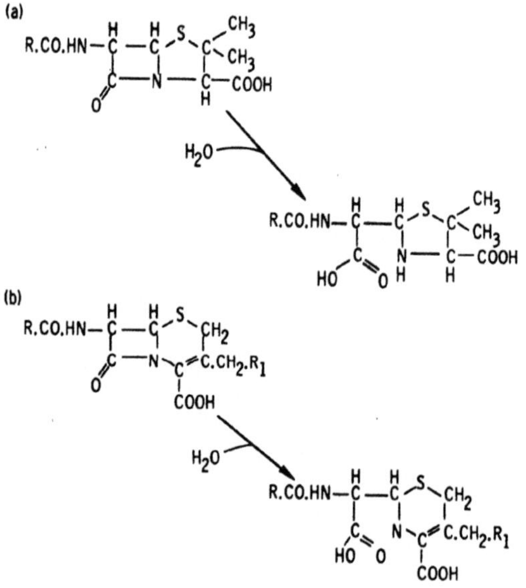

Abb. 7.4. Inaktivierung von a) Penicillinen und b) Cephalosporinen durch β-Lactamase. In beiden Fällen wird die Lactambindung durch einen hydrolytischen Mechanismus geöffnet. R und R_1 stehen für veränderliche Seitenketten

β-Lactamase ist ein induzierbares Enzym in Gram-positiven Organismen. In Abwesenheit von Penicillin oder Cephalosporin werden nur geringe Mengen dieses Enzyms erzeugt. Wenn das β-Lactamase Gen durch den Zusatz geringer Antibiotikamengen (nicht mehr als 0.0024 µg./ml. im Medium) dereprimiert wird, nimmt die Enzymproduktion so stark zu, daß sie mehr als 3% des gesamten Proteins ausmacht, das von dem Bakterium synthetisiert wird. Normalerweise werden Gram-positive

4. Die biochemischen Mechanismen der Antibiotikaresistenz

β-Lactamasen aus den Zellen freigesetzt und zerstören das Antibiotikum in der unmittelbaren Umgebung des Bakteriums. Unter diesen Bedingungen wird das Enzym sehr verdünnt. Daher besteht die Notwendigkeit einer hochaktiven β-Lactamase-Biosynthese.
Die Bildung von β-Lactamase unterscheidet sich in vielen Gram-negativen Bakterien wesentlich von der in Gram-positiven Organismen. So ist die Produktion von β-Lactamasen in Gram-negativen Bakterien im allgemeinen konstitutiv. Außerdem wird normalerweise in Gram-negativen Bakterien weniger β-Lactamase konstitutiv gebildet, als in Gram-positiven Zellen unter Induktions-Bedingungen. Bestimmte Gram-negative Arten wie *Enterobacter* und *Proteus,* die induzierbare β-Lactamasen haben, können ebenfalls große Mengen des Enzyms herstellen. Unter physiologischen Bedingungen ist die β-Lactamase Gram-negativer Bakterien zellgebunden und wird nicht an die Umgebung abgegeben.
Die physiologischen Unterschiede in der β-Lactamase-Produktion in Gram-positiven und Gram-negativen Bakterien bedingen wahrscheinlich die Unterschiede in der Empfindlichkeit gegen die β-Lactamantibiotika bei Gram-positiven und Gram-negativen Bakterien. Die größere Unempfindlichkeit Gram-negativer Organismen ist teilweise auf die Permeabilitätsschranken zurückzuführen, die sich außerhalb des Mureinsacculus befinden, und die Gram-positive von Gram-negativen Bakterien unterscheiden (Kapitel 2). Bei einer gegebenen externen Konzentration an Antibiotikum dringt in Gram-negativen Bakterien vermutlich bedeutend weniger Penicillin bis zu dem Wirkungsort vor als in Gram-positiven Organismen. Teleologisch gesehen braucht der Gram-negative Organismus daher weniger β-Lactamase als die Gram-positive Zelle. Hinsichtlich der „physiologischen Wirksamkeit", die als das Verhältnis der Maximalgeschwindigkeit, mit der eine β-Lactamase arbeiten kann (V_{max}) und ihrer Michaeliskonstanten (K_m) definiert wird, besteht zwischen den β-Lactamasen Gram-negativer und Gram-positiver Bakterien, mit Benzylpenicillin als Substrat, nur ein geringer Unterschied.

Genetische Bestimmung der β-Lactamase-Produktion. In bestimmten Organismen liegt die genetische Information für die Synthese der β-Lactamase auf extrachromosomalen Plasmiden. So ist z.B. in *S. aureus* der Marker für Penicillinresistenz eine von vielen Antibiotikaresistenz-Determinanten, die auf solchen Plasmiden lokalisiert sein können. Eine ähnliche Situation ist bei bestimmten Gram-negativen Arten gegeben, bei denen der β-Lactamase-Marker von R-Faktoren determiniert wird. Abgesehen von diesen extrachromosomalen Determinanten der β-Lactamase gibt es echte chromosomale Gene für die β-Lactamase, die nicht nur vorübergehend in das Chromosom integriert sind. Beispielsweise werden die induzierbaren β-Lactamasen bestimmter Gram-negativer Arten offensichtlich von chromosomalen Genen determiniert. Außerdem gibt es Spontanmutanten von *E. coli*, die gegen Penicillin resistent sind und einen chromosomalen Ort für eine konstitutive β-Lactamase-Synthese haben.

Herkunft der β-Lactamasen. Vieles deutet darauf hin, daß es Penicillin- und Cephalosporin-inaktivierende Enzyme in Bakterien schon gab, lange bevor diese Antibiotika für die Medizin Bedeutung fanden. Durch die weitverbreitete und oft wahllose Anwendung der Penicilline haben sich resistente Bakterienstämme zwar beängstigend schnell vermehrt, aber letzten Endes kann die klinische Anwendung von Penicillin für das Auftreten der β-Lactamasen nicht verantwortlich gemacht werden. Antibiotika wie Penicilline und Cephalosporine könnten auch unter natürlichen Bedingungen aus den sie erzeugenden Mikroorganismen freigesetzt werden. Die Synthese der β-Lactamasen durch andere Organismen, die in der gleichen direkten Umgebung leben, kann dann als das Ergebnis eines langen evolutionären Prozesses betrachtet werden, der von dem Selektionsdruck der Antibiotika bedingt wird. Da aber bisher keine wirkliche Sekretion von Antibiotika unter natürlichen Bedingungen nachgewiesen werden konnte, bezweifelt man den Überlebenswert der Antibiotika für Mikroorganismen und damit auch den selektiven Vorteil von Enzymen wie den β-Lactamasen. Man vermutete, daß der β-Lactamase neben ihrer Rolle für die Inaktivierung der β-Lactamantibiotika auch eine physiologische Rolle zukommt. Vielleicht gibt es ein natürliches, physiologisches Substrat, das von diesen Antibiotika verschieden ist. Die Existenz eines solchen Substrats konnte jedoch noch nicht einwandfrei nachgewiesen werden. Gegen diese Theorie spricht außerdem noch, daß Organismen, die ohne den selektiven Druck von Antibiotika β-Lactamase produzieren, relativ selten vorkommen.

Eine andere Vermutung geht dahin, daß β-Lactamasen das Produkt eines mutierten Gens sind, das für das Penicillin-Cephalosporin-Zielenzym codiert, d. h. für die Transpeptidase, die an der letzten Phase der Quervernetzung der Mureinbiosynthese beteiligt ist (Kapitel 2). Man glaubt, daß diese Transpeptidase mit Penicillin einen stabilen, inaktiven, acylierten Enzymkomplex bildet. Bei der β-Lactamase könnte es sich um eine veränderte Transpeptidase handeln, bei der die Acylverknüpfung zwischen Antibiotikum und Enzym labil ist und in Gegenwart von Wasser auseinanderbricht, wobei inaktiviertes Penicillin (oder Cephalosporin) freigesetzt wird und gleichzeitig das aktive Enzym regeneriert wird. Diese Theorie setzt voraus, daß in dem Organismus, in dem

4. Die biochemischen Mechanismen der Antibiotikaresistenz 157

diese Mutation ursprünglich stattfand, mehr als eine Kopie des Transpeptidase Gens vorhanden gewesen sein mußte. Der Organismus hätte dann ein Wildtyp-Gen zurückbehalten können, das für die normale Transpeptidase codiert, die entscheidend für die Lebensfähigkeit der Zelle ist.

Entwicklung von Penicillin-Derivaten, die aktiv gegen β-Lactamase produzierende Organismen sind. Eine wichtige Leistung in der organischen Chemie war die Synthese einer großen Reihe von Penicillinen mit verschiedenen Acyl-Seitenketten. Einige dieser Derivate hemmen das Wachstum von β-Lactamase produzierenden Bakterien, die gegen Benzylpenicillin resistent sind. Eines der besten dieser Derivate ist Methicillin (2,6-Dimethoxyphenylpenicillin, Kapitel 2). Während diese Verbindung gegen *S. aureus*-Stämme, die keine β-Lactamase produzieren, weniger aktiv als Benzylpenicillin ist, ist sie gegen β-Lactamase produzierende Stämme genau so aktiv wie gegen Stämme, die keine β-Lactamase haben. Methicillin ist deshalb ein sehr nützliches Antibiotikum bei Infektionen, die von Bakterien hervorgerufen werden, die Benzylpenicillin und andere β-Lactamase-empfindliche Moleküle inaktivieren. Es wird von Staphylokokken-β-Lactamase viel weniger leicht gespalten als Benzylpenicillin. Die Michaeliskonstante dieses Enzyms beträgt 28 mM verglichen mit 2.5 uM für Benzylpenicillin. Das Staphylokokken-Enzym hat eindeutig eine viel geringere Affinität für Methicillin, außerdem beträgt die Maximalgeschwindigkeit der Methicillinspaltung durch diese β-Lactamase nur ein Dreißigstel der entsprechenden Geschwindigkeit für Benzylpenicillin.

Leider sind einige kürzlich entdeckte β-Lactamasen, die von Gram-negativen, R-Faktoren tragenden Bakterien produziert werden, fast ebenso aktiv gegen Methicillin wie gegen Benzylpenicillin. Bis jetzt waren noch keine ähnlichen Enzyme in Gram-positiven Organismen zu beobachten. Geeignete Veränderungen der Acylseitenkette haben sich daher als eine sehr wirksame Methode gegen die Penicillinresistenz in Staphylokokken erwiesen. Die Suche nach Penicillinderivaten, die zwar ihre antibiotische Wirksamkeit behalten, aber unfähig sind, eine β-Lactamase-Synthese zu induzieren, war bis jetzt noch erfolglos.

Inaktivierung von Chloramphenicol durch Acetylierung. Ein anderes wichtiges Beispiel einer bakteriellen Resistenz durch Inaktivierung des Antibiotikums ist die enzymatische Acetylierung von Chloramphenicol durch resistente Stämme von Gram-positiven und Gram-negativen Bakterien. Chloramphenicol-resistente *S. aureus*-Stämme, die den Resistenzmarker auf einem extrachromosomalen Plasmid tragen, und auch

E. coli-Stämme, die die Chloramphenicol-Resistenzdeterminante auf einem R-Faktor tragen, inaktivieren beide die antibiotischen Eigenschaften dieses Antibiotikums. Zellfreie Extrakte dieser resistenten Stämme wandeln Chloramphenicol in die 3-Acetoxy- und 1,3-Diacetoxy-Derivate um, vorausgesetzt, daß ausreichende Mengen von Acetyl-Coenzym A (Acetyl-CoA) vorhanden sind (Abb. 7.5). Entsprechende Extrakte aus Chloramphenicol-sensitiven Bakterien verursachen keine nennenswerte Acetylierung.

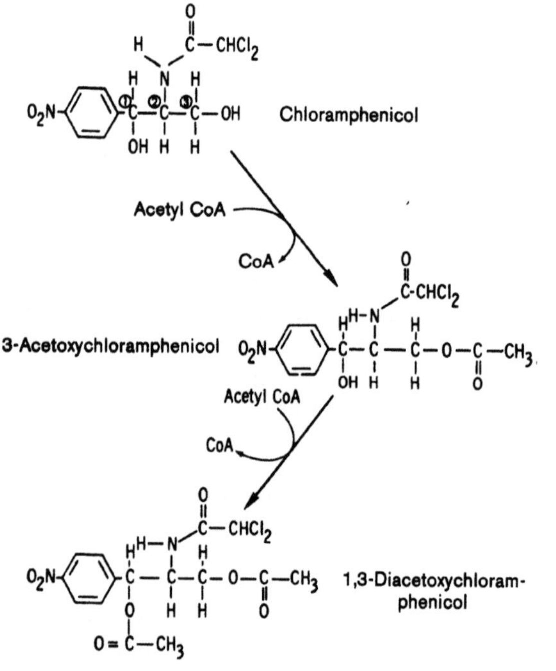

Abb. 7.5. Inaktivierung von Chloramphenicol durch Chloramphenicol-Acetyltransferase; die Reaktion führt zu einem sukzessiven Anhängen von Acetylgruppen an die OH-Gruppen in Positionen 3 und 1 des Antibiotikums. Acetyl-Coenzym A ist ein wesentlicher Cofaktor

Physiologie der Synthese von Chloramphenicol Acetyltransferase. Chloramphenicol-Acetyltransferase ist, wie die β-Lactamase, bei *S. aureus* ein induzierbares und bei *E. coli* ein konstitutives Enzym. Es ist bemerkenswert, daß Chloramphenicol, ein starker Hemmstoff der Proteinbiosynthese, die Synthese des Enzyms fördert, das seine hemmende Wirkung zerstört. Kinetische Untersuchungen über den Induktionsprozeß in S. aureus zeigen, daß in der ersten Phase zwischen der Fähigkeit von Chloramphenicol, die Synthese der Chloramphenicol-Acetyltransferase zu induzieren und der Fähigkeit, die Proteinbiosynthese zu hemmen, ein Konflikt besteht. Schließlich werden jedoch ausreichende Enzymmengen produziert, um die Chloramphenicolkonzentration unter die Konzentration herunterzudrücken, die notwendig ist, um die Proteinsynthese zu hemmen. Da diese Konzentration des Antibiotikums die Enzymsynthese noch immer wirksam induziert, läuft jetzt die Produktion von Chloramphenicol-Acetyltransferase schnell ab.

Eine kürzlich dargestellte analoge Verbindung von Chloramphenicol, 3-Desoxychloramphenicol, induziert Chloramphenicol-Acetyltransferase, hemmt aber nicht die Proteinbiosynthese. Die Verbindung ist kein Substrat für Chloramphenicol-Acetyltransferase. Bei Anwendung von 3-Desoxychloramphenicol zur Induktion der Chloramphenicol-Acetyltransferase läuft die Biosynthese des Enzyms ohne die anhaltende Verzögerung ab, die bei Chloramphenicol zu beobachten ist.

Vergleich von Chloramphenicol-Acetyltransferase aus Gram-positiven und Gram-negativen Bakterien. Chloramphenicol-Acetyltransferase aus Extrakten von S. aureus und E. coli haben ein etwa gleiches Molekulargewicht von ungefähr 78,000; die pH-Optima sind auch ähnlich (7—8). In anderen Eigenschaften weisen die Enzyme jedoch merkliche Unterschiede auf:

(I) Die Substrataffinität des *S. aureus*-Enzyms ist ungefähr 2,5 mal größer als die des *E. coli*-Enzyms.

(II) Während das *E. coli*-Enzym bei 75° schnell inaktiviert wird, zeigt das *S. aureus*-Enzym bei dieser Temperatur eine beachtliche Stabilität.

(III) Zwischen den beiden Enzymen besteht keine immunologische Kreuzreaktion.

Inaktivierung der Aminoglycosidantibiotika. Die Resistenz von Gram-negativen Bakterien mit R-Faktoren gegen Aminoglycosidantibiotika ist gleichfalls auf eine Inaktivierung dieser Antibiotika durch Enzyme zurückzuführen. Durch die Reaktion entstehen 3 verschiedenartige Produkte: (I) phosphorylierte, (II) adenylierte und (III) acetylierte Derivate. Antibiotika, die phosphoryliert werden, sind: Streptomycin, Kanamycin und Paromamin. Streptomycin und Spectinomycin werden adenyliert, während nur Kanamycin acetyliert zu werden scheint. Streptomycin und Kanamycin unterliegen verschiedenen Reaktionen der Inaktivierung, die von dem jeweiligen R-Faktor abhängig sind. Es kann sein, daß auch für die anderen Aminoglycosidantibiotika mehrere Inaktivierungsmechanismen existieren.

Die Adenylierungs- und Phosphorylierungsreaktionen, die das Streptomycin betreffen, sind im einzelnen untersucht worden; bei der veränderten Gruppe handelt es sich um das C_3-Hydroxyl des 2-Desoxy-2-methylamino-L-glucoseteils (Abb. 7.6). Da beide Reaktionen ATP benötigen, wurde vermutet, daß Streptomycinphosphat eventuell ein Spaltprodukt

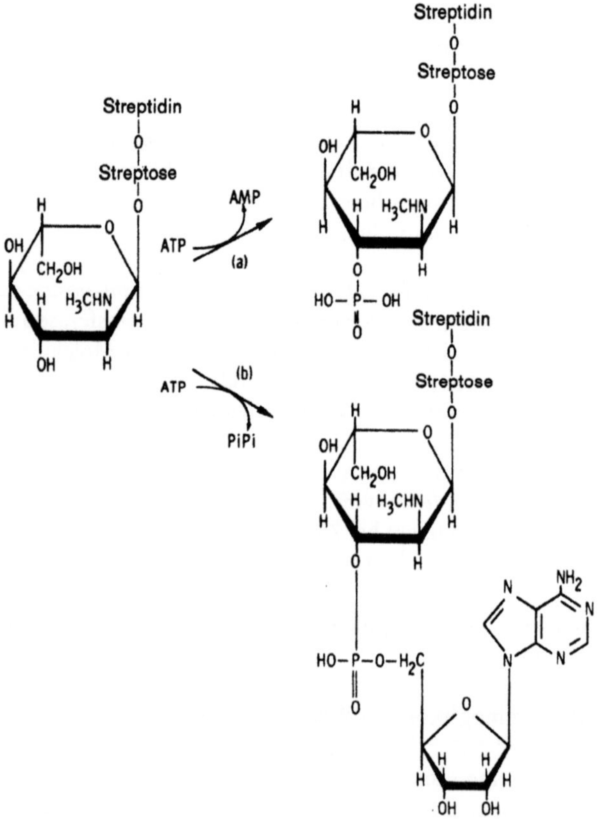

Abb. 7.6. Alternative Mechanismen zur Inaktivierung von Streptomycin, die ATP benötigen; (a) Übertragung eines Phosphatrestes von ATP auf die OH-Gruppe in C_3-Stellung des 2-Desoxy-2-methylamino-L-glucoseteils von Streptomycin, (b) Übertragung des Adenylrests von ATP auf die C_3-OH-Gruppe. Dabei wird Pyrophosphat (P_iP_i) eliminiert

von Streptomycinadenylat sein könnte. Es gibt mittlerweile jedoch gute Hinweise dafür, daß Streptomycin direkt von einem Enzym phosphoryliert wird, das von der Streptomycin-Adenylatsynthetase verschieden ist. Die veränderten Aminoglycosidantibiotika sind keine antibakteriellen Agentien und lassen keine der für die Ausgangsantibiotika charakteristischen Wirkungen auf isolierte bakterielle Ribosomen erkennen. Eine Untersuchung über die Auswirkungen der Phosphorylierung und Adenylierung auf die Aminoglycosidantibiotika trägt vielleicht dazu bei, daß wir die Natur der Wechselwirkungen zwischen diesen Verbindungen und den Antibiotika-sensitiven und Antibiotika-abhängigen Orten in den Bakterienribosomen besser verstehen können.

2. Veränderung des Hemmstoff-sensitiven Ortes

Streptomycin. Das klassische Beispiel für eine Veränderung eines Antibiotikum-sensitiven Ortes, die zu einer hochgradigen Resistenz führt, ist der Verlust der Sensitivität des Ribosoms für Streptomycin (Kapitel 5). Eine einzige chromosomale Mutation bewirkt eine Veränderung in dem P10-Protein der 30S ribosomalen Untereinheit. Die veränderte 30S-Untereinheit bindet kein Streptomycin mehr, und das Antibiotikum kann daher nicht seine charakteristische Wirkung auf die Proteinbiosynthese ausüben. Auch Mutanten, die eine Streptomycin-Abhängigkeit aufweisen, könnten ein abgewandeltes P10-Protein besitzen. Resistenz gegen Streptomycin, bedingt durch veränderte Ribosomen, ist klinisch offensichtlich sehr viel weniger relevant als die Resistenz, die durch R-Faktoren determiniert ist.

Rifamycine. Ein weiteres wichtiges Beispiel für Mutationen, die zu einer Veränderung des Hemmstoff-sensitiven Ortes führen, ist die veränderte DNS-abhängige RNS-Polymerase, wie sie in Rifamycin-resistenten Mutanten vorliegt. Wie in Kapitel 4 dargestellt wurde, beruht die Resistenz gegen Rifamycine auf einer Veränderung in einer der vier Untereinheiten der Polymerase. Die Resistenz der Polymerase gegen Rifampicin ist immer von der Unfähigkeit des „Core"-Enzyms begleitet, das Antibiotikum zu binden. Die Veränderung im Enzym wird durch eine chromosomale Mutation herbeigeführt.

Sulfonamide. Die bakterielle Resistenz gegen Sulfonamide kann verschiedene Formen annehmen. Ein Mechanismus wird durch eine verminderte Affinität des betroffenen Enzyms zu dem Hemmstoff bedingt. Man nimmt an, daß dieses Enzym, das die Synthese von Dihydropteroinsäure aus p-Aminobenzoesäure (PAB) und dem Pyrophosphat von 2-

Amino-4-hydroxy-6-hydroxymethyl-dihydropteridin (Kapitel 6) bewirkt, von den Sulfonamiden kompetitiv gehemmt wird. Allerdings spricht auch einiges dafür, daß die Sulfonamide selbst als Substrate für das Enzym in Frage kommen. Präparationen von Dihydropteroinsäure-Synthetase aus Sulfonamid-resistenten Varianten von Pneumokokken und *E. coli* ließen eine geringere Empfindlichkeit gegen Sulfonamide erkennen, obwohl ihre Affinität zu dem natürlichen Substrat unverändert war.

Es gibt viele andere Beispiele für eine Veränderung der Hemmstoff-empfindlichen Orte, die zu einem Sensitivitätsverlust führen, insbesondere bei der Resistenzentstehung gegen analoge Verbindungen von natürlichen Substraten. Es ist jedoch nicht anzunehmen, daß die Veränderung von Wirkstoff-sensitiven Orten einen ganz allgemeinen Resistenzmechanismus gegen Hemmsubstanzen darstellen kann. Einige Veränderungen gefährden die Lebensfähigkeit der Zelle. Jegliche Veränderung der bakteriellen Ribosomen beispielsweise, die zur Resistenz gegen die Tetracycline führt, kann zu einem Verlust der Ribosomenfunktion führen. Diese Tatsache mag erklären, warum bis jetzt noch keine Mutanten mit Tetracyclin-resistenten Ribosomen isoliert werden konnten. Bestimmte Mutanten von Staphylokokken sind aufgrund ihrer verminderten Affinität zu dem Zielenzym von Penicillin gegen dieses Antibiotikum resistent. Aber diese Mutanten wachsen sogar in Abwesenheit des Antibiotikums langsamer als die Penicillin-sensitiven Wildtypen. In diesem Fall ist offensichtlich eine stark herabgesetzte Funktionsfähigkeit der Preis für eine geringere Sensitivität des betroffenen Enzyms für den Hemmstoff.

3. Verlust der Permeabilität der Zelle für einen Hemmstoff

Einige Resistenzmechanismen können eine verminderte Permeabilität der Zelle für einen Hemmstoff bedingen. Ein Hemmstoff kann z. B. intrazellulär in ein Derivat umgewandelt werden, das schneller aus der Zelle austritt als die Ausgangsverbindung in die Zelle eindringen kann. Im anderen Fall können von Bakterien abgesonderte Enzyme einen Wirkstoff in eine Form umwandeln, die nicht in die Zelle eindringen kann. Diese Mechanismen können leicht eine verminderte Durchlässigkeit für die unveränderte Substanz vortäuschen, wenn nur die Menge an zellgebundener radioaktiver Substanz gemessen wird. Viele antimikrobielle Verbindungen dringen durch die Membran in die Zelle ein und werden dann im Innern der Zelle gebunden. Resistenz gegen Streptomycin und Rifampicin, bedingt durch eine geringere Bindungsaffinität

an die Wirkungsorte, führt zu einer verminderten Aufnahme dieser Antibiotika durch die Zelle.
Manchmal ist eine Resistenz gegen antibakterielle Verbindungen jedoch auf nachweisliche Veränderungen in der Zelle zurückzuführen, die die Aufnahme der Verbindung in die Zelle hemmen. Dieser Permeabilitätsverlust kann durch verschiedene Mechanismen bedingt sein:

(I) Es kann eine zusätzliche Permeabilitätsschranke synthetisiert werden. Die an sich größere Unempfindlichkeit Gram-negativer Bakterien gegenüber bestimmten Antibiotika verglichen mit Gram-positiven Organismen hängt wahrscheinlich mit der unspezifischen Permeabilitätsschranke in Form von Lipoprotein- und Lipopolysaccharidschichten außerhalb des Mureins in Gram-negativen Zellen zusammen (Kapitel 2). Die verminderte Aufnahme von Streptomycin und Erythromycin durch einige resistente Pneumokokken läßt sich mit der Entstehung einer Permeabilitätsschranke erklären. Da diese resistenten Stämme auch weniger anfällig für DNS-Transformation infolge einer geringeren Aufnahme für transformierende DNS sind, ist die Permeabilitätsschranke wahrscheinlich nicht-spezifisch.

(II) Wenn die antimikrobielle Substanz über einen spezifischen Transportmechanismus in die Zelle gelangt, kann eine verminderte Aufnahme der Substanz durch resistente Zellen auf eine Mutation zurückzuführen sein, die den teilweisen oder vollständigen Verlust der Transportfunktion zur Folge hat. Diesem Phänomen begegnet man häufig bei neoplastischen Zellen, die gegen Antimetabolite resistent sind. Der Antimetabolit wird oft über den Transportmechanismus, der auch von dem natürlichen Substrat benutzt wird, in die sensitiven Zellen gebracht. Fällt der Transportmechanismus in einigen Zellen aus, kann als Folge davon eine resistente Zellpopulation entstehen. Diese besondere Art von Resistenz findet man jedoch gewöhnlich nicht bei klinisch angewandten antibakteriellen Verbindungen, obwohl sie bei experimentell hergestellten Mutanten von *Diplococcus pneumoniae* vorkam, die gegen Amethopterin resistent waren.

(III) Resistenz gegen Tetracyclinantibiotika.

Eine häufig anzutreffende Art der Resistenz gegen die Tetracyclinantibiotika sowohl bei Gram-positiven als auch bei Gram-negativen Bakterien ist durch eine verminderte Permeabilität bedingt. Viele Tetracyclinsensitive Bakterien können Tetracycline in einem ATP-abhängigen Prozeß akkumulieren. Dieser Transport von Antibiotika durch die Zellmembran kann über Träger erfolgen.

Diese „aktive" Akkumulation von toxischen Substanzen, die mit keinem der bekannten notwendigen Nährstoffe eindeutig chemisch verwandt sind, ist eine ungewöhnliche Erscheinung. Die Eigenschaften der Tetracycline, Metallkomplexe zu bilden (Kapitel 5), könnten als Anhaltspunkt für den Mechanismus des Transports von Tetracyclin dienen: *E. coli*-Zellen brauchen nämlich zur Akkumulation von Tetracyclin zweiwertige Kationen wie Mg^{2+} und Mn^{2+}. Außerdem binden isolierte Membranpräparationen von *E. coli* Tetracycline durch einen Temperatur-abhängigen Prozeß *in vitro*, der von Komplexbildnern wie Äthylendiamintetraessigsäure und 8-Hydroxyquinolin stark gehemmt wird. Die Bedeutung der Tetracyclinakkumulation für die antibakterielle Wirkung dieser Gruppen von Antibiotika besteht darin, daß die intrazelluläre Konzentration des Antibiotikums, die durch den Transportprozeß zustande kommt, eine rasche und vollständige Hemmung der Proteinsynthese in empfindlichen Zellen bewirkt.

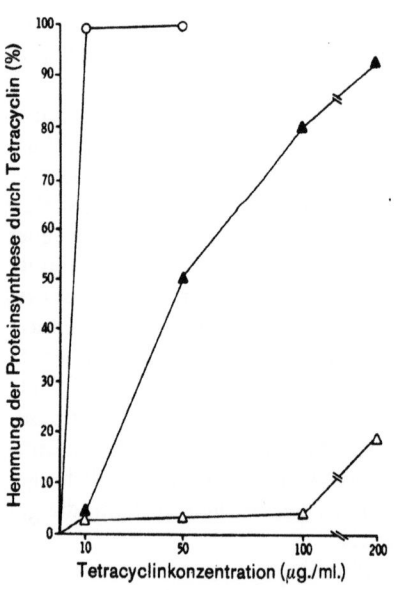

Abb. 7.7. Graphische Darstellung der Resistenz von *Escherichia coli* gegen Tetracyclin. Die Resistenzhöhe wurde durch Messung der Wirkung von Tetracyclin auf die Proteinsynthese in den Zellen geprüft. O steht für Tetracyclin-sensitive R^--Zellen; ▲, Tetracyclin-resistente R^+-Zellen vor der Induktion zu hochgradiger Resistenz; und △, R^+-Zellen nach der Induktion zu hochgradiger Resistenz. Die Induktion erfolgte, indem wachsende R^+-Zellen 30 Minuten lang einer noch nicht hemmend wirkenden Konzentration von Tetracyclin ausgesetzt wurden

4. Die biochemischen Mechanismen der Antibiotikaresistenz 165

Der Tetracyclintransport wird durch ein induzierbares System blockiert, das sowohl in *S. aureus* als auch in *E. coli* durch episomale Gene determiniert wird. Tetracyclin-resistente Zellen haben zwei Resistenzniveaus. Die Tetracyclin-Sensitivität der Proteinbiosynthese in *E coli*-Zellen, die einen R-Faktor für Tetracyclinresistenz tragen, ist ungefähr 50- bis 100-mal kleiner als in R$^-$ (sensitiven) Zellen (Abb. 7.7). Die R$^+$-Zellen absorbieren auch viel weniger Tetracyclin als sensitive Zellen (Abb. 7.8). Wenn die resistenten Zellen mit einer noch hemmend wirkenden Konzentration von Tetracyclin in Berührung kommen, steigt das Resistenzniveau weiter steil an. Durch Blockierung der Protein- oder RNS-Synthese in den Zellen kann dieser Anstieg verhindert werden. Die erhöhte Resistenz ist

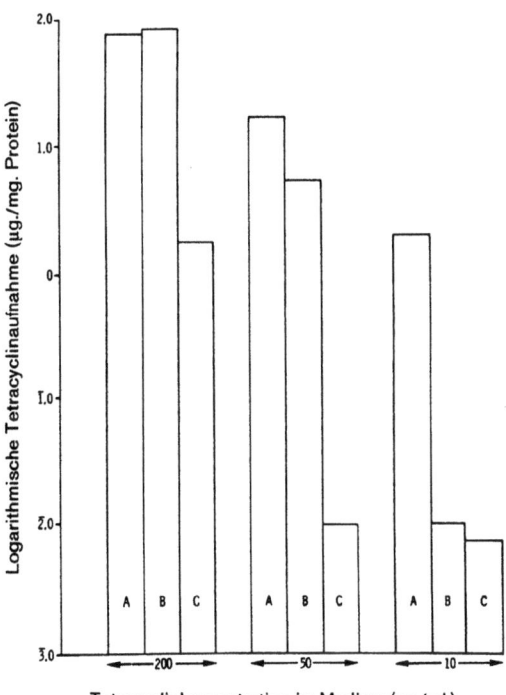

Abb. 7.8. Histogramm über die Tetracyclinaufnahme durch *Escherichia coli*-Zellen. Die Medien enthalten verschieden hohe Konzentrationen des Antibiotikums. A: Tetracyclin-sensitive R$^-$-Zellen; B: Tetracyclin-resistente R$^+$-Zellen vor der Induktion zu hochgradiger Resistenz; C: Tetracyclin-resistente R$^+$-Zellen nach der Induktion. Die Induktion erfolgte wie in Abb. 7.7 erläutert. Die Skala auf der vertikalen Achse ist logarithmisch

mit einer noch geringeren Aufnahme von Tetracyclin durch die Zellen verbunden. Ein ähnlicher Vorgang findet in S. aureus-Zellen statt, die gegen Tetracyclin resistent sind. Es gibt keine Hinweise dafür, daß das Antibiotikum von den resistenten Zellen chemisch verändert wird. Daher wird eine Tetracyclinresistenz sowohl in Gram-positiven als auch in Gram-negativen Bakterien offenbar von der Hemmung des Transportmechanismus durch ein System bedingt, das von Tetracyclin selbst induziert wird. Eine Teilsynthese des Hemmsystems findet vermutlich auch in Abwesenheit des Induktors statt, denn die Zellen sind noch teilweise gegen Tetracyclin resistent. Resistenz gegen Tetracyclin ist immer mit einer Kreuzresistenz gegen die anderen wichtigen Tetracycline verbunden.

4. Erhöhte Produktion eines Hemmstoff-sensitiven Enzyms

Die Produktionsrate eines Enzyms wird auf genetischer und möglicherweise auch auf epigenetischer Ebene kontrolliert. Man nimmt an, daß bei einem induzierbaren Enzym die Transkriptionsrate des DNS-Segments, das für das Enzym codiert (d.h. die Strukturgene), von einem Repressor kontrolliert wird. Dieser Repressor ist vermutlich ein Protein. Zwei Arten der Kontrolle durch einen Repressor sind bekannt. Der Repressor kann durch die Wechselwirkung mit einem Induktormolekül inaktiviert werden und wird reaktiviert, wenn er sich von dem Induktor trennt. Bei der anderen Form der Kontrolle wird der Repressor durch Bindung an ein bestimmtes Molekül aktiviert und bei der Trennung wieder inaktiviert. In beiden Fällen ist die Transkription des Strukturgens bzw. der Strukturgene nur im inaktiven Zustand des Repressors möglich. Die Repressoren wirken wahrscheinlich auf die Operatorgene, die ihrerseits die Transkription der Strukturgene kontrollieren. Wenn die Strukturgene „abgeschaltet" werden, läßt die Enzymsynthese rasch nach, da der Vorrat an mRNS abnimmt. Bei einem „konstitutiven" Enzym wird die Enzymsynthese von keinem Repressor reguliert, und die für die Syntheserate maßgebenden Faktoren sind weniger deutlich. Vielleicht findet eine Regulation in irgendeiner Form auf ribosomaler Ebene statt. Z.B. besteht die Möglichkeit, daß die Translationsgeschwindigkeit der mRNS und die Geschwindigkeit, mit der die vollständigen Polypeptide vom Ribosom freigesetzt werden, Regulationsmechanismen unterliegen.

Mutationen im Repressor- oder Operatorgen, die zu einer defekten Regulation durch den Repressor führen, bewirken eine konstitutive Enzymsynthese. Es ist auch möglich, daß ein defektes Enzym eines Biosyntheseweges eine geringere Produktion eines Endproduktes bewirkt, z.B. einer

Aminosäure, eines Purin- oder Pyrimidinnukleotides, das den Repressor aktiviert, der ein oder mehrere Enzyme des Biosyntheseweges reguliert. Das hätte eine gesteigerte Produktion des reprimierbaren Enzyms bzw. der Enzyme zur Folge. Ein interessantes Beispiel für eine mikrobielle Resistenz, die von einer defekten Kontrolle der induzierbaren Enzyme durch den Repressor hervorgerufen wird, sind Bakterienmutanten, die gegen die analoge Aminosäureverbindung 5-Methyltryptophan resistent sind. Die Enzyme des Tryptophan-Biosyntheseweges werden normalerweise von Tryptophan selbst koordiniert reprimiert, denn der Repressor wirkt auf einen Operator, der die Synthese aller Enzyme dieses Biosyntheseweges reguliert. In den resistenten Mutanten übt Tryptophan diese Kontrollfunktion nicht mehr aus. Die Enzyme sind immer voll induziert, und überschüssiges Tryptophan wird synthetisiert. Die direkte Ursache der Resistenz scheint ein Produktionsüberschuß an Anthranilat-Synthetase zu sein, dem Enzym, das von 5-Methyltryptophan gehemmt wird.

Eine Gruppe von Mutanten, die gegen das Purinnukleosid-Antibiotikum Psicofuranin resistent sind, erzeugt eine defekte Form des Enzyms IMP Dehydrogenase (Kapitel 4), die nicht mehr den normalen Vorrat an XMP aufrechterhalten kann. Auf diese Weise wird der intrazelluläre GMP-Spiegel dereprimiert. Die Biosynthese der XMP-Aminase, des Zielenzyms von Psicofuranin, wird von ihrem Endprodukt GMP reprimiert. Die verringerte GMP-Konzentration in den resistenten Zellen führt zu einer Mehrproduktion von XMP-Aminase. Auf diese Weise entgehen die Zellen der wachstumshemmenden Wirkung des Antibotikums.

Es wurde noch von keiner Mutation berichtet, die zu einer gesteigerten Produktion eines konstitutiven Enzyms geführt hat. Eine erhöhte Synthese von Alanin-Racemase und von D-Alanyl-D-Alanin-Synthetase wurde in Cycloserin-resistenten Bakterienmutanten beobachtet. Ob diese Enzyme jedoch von einem Repressor reguliert werden oder nicht, ist nicht bekannt.

5. Gesteigerte Produktion eines Metaboliten, der dem Hemmstoff entgegenwirkt

Wenn eine antimikrobielle Verbindung kompetitiv zu einem normalen Metaboliten wirkt und damit wachstumshemmend ist, kann die Resistenz gegen einen solchen Hemmstoff durch eine gesteigerte Produktion des Metaboliten verursacht werden. Der Hemmstoff wird von seiner Bindungsstelle am Enzym kompetitiv verdrängt. Als Beispiele für diese Art von Resistenz können bestimmte Mutanten angeführt werden, die gegen Sulfonamide resistent sind. Diese Zellen sollen eine sehr viel höhere Konzentration an p-Aminobenzoesäure enthalten als Sulfonamid-sensitive Zellen. Leider wurde noch keine Erklärung für den Mechanismus gefunden, der dieser Synthese von p-Aminobenzoesäure zugrunde liegt. Offensichtlich gibt es keine anderen medizinisch bedeutsamen Beispiele für diese Art von Resistenz in Mikroorganismen.

6. Ausprägung eines alternativen Stoffwechselweges, der den gehemmten umgeht

Wegen der außerordentlich zahlreichen genetischen Manipulationen, die ein solcher Vorgang mit sich bringen würde, ist es ausgesprochen unwahrscheinlich, daß in Hemmstoff-resistenten Mutanten jemals neue alternative Stoffwechselwege auftreten können. Bereits bestehende Umgehungsreaktionen können jedoch verstärkt werden. Beispiele für mögliche Umgehungsreaktionen sind die Biosynthesewege der Purin- und Pyrimidinnukleotide. Diese Wege sind unter der Bezeichnung *„Hilfscyclen"* bekannt, denn die Purin- und Pyrimidinbasen oder ihre Nukleoside, die aus katabolischen Prozessen entstehen, werden in die entsprechenden Nukleotide umgewandelt und für die Nukleinsäurebiosynthese oder als Nukleotid-Cofaktor weiterverwendet. Dieser *„Hilfscyclus"* ermöglicht es, einer Verarmung an Nukleotid zu entgehen, die durch Hemmstoffe der *de novo*-Biosynthesen der Purin- und Pyrimidinnukleotide verursacht wird. Sensitivität und Resistenz der neoplastischen Zellen gegenüber den Hemmstoffen der Purin- und Pyrimidinnukleotid-Synthesewege können durch diesen *„Hilfscyclus"* bestimmt werden. Die Aktivitäten der Enzyme, die die Reaktionen der *„Hilfscyclen"* katalysieren (Purin- und Pyrimidin-Phosphoribosyl-Transferasen und Nukleosid-Phosphorylasen), variieren stark in normalen und in malignen Säugetiergeweben. Die Faktoren, die diese Schwankungen kontrollieren, sind unbekannt. Diese Flexibilität ermöglicht es jedoch, die Hemmung der *de novo*-Synthese zu umgehen, vorausgesetzt, daß ein ausreichender Vorrat an exogenen Purin- und Pyrimidinbasen oder deren Nukleosiden vorhanden ist. Während ähnliche Umgehungsmechanismen die Resistenz gegen Hemmstoffe der Purin- und Pyrimidinbiosynthese in Mikroorganismen erklären könnten, scheint dieser Mechanismus für die Resistenz gegen klinisch bedeutsame antimikrobielle Wirkstoffe nicht von Belang zu sein.

7. Verminderter Bedarf an dem Produkt einer gehemmten Reaktion

Diese Art von Resistenz ist eine andere Version des „Umgehungsweges". Blockiert ein Hemmstoff einen Biosyntheseschritt und damit die Versorgung mit einem entscheidenden Endprodukt, kann Resistenz erworben werden, wenn ein anderer Biosyntheseweg benutzt wird, der zum selben Endprodukt führt. Z. B. hemmen Azaserin und Diazo-oxo-norleucin die Amidierung des Ribonukleotids des Formylglycinamids bei der Purinnukleotid-Biosynthese (Kapitel 4). Das Produkt dieser Reaktion, Formylglycinamidinribonukleotid, ist jedoch nicht mehr nötig, wenn der Bedarf der Zelle an Purinnukleotid durch die Funktion des „Hilfscyclus"-Syntheseweges befriedigt werden kann.

5. Aspekte zur Bekämpfung des Resistenzproblems

Wir haben die genetischen und biochemischen Waffen der Mikroorganismen geschildert, die sie erfolgreich gegen die toxischen Wirkungen der wachstumshemmenden Substanzen einsetzen. Die Mikroorganismen entwickelten wahrscheinlich, lange bevor die Antibiotika in der Human- und Tiermedizin praktisch angewandt wurden, wirkungsvolle Resistenzmechanismen gegen diese Substanzen. Die Entwicklung einer Resistenz gegen neuartige, chemisch synthetisierte Wirkstoffe, die keine Ähnlichkeit mit den natürlichen Metaboliten oder Wachstumsfaktoren haben, ist schon schwieriger zu erklären. Allerdings erleichtert die hohe Zellteilungsrate der meisten Bakterienpopulationen eine verhältnismäßig rasche Evolution. Trotzdem dürften auch die Bakterien nur eine begrenzte Kapazität besitzen, eine wirksame Resistenz zu entwickeln, ohne die Lebensfähigkeit der Zelle zu gefährden. Klinische Erfahrungen mit β-Lactamase-stabilen Penicillinderivaten wie z. B. Methicillin sprechen für diese Auffassung. Eine Resistenz gegen diese Derivate bildet sich nämlich sehr viel langsamer heraus als gegen das ursprüngliche natürliche Penicillin. Es ist auch von Interesse, daß in der Praxis Streptokokken gegen natürlich vorkommende β-Lactamantibiotika offenbar nicht resistent werden.

Eine ausführliche Betrachtung der normalerweise auftretenden Resistenzmechanismen und der Häufigkeit, mit der sie bei den wichtigsten pathogenen Bakterien auftreten, kann sehr nützlich sein für die Entwicklung neuer chemotherapeutischer Wirkstoffe, an die sich die Mikroorganismen nur unter sehr viel größeren Schwierigkeiten anpassen könnten. Auch besteht großes Interesse an der Entwicklung von Verbindungen, die die Funktion der episomalen Gene, die Antibiotikaresistenz determinieren, entweder eliminieren oder in anderer Weise hemmen.

Abgesehen von der Herstellung neuer chemischer Agentien, können noch eine Anzahl anderer Maßnahmen ergriffen werden, um gegen die Antibiotikaresistenz anzugehen.

1. Die Behandlung einer Infektion beginnt gewöhnlich mit der Verabreichung einer hohen Dosis des antimikrobiellen Medikaments, in der Hoffnung, damit auch das Wachstum aller teilweise resistenten Organismen im Körper zu hemmen. Die Therapie wird fortgesetzt mit Dosierungen, die so bemessen sind und in solchen Abständen erfolgen, daß dadurch ein konstanter Spiegel an antibakteriellem Agens im Blut aufrechterhalten wird.

2. Mikroorganismen sind gegen chemisch verwandte Wirkstoffe oft kreuzresistent. Eine gleichzeitige Therapie mit chemisch nicht verwandten Hemmstoffen stellt jedoch eine sehr viel größere Schwierigkeit für den Mikroorganismus dar, besonders wenn die Hemmstoffe einen wichtigen metabolischen Weg an zwei verschiedenen Stellen blockieren. Das antibakterielle Mischpräparat „Septrin", in dem ein Hemmstoff der Dihydrofolat-Reduktase mit einem Sulfonamid kombiniert ist, ist ein gutes Beispiel hierfür. Mutanten, die gegen Septrin resistent sind, sollen sich nur extrem langsam bilden. Bei der Behandlung der Tuberkulose, die sich über viele Monate erstreckt, wodurch die Entstehung einer Wirkstoff-Resistenz begünstigt wird, kann durch die Anwendung einer Kombination aus Isoniazid, Streptomycin und p-Aminosalicylsäure erfolgreich vermieden werden, daß häufig resistente Stämme auftreten.

3. Zweifellos hat der achtlose Gebrauch von Antibiotika in der Human- und Tiermedizin der Verbreitung resistenter Stämme Vorschub geleistet. Eine ermutigende Entwicklung der neueren Zeit ist jedoch der Versuch, strengere Kontrollen bei der Anwendung dieser Antibiotika einzuführen. Eine vernünftige und sorgfältige Anwendung antimikrobieller Wirkstoffe kann bedeutend dazu beitragen, die Zahl der resistenten Organismen zu reduzieren.

Weiterführende Lektüre

ANDERSON, E. S.: "The ecology of transferable drug resistance in the enterobacteria", in *Ann. Rev. Microbiol.*, 22 (1968) 131.

MEYNELL, E., MEYNELL, G. G. and DATTA, N.: "Phylogenetic relationships of drug-resistance factors and other transmissible bacterial plasmids", in *Bacteriol. Rev.*, 32 (1968) 55.

WOLSTENHOLME, G. E. W. and O'CONNOR, M. (eds.): *Bacterial Episomes and Plasmids*, Ciba Foundation Symposium (J. & A. Churchill Ltd., London, 1968).

HAYES, W.: *The Genetics of Bacteria and their Viruses* (Blackwell Scientific Publications, Oxford and Edinburgh, 1968).

KISER, J. S., GALE, G. O. and KEMP, G. A.: "Resistance to antimicrobial agents", in *Adv. Appl. Microbiol.*, 11 (1969) 77.

Stichwörterverzeichnis

Acridine 81, 82
  Bindung an DNS 82, 83
  Hemmung der Nukleinsäuresynthese durch 85, 86
  Lebendfärbung 82
  Medizinische Geschichte 82
Acridin Mutagenese 85, 86
Acriflavine 4
Actinomycin D 76 ff.
  Anwendung 76, 77
  Entdeckung 76
  Inhibierung der RNS-Synthese durch 77, 82
  Strukturelle Merkmale 76, 81
  Wechselwirkung mit DNS 76 ff.
Adeninnukleotide
  Einbau von Vorprodukten 71
Adenosin
  Ähnlichkeit mit Psicofuranin 73
Adenosintriphosphatase
  Hemmung durch Oligomycin 136
  Hemmung durch Chlorhexidin 56
Adenosintriphosphat
  Wechselwirkung mit antimikrobiellen Agentien 19
Adenylbernsteinsäure 72
Adenylsuccinatsynthetase 72
Äthylenoxyd 52
Affinität für Wirkstoffe
  Verminderung bei Resistenz 9, 159
Aktiver Transport
  Hemmung durch antimikrobielle Verbindungen 137
Aktivierung von antimikrobiellen Verbindungen
  durch den Metabolismus der Zelle 8
Akzeptor, bei der Mureinbiosynthese 35
Akzeptorstelle, bei der Proteinbiosynthese 98

D-Alanin
  Abspaltung bei der Vernetzung des Mureins 35
  Antagonismus der antibakteriellen Wirkung des Oxamycins 40
  Hemmung der Abspaltung bei der Vernetzung durch Penicillin 46
D-Alanincarboxylase
  in der Zellwand 37
  Hemmung durch Penicillin 46
Alanin Racemase 32
  Hemmung durch Oxamycin 40
D-Alanyl-D-Alaninendgruppe
  Strukturelle Verwandtschaft mit Penicillin 47
D-Alanyl-D-Alaninsynthetase 32
  bei der Mureinbiosynthese 32
  Hemmung durch Oxamycin 40
  Relative Affinitäten für Substrat und Oxamycin 41
Allosterische Stellen
  Änderung während der Enzymreinigung 20
Amanita phalloides 92
  Produktion von α-Amanitin 92
α-Amanitin
  Wirkung auf die nukleare RNS-Polymerase von Erythrocyten 92
Aminosäuren
  Ausscheidung bei Gram-positiven Bakterien bei Behandlung mit Antiseptika 53
D-Aminosäuren
  Bedeutung bei der Struktur von Gramicidin S 57
5-Amino-4-imidazol-N-succinylcarbonsäureribonukleotid
  Umwandlung zum betreffenden Amid 72
p-Aminobenzoesäure
  als bakterieller Wuchsstoff 129

p-Aminobenzoesäure
    Isostere von Sulfonamiden   129 ff.
    Kompetitiver Antagonist bei der Wirkung der Sulfonamide   129
    Teil der Folsäure   129
Aminoglycosidantibiotika   106
    Adenylierung   159
    Resistenz   159
    Phänotypische Suppression und   118
    Phosphorylierung   159
    siehe auch Steptomycin, Neomycin, Kanamycin Kasugamycin, Gentamycin und Spectinomycin
6-Aminopenicillansäure   42
p-Aminosalicylsäure
    Verwendung bei der Tuberkulose   129
Amöbenruhr
    Behandlung mit Emetin   3
Amphotericin B   62
Ampicillin   44
Amprolium
    Hemmung der Thiaminaufnahme   138
    Struktur   138
4a, 12a-Anhydrotetracyclin   112
Antibakterielle Wirkung
    Aufhebung durch biologisch bedeutsame Verbindungen   18
    Information aus auxotrophen Mutanten   18
Antibakterielle Pharmaka   51
Antibiotika
    Bildung von Komplexen mit Kalium   63
    Blütezeit ihrer Entwicklung   12, 13
    Entdeckung   12
    halbsynthetische   13
    Selektive biochemische Wirkung   14
Antimikrobielle Wirkung
    Beziehung zur chemischen Struktur   21
    Selektivität gegen Mikroorganismen   20
    Vergleich der *in vivo* und *in vitro* Effekte   19, 20
Antimikrobielle Verbindungen
    Die alten Heilmittel   3
    Metabolismus im Körper   16
    Notwendige biologische Eigenschaften   20

Antimikrobielle Verbindungen
    Pharmakologische Biochemie   15
    Proteinbindung   16
    Selektivität durch Konzentration in der Mikrobenzelle   20
    Soziale und ökonomische Bedeutung   1
    Strukturelle Analogien mit biologisch wichtigen Substanzen   18
    Unterscheidung zwischen Primär- und Sekundäreffekten   16
Antimycin
    als Fischgift   136
    Angriffsstelle im Cytochromsystem   136
    Wirkung auf Pilze, Hefen und subzelluläre Partikel   135
    Wirkungslosigkeit für Bakterien und bakterielle Enzyme   135
Antimycin A_1
    Struktur   134
Antisepsis
    Frühe Versuche   3
Antiseptika
    Aufnahme durch die cytoplasmatische Bakterienmembran   53
    Ausscheidung von cytoplasmatischen Verbindungen   53
    Bakteriostatische Wirkung bei niedriger Konzentration   52, 53
    Eindringen in die Bakterienzelle   54
    Faktoren für bactericide Wirkung   53
    Frühe Anfänge   3
    Notwendigkeit von bakterizider Wirkung   52
Arsenoxyd
    als trypanocide Verbindung   5
Arsenverbindungen
    Trennung von Toxizität und chemotherapeutischer Wirkung   6
Asepsis   4
L-Asparaginsäure
    Analoges   71
    Antagonist   71
Atebrin, siehe Mepacrin
Atmungskette, Hemmung durch Antibiotika   134
Atoxyl
    Resistenz bei Trypanosomen   9
    Struktur   6

Stichwörterverzeichnis

Auxotrophe Bakterien
  Verwendung bei der Bestimmung des Angriffsortes eines antimikrobiellen Hemmstoffes 18
Avenaciolid
  Hemmung des Glutaminsäuretransports 138
  Struktur 138
Azaserin
  Klinische Anwendung 69
  Hemmung der Purinnukleotidsynthese 71
  Mutagene Eigenschaften 71
  Struktur 71
Aziridinring des Mitomycins 87

Bacitracin
  Sekundäreffekt auf die bakterielle Zellmembran 59
  Struktur 49
  Verwendung und antibakterielle Wirkung 49
Bakterien
  Mutagene Wirkung von Acridinen 85
  Ungenauigkeit des Begriffs ‚Abtötung' 52
Bakterielle L-Formen
  Resistenz gegen Inhibitoren der Mureinbiosynthese 39
Bakterienzelle
  Unterschiede zu animalischen Zellen 24
Bakterienzellwand
  Schutzfunktion 24
Bakteriocine
  Colicine, Cloacine, Megacine, Marcescine 122 ff.
Bakteriophage
  Mutagene Wirkung von Acridinen bei 85
  Transduktion von Antibiotikaresistenzmarkern durch 147
Bakteriostatische und bactericide Wirkung
  Vergleich von 52
Bakteriostatische Hemmstoffe
  Behandlung von systemischen Infektionen 8
Benzylpenicillin 43

Bevölkerungsexplosion 2
  Beitrag von antimikrobiellen Verbindungen 2
Biocide 51
Biosynthesewege
  Methoden zur Bestimmung der Blockierungsstelle 18
Breitbandantibiotika
  Definition 109
Burge, B. E. 29

Calcium
  Bedeutung beim Aufbau der Zellwand von Gram-negativen Bakterien 29
Candida albicans Infektionen
  Behandlung durch Nystatin 61
Carbenicillin 43
Cephaloridine 45
Cephalosporine, und Penicilline
  Biosynthese 44
  halbsynthetische Cephalosporine 45
  Struktur 43
Cetrimid
  Kettenlänge und antiseptische Wirkung 55
  Struktur 54
  Verursacht P-Asscheidung aus *E. coli* 55
Chinin 3
Cloacine, siehe Bakteriocine
Chain, Ernst Boris 12
Chelatbildung von Tetracyclinen mit Kationen 112
Chemische Struktur
  Beziehung zur antimikrobiellen Wirkung 21
Chemotherapie
  Ehrlichs Verdienst um 7
  Frühe Anfänge 5
Chitinbiosynthese
  Hemmung durch Polyoxine 50
Chloramphenicol
  Bindung an Ribosomen 112
  Hemmung der Antikörpersynthese 121
  Hemmung der Peptidbindung 113
  Hemmung der Puromycinreaktion 113
  Herstellung 112
  Klinische Anwendung 112
  Nebenwirkungen 112

Chloramphenicol
  Spezifische Wirkung 112
  Struktur 112
  Wirkung auf Hefezellen 121
  Wirkung auf das Knochenmark 121
  Wirkung auf Rattenherzzellen 121
  Wirkung auf RNS 119
Chloramphenicolacetyltransferase
  Synthese 157 ff.
  Vergleich in Gram-positiven und Gram-negativen Organismen 159
  Wirkung von 157
Chloramphenicolacetylase, siehe Chloramphenicolacetyltransferase
Chlorhexidin
  Ausfällung von Nukleinsäuren und Proteinen in Bakterien 57
  Ausscheidung von cytoplasmatischen Komponenten der Bakterienzelle, Herabsetzung bei hohen Konzentrationen 57
  Auszackung der Zellwand 56
  Antagonistische Wirkung auf die Membran-gebundene Adenosintriphosphatase 56
  Niedrige Konzentrationen hemmen die Aufnahme von Kalium in die Bakterienzelle 56
  Physikalische und antiseptische Eigenschaften 56
  Struktur 54
Chloroplasten
  70 S-Ribosomen 121
Chlortetracyclin 109, 111
Chromosomen
  Mutagene Wirkung von Acridinen und 85
Chinarinde 2
Cloxacillin 43
Colicine
  Antibiotische Wirkung 122
  Eigenschaften 123
  Spezifische Rezeptoren 125
  Wirkung auf Makrosynthesen 124 ff.
  Wirkungsmechanismus 125
Colicinogene Faktoren 122, 123
Coumermycin 140
Cycloheximid
  Antimikrobielle Wirkung 116, 117
  Hemmung der Initiation der Proteinsynthese 117

Cycloheximid
  Resistenz gegen 116
  Struktur 116
  Wirkung auf Ribosomen 116, 117
  Wirkung auf die Translokation 117
Cycloserin, siehe Oxamycin
Cytochrom
  Angriffsort für Antimycin 135
Cytocide und cytostatische Wirkung 17, 18
Cytoplasmatische Verbindungen
  Ausscheidung, verursacht durch Antiseptika 53
Cytoplasmatische Membran
  Absorptionsstelle von Antiseptika 53
  Bindung von Polymyxin 58

Dapson, siehe 4,4'-Diaminodiphenylsulfon
De Petris, S. 29
Decoyinin 73
Depsipeptidantibiotika 63
  Entkoppelung der oxydativen Phosphorylierung als Sekundäreffekt 63
  Fähigkeit, Zellmembranen für Kalium durchlässig zu machen 63
  Mögliche Effekte auf den Kaliumtransport 63
  Relative Affinitäten für Natrium und Kalium 63
  Stimulierung des Kaliumflusses durch künstliche Membranen 63
  Strukturelle Voraussetzungen für die Aktivität 64
  Struktur des Kaliumkomplexes 64
Desinfektionsmittel 51 ff.
  Chemisch reaktive 52
  Frühe Anfänge 3
  Moderne Anwendung 4, 5
  Notwendige baktericide Wirkung 52
  Verwendung von Proflavin 82
Desoxyribose
  Bedeutung bei der DNS-Actinomycin-D-Wechselwirkung 79
4,4'-Diaminodiphenylsulfon
  Anwendung gegen Lepra 129
Diaminopimelinsäure
  im Murein 37
2,6-Diaminopurin
  in synthetischen DNS-Polymeren 78, 81

Stichwörterverzeichnis

2,4-Diaminopyrimidin
  Strukturelle Eigenschaften der Dihydrofolatreduktase-Inhibitoren 133
6-Diazo-5-oxo-L-norleucin
  Hemmung der Proteinbiosynthese 71
  Klinische Anwendung 69
Dihydrofolsäurereduktasehemmer 132
  Spezifität gegen verschiedene Organismen 133
Dihydropteroinsäure
  Biosynthesehemmung in vitro durch Sulfonamide 129
Disacchariddecapeptid 35
DNS
  Abbau von, in Mitomycin-behandelten Zellen 88, 89
  Lokale Entwindung 84
  Quervernetzung 86, 87
  Replikation, Hemmung 82
  Synthese, Hemmung durch Mitomycin 90
  Synthese, Hemmung durch Nalidixinsäure 93, 94
  Wechselwirkung mit Actinomycin D 76 ff.
  Wirkung von Acridinen und Phenanthridinen auf die physikalischen Eigenschaften 82, 84
  Wirkung von Actinomycin D auf die physikalischen Eigenschaften 77
Domagk, Gerhardt 11
DON, siehe 6-Diazo-5-oxo-L-norleucin
Donorstelle
  bei der Proteinbiosynthese 98
Draper, J. C. 29

Ehrlich, Paul 5, 7 ff., 16
Eisenchelatisierende Antibiotika 138, 139
Eisenchelatisierende Wachstumsfaktoren 138
Eisentransport
  Funktion der Sideramine 139
Emetin 3
Endonuklease I
  von *E. coli*, Wirkung von Colicin E_2 und 126
Enniatin B 63

Enniatine
  optische Konfigurationen von Aminosäurebestandteilen 66
Entkopplungsagentien
  Verhinderung der Wirkung durch Oligomycin 136
4-Epitetracyclin 111
Erythromycin
  Antibakterielle Wirkung 114
  Bindung an Ribosomen 114
  Hemmung der Translokation 114
  Struktur 114
  Wirkung auf *Chlamydomonas* 121
  Wirkung auf *Euglena* 121
  Wirkung auf Hefezellen 121
Ethidium 83
Eukaryotische Zellen
  Wirkung von Inhibitoren der Proteinsynthese auf 121

Falschlesen des genetischen Codes
  Induktion durch Streptomycin 104
Ferrimycin A_1 139
Ferrioxamin B 139
FGAR, siehe Formylglycinamidribonukleotid
Fleming, Alexander 12
Florey, Hovard Walter 12
Flüssige Membranelektrode 65
Folsäure
  Analoge, Toxizität 132
  Undurchlässigkeit von Bakterienmembranen für 131
Formylglycinamidribonukleotid
  Akkumulation von 71
N-Formylhydroxyaminoessigsäure, siehe Hadacidin
N-Formylmethionin 98
N-Formylmethionyl-tRNS
  Rolle bei der Proteinbiosynthese 98
Freisetzungsfaktor
  Funktion bei der Termination der Peptidkette 99
Fusidinsäure
  Hemmung der Translokation 116
  Klinische Anwendung 115
  Resistenz gegen 116
  Struktur 116
  Wirkung auf den ribosomalen Cyclus 120

Gentamycin
  biochemische Wirkung 106
  Struktur 107
Glutamin, Analoge 69
Glutaminsäure
  Aufnahmehemmung durch Avenaciolid 138
Glycin-spezifische transfer RNS
  bei der Mureinsynthese 35
Glycopeptid, siehe Murein
GMP
  Hemmung der Biosynthese 73
Gram-negative Bakterien
  Acridinmutagenese und 86
  Synthetische Fähigkeiten 25
Gram-negative Zellwände 27
  Bindung von Lipoprotein an Murein 29
  Chemische Zusammensetzung 28
  Elektronenmikroskopie 27
  Gefrierätzung 27
  Struktur 27
Gram-positive Bakterien
  Nährstoffbedarf 25
  Osmotischer Druck 24
Gram-positive Zellwände 25
Gramicidin S 60
  Aktivität von Analogen 59
  Bedeutung der D-Aminosäuren 59
  Enantiomer ist antibakteriell inaktiv, aber das Retro-Enantiomer ist aktiv 59
  Starrheit der Struktur in Lösung 59
Griseofulvin 141
  Struktur 141
GTP, Bedeutung bei der Initiation der Proteinbiosynthese 98
Guanin, Bedeutung bei der DNS-Actinomycin-D-Wechselwirkung 78, 81
Guaninnukleotide, Einbau von Vorprodukten in 72
Guanosin 73

Hadacidin 71
  Hemmung der Purinnukleotidsynthese durch 72
  Klinische Anwendung 71
  Struktur 72
Halogene 52
Haptophore 8
Hemmung der Mureinbiosynthese 38

Hemmstoffe der Proteinsynthese
  Wirkung auf eukaryotische Zellen 121
Hexachlorophen
  Struktur 54
  Wirkung und Anwendungen 54, 55
  Wirkung auf die Permeabilität von Bakterien 54
Hilfscyclen
  Rolle bei der Resistenz gegen antibakterielle Wirkstoffe
Hyperchromer Effekt, und DNS 78
Hypochlorit 3, 52

Immunologische Kontrolle von Infektionskrankheiten 2
IMP
  Umwandlung zu Adenylbersteinsäure 72
IMP-Dehydrogenase aus *E. coli* 75
IMP-NAD Oxidoreduktase, siehe IMP-Dehydrogenase
Infektionskrankheiten
  Auswirkungen von Kontrollen 1
INH 141
Initiationscodon 96
Initiationsfaktoren 96
Initiation von Peptiden
  Hemmung durch Cycloheximid 117
Initiation der Proteinbiosynthese 96
Interkalation von Actinomycin D mit DNS 81
Isoniazid 14
Isonikotinsäurehydrazid 141
Isoprenylphosphat (C_{55}), bei der Mureinbiosynthese 33
  bei der O-Antigensynthese 33
Isostere 129
Isotetracyclin 112

Jod 3

Kalium, Komplexe mit Makrotetroliden 66
Kaliumionen
  Ausscheidung verursacht durch Antiseptika 53
  Bevorzugte Bindung an Depsipeptidantibiotika 63
  Hemmung der Aufnahme durch niedrige Konzentrationen von Chlorhexidin 56

Stichwörterverzeichnis

Kaliumionen
  Permeabilität von Zellmembranen in Gegenwart von Depsipeptidantibiotika 63
  Stimulierung des Flusses durch künstliche Membranen 65
  Tetracycline und 111
Kalium-sensitive Elektrode
  bei der Verwendung von Valinomycin 65
Kanamycin, Acetylierung 159
  Biochemische Wirkung 106
  Resistenz gegen 159
  Struktur 107
Kasugamycin
  Wirkungsmechanismus 108
Kationische Antiseptika 52
Kleine Rille der DNS, Bedeutung bei der Actinomycin D-DNS-Wechselwirkung 80
Knochenmark
  Toxische Effekte von Chloramphenicol 121
Knochen, Sequestration von Tetracyclinen in 122
Koch, Robert 4
B-Konfiguration von DNS, Bedeutung bei der DNS-Actinomycin-D-Wechselwirkung 80
Konjugation
  in Bakterien, Physiologie der 150 ff.
  Transfer von Antibiotikaresistenz durch 148 ff.
Konzentration von antimikrobiellen Agentien in Mikrobenzellen 20

ßLactamase, siehe auch Penicillinasen 44
Lepra, Behandlung mit 4,4'-Diaminodiphenylsulfon 129
Lincomycin, Bindung an Ribosomen 115
  Klinische Anwendung 115
  Struktur 115
  Wirkung auf Hefezellen 121
Lineares Peptidopolysaccharid bei der Mureinbiosynthese 35
Lister, Joseph 4
Lysogene Phagen
  Induktion von, durch Mitomycin 90

M & B 693 128
Magnesium, Bedeutung beim Aufbau der Zellwand von Gram-negativen Bakterien 29
Magnesiumionen, Tetracycline und 111
Makromolekulare Synthese
  Einwirkung von antimikrobiellen Agentien 19
Makrotetrolide 66
  Konfiguration der asymmetrischen Zentren 66
  Struktur des Kaliumkomplexes 66
Malaria, Behandlung mit Folsäureantagonisten 133
  Behandlung mit Mepacrin 10
  Behandlung mit Chinin 3
Mapharsan, Metabolit des Salvarsans 9
  Struktur 6
Marcescine, siehe auch Bakteriocine 126
Megacine, siehe auch Bakteriocine 126
Membran, Lokalisierung der DNS an 76
Mepacrin 10
6-Mercaptopurinribonukleotid 75
Messenger RNS, Bindung an die Ribosomen 96
Metabolismus, bei der Aktivierung von antimikrobiellen Verbindungen 9
Methicillin 44
Methotrexat 132
5-Methyltryptophan, Mechanismus der Resistenz gegen 167
L-N-Methylvalin, in Actinomycin D 77
Methylenblau 5
Mikrobielle Resistenz 22
  Erkennung durch Ehrlich 9
Minimalenzym, RNS Polymerase und 90
Mitochondrien, 70 S-Ribosomen 121
Mitomycin 86
  Aktivierung 87
  Aziridinring 87
  Biochemische Effekte auf Zellen 87
  Quervernetzung von DNS 87
  Wirkung auf DNS 86, 87
Moenomycin 49
mRNS — siehe Messenger RNS

Mucopeptid, siehe Murein
Muraminsäure 32, 33
Murein, Biosynthese von linearem Polysaccharid 32
  Biosynthese der Pentapeptid-Seitenkette 32
  Dicke in Gram-positiven Zellwänden 27
  Dicke und Flexibilität in Gram-negativen Zellwänden 30
  Funktion 27
  Hydrolyseprodukte 31
  Isolierung 26
  Länge der Polysaccharidketten 35
  Peptidbrücken, Länge 38
  Quervernetzungsmuster 30
  Struktur und Biosynthese 30
  Unterschiede zwischen Bakterienstämmen 38
  Unterschiede zwischen E. coli und S. aureus 37
Mureinbiosynthese, Amidierung der Carboxylgruppe der D-Glutaminsäure 35
  Funktion des ‚Akzeptors' 35
  Hemmung durch Antibiotika 38
  Quervernetzung 35
  Transpeptidierung beim Quervernetzungsprozeß 37
  Unverknüpftes lineares Polymer in Bakterien nach Behandlung mit Penicillin 45
Mutagenese, durch Acridine 85
Mutationen, Wirkstoff-Resistenz und 144 ff.
  Typen von 85, 86
Mycobakterien — Infektionen, Behandlung mit synthetischen antibakteriellen Wirkstoffen 11
Mycophenolsäure 74
  Hemmung der Purinnukleotidsynthese durch 75
Mycoplasma, Empfindlichkeit gegen Polyenantibiotika
  hängt vom Steroidgehalt der Membran ab 62
NAD^+, Oxidation von IMP durch 75
Nalidixinsäure, Hemmung der DNS-Synthese 94
  Klinische Anwendung 93
  Struktur 93

Neomycin, Biochemische Wirkung 106
  Struktur 107
Neurospora crassa Protoplasten, Herstellung und Wirkung von Nystatin 61
Nitrofurane 140
Nitrofurantoin 140, 141
Nonactin 66
Novobiocin 140
  Struktur 141
Nukleasen, Auftreten von, in Mitomycinbehandelten Zellen 90
Nukleinsäure, Inhibitoren der Biosynthese von 68
  Störung der Matrizenfunktion der 76
Nukleinsäuresynthese, Wechselbeziehung mit der Proteinsynthese 118
Nukleotide, Biosynthese 69
Nukleotidpentapeptid 32
Nystatin, Durchdringung von Lipidfilmen nur in Gegenwart von Steroiden 62
  Klinische Anwendung 61
  Partialstruktur 61
  Protoplasten
  Wirkung auf N. crassa 61

Oligomycin, Hemmung von Adenosintriphosphatase 136
  Hemmung der gekoppelten Atmung 136, 137
Oxamycin, Antagonismus der antibakteriellen Wirkung durch D-Alanin 40, 41
  Bedeutung der starren Struktur 41
  Hemmung der Alanin-Racemase und der D-Alanyl-D-Alanin-Synthetase 40
  Konzentration in Bakterienzellen 41
  Struktur und Anwendung 40
Oxidative Phosphorylierung
  Entkoppelung als Sekundäreffekt von Permeabilitätsänderungen 63
  Hemmung durch Oligomycin 136
Oxytracyclin, Struktur 109
Ozon 52

Parafuchsin, Resistenz in Trypanosomen 9
Park, J. T. 31
Parksche Nukleotide 31
Pasteur, Louis 3, 4
Phänotypische Suppression 118

Stichwörterverzeichnis

Penicillin, Akkumulation von Nukleotiden in *S. aureus* 31
   Anwendung und Toxizität 42
   Bindung an Transpeptidase 48
   Derivate, die von Penicillinasen nicht angegriffen werden 157
   Effekt auf die Ultrastruktur der Zelle 47
   Entdeckung 12
   Hemmung der Quervernetzung im Murein 45
   Isolierung und Reinigung 12
   Moderne Behandlung von Syphilis 7
   Reaktion mit SH-Gruppen der Transpeptidase 48
   Starre Struktur 48
   Strukturelle Ähnlichkeit mit der Endgruppe von D-Alanyl-D-Alanin 47
   Vorprodukte im Fermentationsmedium 42
Penicillin G 42
   Inaktivierung durch Säure 43
Penicillin V, Stabilität gegenüber Säure 43
Penicillinase 44
Penicillinasen, Genetik 155
   Synthese 154
   Ursprung 155
   Wirkung 153
Penicilline, antibakterielles Spektrum und medizinische Anwendung 42
   Halbsynthetische P. 41, 43
   Halbsynthetische P. mit Aktivität gegen Gram-negative Bakterien 44
   Halbsynthetische P., die resistent gegen β-Lactamase sind 44
   Struktur 43
Penicillium, Penicillinproduzent 12
Pentaglycingruppe, bei der Mureinbiosynthese 33 ff.
Peptidbindung 99
   Hemmung durch Chloramphenicol 113
Peptidoglycan, siehe Murein
Peptidyltransferase, Hemmung durch Chloramphenicol 113
   bei der Knüpfung der Peptidbindung 99
Permeabilität, Verlust der P., als Mechanismus der Resistenz gegen Wirkstoffe 162

Permeabilität der cytoplasmatischen Membran, als Folge der Einwirkung von Antiseptika 53
Permeasen, Hemmung von antimikrobiellen Verbindungen 137
Pharmakologische Biochemie von antimikrobiellen Substanzen 15
Phenanthridine 81, 82
   Bindung an DNS 82 ff.
   Hemmung der Nukleinsäuresynthese durch 85
   Medizinische Anwendung 82
   Verwendung zum Anfärben von Lebendmaterial 82
Phenol, als Antiseptikum bei der Operation 4
Phenole
   als Antiseptika 54
   Unwirksamkeit bei systemischen Infektionen 11
Phenoxyessigsäure, als Penicillinsubstituent 42
Phenoxymethylpenicillin 42
Phenylessigsäure, als Penicillinsubstituent 42
Phosphonomycin 39
Phosphoribosyl-1-pyrophosphat 71
5'-Phosphoribosyl-N'-formylglycinamid, Akkumulation von 70
Pilzhyphen, Einwirkung von Griseofulvin 141
Pilzinfektionen, Behandlung mit Nystatin 61
Pilzmembran, Funktion von Steroiden 62
Polyenantibiotika, Erhöhung der Permeabilität von Pilzmembranen durch 61, 62
   Fungizide Wirkung, verursacht durch die Affinität zu Steroiden 62
   Struktur und Anwendung 61
   Wirkung auf Erythrocyten, Toxizität 62
   Wirkung bei Pilzinfektionen 61
Polymerase, Nukleinsäure 76
Polymyxin, Erhöhte Permeabilität in *Pseudomonas aeruginosa* 58
   Fluoreszierendes Addukt zur Demonstration von Membranbindung 58
   Hemmung der Atmung in Bakterien durch niedrige Konzentration von 58

Polymyxin
  Verwendung und antibakterielle Wirkung 58
Polymyxin B_1, Struktur 57
Polyoxine, Hemmung der Chitinbiosynthese 50
Polypeptidantibiotika 57
  Bedeutung der cyclischen Struktur 58
Porfiromycin, Struktur 86
Prasinomycin 49
Proflavin 82
Proguanil, metabolische Umwandlung zum Dihydrotriazin
  Struktur 132
Prontosil rubrum 133
Proteinbindung, und Aktivität von antimikrobiellen Agentien 15
Proteinbiosynthese, Beziehung zur Nukleinsäuresynthese 118
  Hemmung der 95 ff.
  Hemmung und ihre Wirkung auf die DNS-Biosynthese 19
  Phasen in der 96
  Wirkung von Mitomycin auf 90
Protein, verantwortlich für die Sensitivität gegenüber Streptomycin 106
Protoplasten, Absorption von Antiseptika 53
Psicofuranin, Hemmung der Purinnukleotidsynthese durch 73
  Klinische Anwendung 73
  Mechanismus der Resistenz gegen 167
  Struktur 73
Puromycin, Bedeutung von 99, 100
  Strukturelle Analoga 101
  Strukturelle Ähnlichkeit mit Aminoacyl-tRNS 100
  Struktur 100
  Termination der Proteinbiosynthese durch 100, 101
Puromycinreaktion, Hemmung durch Chloramphenicol 113
  Wirkung von Inhibitoren auf die Proteinbiosynthese 102
Pyrimethamin 133
  Affinität zur Dihydrofolsäure-Reduktase von *Plasmodium vinckei* 133

Pyrophosphatase, Freisetzung von Lipidphosphat der Membran
  Hemmung durch Bacitracin 49
Quecksilberchlorid, als Antiseptikum 3
  Versagen bei systemischen Infektionen 4
Quecksilbersalze und Derivate 52

R-Faktoren, Beziehung zu F-Faktoren 149
  Entdeckung 149
  Klinische Bedeutung 152
  Natur der 149, 150
  Resistenzdeterminante 149
  Resistenztransferteil (RTF) 149
  Repressor von 151
  Rolle bei der Transferierung von Antibiotikaresistenz 150 ff.
Radioaktive Markierung beim Studium der Wirkung von antibakteriellen Agentien 16
Rekombination, genetische, Acridinmutagenese und 86
Resistenz 22
  Biochemische Mechanismen 153 ff.
  gegen antimikrobielle Agentien 143 ff.
  gegen Cycloheximid 116, 117
  gegen Fusidinsäure 117
  gegen Rifamycine 90
  gegen Streptomycin 104
  Genetische Grundlagen 144
  Möglichkeiten der Kontrolle von 169
Rezeptoren, in resistenten Mikroorganismen 9
  für Colicine 125
  für Wirkstoffe, Ehrlichs' Theorie 7
Ribitylteichonsäure, Struktur 26
Ribosomaler Cyclus, Diagramm 97
  Wirkung von Inhibitoren auf die Proteinbiosynthese 120
Ribosomale Proteine 96
Ribosomale RNS, Klassen von 96
  Typen 95, 96
  Untereinheiten 96
Rifampicin, Hemmung der RNS-Polymerase 90
  Hemmung von Virusinfektion 92
  Resistenz gegen 90
  Struktur 90

Stichwörterverzeichnis

Rifamycine 89
Ristocetin, Anwendung und Toxizität 41
  Sekundäreffekt auf die bakterielle Zellmembran 60
RNS, Wirkung von Inhibitoren der Proteinbiosynthese auf 119
RNS-Biosynthese, Auswirkung der Hemmung der RNS-Synthese auf die Proteinbiosynthese 19
  Hemmung durch Rifamycine 89
  Wirkung von Mitomycin 89
RNS-Kette, Hemmung der Initiation 81, 82
RNS-Polymerase 90
  Bindung an DNS 82
  Core-Enzym 90
  Hemmung 90
  Holoenzym 90
  Rifampicin und 89 ff.
  Streptolydigin und 92
  Streptovaricin und 91
Röntgenanalyse des DNS-Actinomycin-D-Komplexes 80, 82

Sacculus 37
Salvarsan 7
  Metabolismus zu Mepharsan 9
  Wirkung auf die Beweglichkeit von Spirochäten 9
Sauerstoffaufnahme, Hemmung durch Antimycin 134
Schlafkrankheit, Behandlung mit Atoxyl 6
Schmelztemperatur der DNS, Wirkung von Actinomycin D 78
Screening, Suche nach antimikrobiellen Wirkstoffen 7
Sedimentationskoeffizient der DNS, Wirkung von Acridinen und Phenanthridinen 83
Selektivität der antimikrobiellen Wirkung 20
‚Septrin' 133
  Verwendung bei Wirkstoffresistenz 170
Sex-Pili, F-Pili 150
  I-Pili 151
  Rolle bei der bakteriellen Konjugation 150 ff.

Sideramine 139
  beim Eisentransport 139
Sideromycine 138, 139
  Antagonismus des Transports durch Sideramine 139, 140
  Art der bakteriellen Toxizität 140
Sigmafaktor 90
  RNS-Polymerase und 90
Spectinomycin, Biochemische Wirkung 106
  Struktur 107
Sphäroplasten 38
  Adsorption von Antiseptika 53
Spirochäten, Wirkung von Salvarsan 8
Sterilisationsmittel 51
Steroide, Abwesenheit in den meisten bakteriellen Membranen 62
  Bindung von Polyenantibiotika an steroidhaltige Membranen von Pilzen 62
  Funktion in der Membran von Pilzen 62
Streptolydigin, Wirkung auf RNS-Polymerase von Bakterien 92
Streptomycin, Abhängigkeit von Streptomycin bei bestimmten Bakterienmutanten 118
  Adenylierung 159
  Antibakterielle Wirkung 103
  Bindung an Ribosomen 104, 105
  Entdeckung 103
  Klinische Anwendung 103
  Mechanismus der baktericiden Wirkung 117, 118
  Phänotypische Suppression und 118
  Phosphorylierung 159
  Resistenz gegen 104, 161
  Ribosomale Stabilität und 118
  Ribosomaler Angriffsort 104 ff.
  Risiko der Anwendung 103
  Sekundäreffekt auf die bakterielle Zellmembran 60
  Struktur 102
  Widersprüchliche Ansichten über die Wirkungsweise 16
  Wirkung auf *Chlamydomonas* 121
  Wirkung auf *Euglena* 121
  Wirkung auf die Proteinbiosynthese 103, 104
  Wirkung auf den ribosomalen Cyclus 120

Streptovaricin, Hemmung der RNS-Polymerase von Bakterien 91
Strominger, Jack Leonard 32, 45, 46
Strukturelle Unversehrtheit, Bedeutung bei der Wirkung einiger antibakterieller Agentien 20
Sulfadiazin 127
Sulfadimidin 127
  Struktur 128
Sulfafurazol 127
  Struktur 128
Sulfamethoxazol 133
  Struktur 128
Sulfanilamid 11
  metabolisches Produkt von Prontosil rubrum 127
Sulfanilsäure, Hemmung der in vitro-Synthese von Dihydropteroinsäure 129
Sulfapyridin 128
Sulfhydrylgruppen, mögliche Beteiligung bei der antimikrobiellen Wirkung von Arsenverbindungen 16
Sulfonamide als antibakterielle Wirkstoffe 127 ff.
  als mögliche Substrate bei der Folsäurebiosynthese 131
  Günstige Faktoren bei der erfolgreichen praktischen Anwendung 131
  Hemmung der in vitro-Synthese von Dihydropteroinsäure 129
  Isostere der p-Aminobenzoesäure 129
  Kompetitive Wirkung der p-Aminobenzoesäure 129
  Mechanismen der Resistenz gegen 161
  Medizinische Anwendung 127
  Strukturelle Voraussetzungen für ihre Aktivität 127
Suramin 10
Synthetische antibakterielle Agentien, Anwendung bei verschiedenen Infektionen 11
Syphilis, Behandlung mit Salvarsan 7

Teichonsäure 26
  Isolierung 26
  Mögliche Funktion 26
  Struktur 26
Teichuronsäure 26

Termination bei der Proteinbiosynthese 99
Terminationscodons 99
Tetracycline 109 ff.
  Abscheidung in Knochen und Zähnen 122
  Antibakterielle Wirkung 109
  Bindung an Ribosomen 110
  Hemmung der Aminoacyl-tRNS-Ribosom Wechselwirkung durch 110
  Mechanismus der Resistenz gegen 163
  Ribosomaler Wirkungsort 110
  Selektivität der Wirkung 109
  Strukturelle Analoga 112
  Struktur 109
  Wirkung auf die animalische Proteinbiosynthese 121
Tetrahydrofolsäurebiosynthese, doppelte Blockierung 133
Thiamin, Hemmung der Aufnahme durch Amprolium 138
Tipper, D. J. 32, 46
Tm, siehe Schmelztemperatur
Tolyl-1-naphylamin-8-sulfonsäure, siehe Tolyl-perisäure
Tolyl-perisäure, beim Nachweis der Permeabilität in Bakterien 55
  Nachweis der Permeabilität, induziert durch Polymyxin 58
Toxophore 8
Transduktion, Ausbreitung der Antibiotikaresistenz durch 147, 148
Transferfaktor, siehe R-Faktoren
Transfer-RNS, Bindung an Ribosomen 96
  Translokation bei der Proteinbiosynthese 98
Transformation, Ausbreitung der Antibiotikaresistenz durch 148
Translokation, bei der Proteinbiosynthese 98
  Hemmung durch Cycloheximid 117
  Hemmung durch Erythromycin 114
Transpeptidase bei der Quervernetzung des Mureins
  Hemmung durch Penicillin 46, 47
Tréfouël, J. 11

Stichwörterverzeichnis

Trimethoprim, Selektive Hemmung der Dihydrofolsäure-Reduktase aus Bakterien 133
  Struktur 132
Trimethoprim und Sulfamethoxazol, doppelte Blockierung bei der Tetrahydrofolsäurebiosynthese 134
tRNS, siehe Transfer RNS
Trypanrot 6
  Resistenz in Trypanosomen 9
Trypanosomiasis, Behandlung mit Trypanrot 6
  Behandlung mit Arsenoxyd 6
  Behandlung mit Suramin 10
Tuberkulose, Behandlung mit p-Aminosalicylsäure 129
  Behandlung mit INH 141
  Behandlung mit synthetischen Verbindungen 12
Typhus, Behandlung mit Chloramphenicol 112
Tyrocidin A, Stuktur 57
Tyrocidine 53
  Ausscheidung von katabolischen Enzymen in *N. crassa* 58, 59
  Auswirkung auf die Permeabilität von Bakterien 58
  Erniedrigung des Membranpotentials von *N. crassa* 59

Uridinnukleotide der N-Acetylmuraminsäure
  Akkumulation während der Einwirkung von Inhibitoren der Mureinbiosynthese 39
Uridindiphospho-N-acetylmuraminsäure, Biosynthese 32

Valinomycin 63
  Antibakterielle Aktivität des Enantiomeren 66

Valinomycin
  Optische Konfiguration der konstitutiven Aminosäuren 66
  Struktur 63
  Verwendung zur Herstellung einer Kalium-empfindlichen Elektrode 65
Vancomycin, Anwendung und Toxizität 42
  Bindung an bakterielle Zellwände 42
  Bindung an die D-Alanyl-D-Alanin-Gruppe 42
  Sekundäreffekt auf die bakterielle Zellmembran 60
Viruskrankheiten, Fehlen einer wirksamen Chemotherapie 2
Virusinfektion, Wirkung von Rifampicin 92
Viskosität von DNS-Lösungen, Wirkung von Acridinen und Phenanthridinen auf 83
  Wirkung von Actinomycin D auf 77, 81

Waksman, Selman A. 13
Wasserstoffperoxid 52
Wirkstoffe gegen Protozoen, Mangel an biochemischen Untersuchungen 15
Wirkungsort, Wechselwirkung mit dem antimikrobiellen Agens 21
Wirkungsweise von antimikrobiellen Agentien
  Untersuchungsmethoden 17

Xanthosin 73
XMP, Aminierung 71
XMP-Aminase, Desensitivierung 74
  Hemmung 73

Zähne, Abscheidung von Tetracyclinen 122
Zellzahlzählung 52

Heidelberger Taschenbücher

Band 3

W. Weidel:
Virus und Molekularbiologie
Eine elementare Einführung
2. Auflage. 26 Abb. VIII, 160 Seiten. 1964
DM 5,80; US $2.20

Aus den Besprechungen:

„Weidels ungezwungene Sprache, sein Gefühl für den treffenden Vergleich, seine Fähigkeit, einen Sachverhalt einfach darzustellen, ohne ihn seiner Problematik und Komplexität zu berauben – das läßt die Lektüre zu einem lehrreichen Vergnügen werden."
Berliner und Münchener Tierärztliche Wochenschrift

Band 5

H. Zähner:
Biologie der Antibiotika
68 Abb. VIII, 113 Seiten. 1965
DM 8,80; US $3.30

Aus den Besprechungen:

„Das Bändchen, dessen Wert den knappen Umfang bei weitem übertrifft, sollte von jedem, dessen Arbeits- und Interessengebiet sich auf Antibiotica erstreckt, zur Hand genommen werden."
Scientia Pharmaceutica

Band 53

H. M. Rauen:
Biochemie – Übungsfragen
VIII, 123 Seiten. 1969
DM 9,80; US $3.70

Die Veröffentlichung von Übungsfragen soll die selbständige Arbeit des einzelnen Studenten erleichtern. Von einem erfahrenen Praktiker zusammengestellt, bieten sie eine Kontrolle, wieweit der für Prüfungen nötige Wissensstoff beherrscht wird. Darüber hinaus leiten die Fragen zum eigenen Weiterdenken und zum Erkennen der Zusammenhänge der verschiedenen Probleme an. Sowohl zur Vorbereitung für Prüfungen als auch bei der Benutzung parallel zu einer Vorlesung sind die Übungsfragen von großem Vorteil.

Band 59–60
C. Streffer:
Strahlen-Biochemie
69 Abb. XI, 196 Seiten. 1969
DM 14,80; US $5.50

In dem vorliegenden Buch werden die wesentlichen biochemischen Veränderungen, die in bestrahlten Organismen bisher beobachtet worden sind, dargestellt. Das Buch bringt erstmals eine Biochemie der Strahlenwirkung und gibt einen klaren Einblick in die heutige Problematik und die bisher erzielten Resultate dieses aktuellen Gebietes.

Band 79
E. A. Kabat:
Einführung in die Immunchemie und Immunologie
Übersetzer: K. Jann, E. Rüde. Unter Mitarbeit von M. Ferber, E. Günther, J. Knop, H. Wilhelms, J. Wrede
107 Abb. VIII, 322 Seiten. 1971
DM 18,80; US $7.00

Eine Einführung in die moderne Immunologie, die vorwiegend von der Chemie und Biochemie ausgeht, aber ebenso auch die medizinischen und biologischen Aspekte ausführlich behandelt.

Band 115
F. Kaudewitz:
Molekular- und Mikroben-Genetik
301 Abb., 20 Tabellen. XIV, 426 Seiten. 1973
DM 16,80; US $6.30

Ein Einblick in die Molekulargenetik ist die Grundlage für das Verständnis der modernen Erblehre.
Dies Büchlein verschafft ihn; Mikroorganismen als leicht verständliche Modelle benutzend, führt es den Leser von Fragestellungen zu Versuchsergebnissen der modernen genetischen Forschung.

MIX
Papier aus verantwortungsvollen Quellen
Paper from responsible sources
FSC® C105338

If you have any concerns about our products,
you can contact us on
ProductSafety@springernature.com

In case Publisher is established outside the EU,
the EU authorized representative is:
**Springer Nature Customer Service Center GmbH
Europaplatz 3, 69115 Heidelberg, Germany**

Printed by Libri Plureos GmbH
in Hamburg, Germany